JN216532

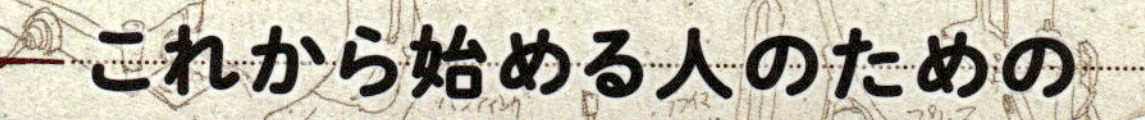

これから始める人のための

狩猟の教科書

東雲輝之 著

秀和システム

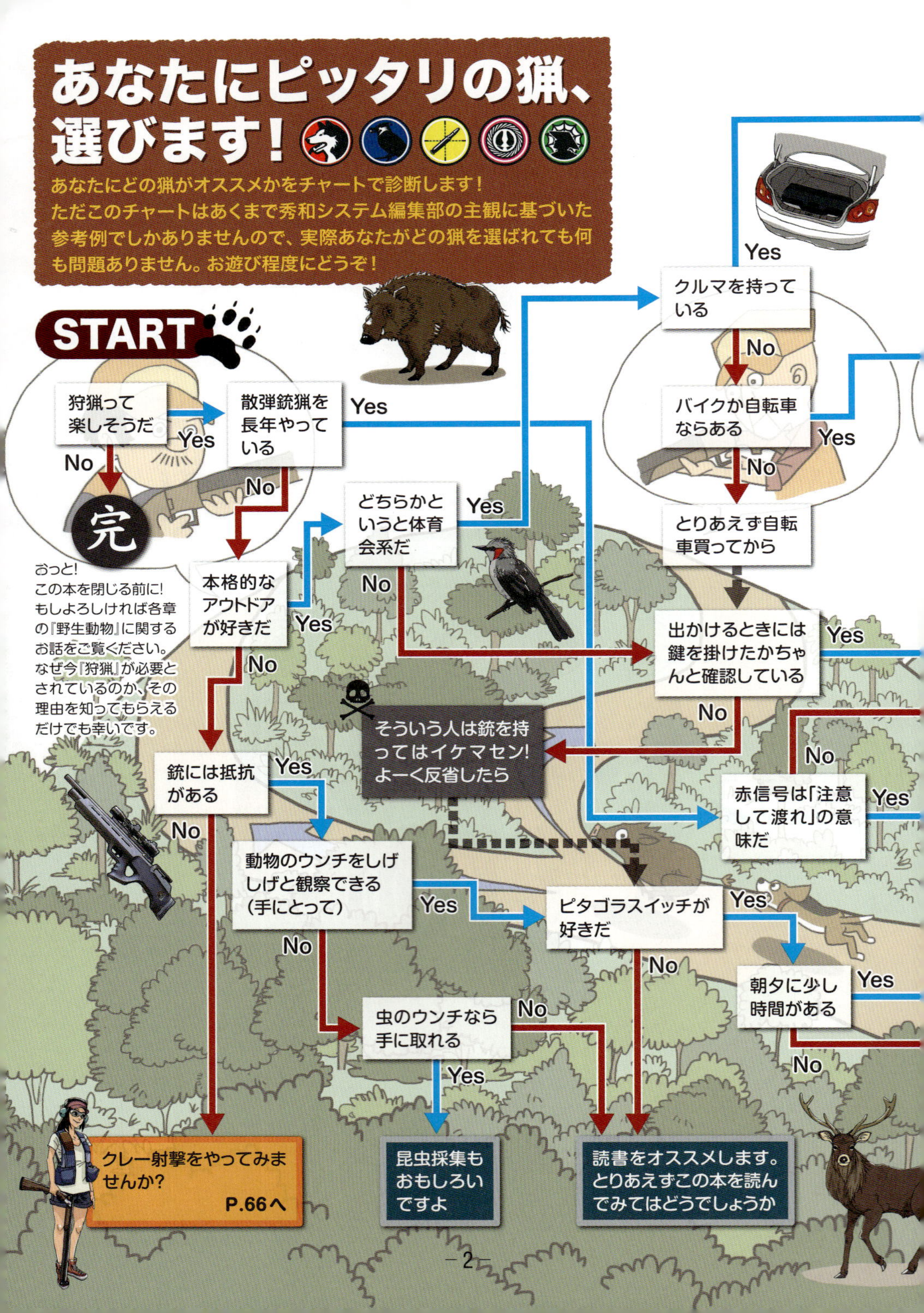

あなたにピッタリの猟、
選びます！
あなたにどの猟がオススメかをチャートで診断します！
ただこのチャートはあくまで秀和システム編集部の主観に基づいた参考例でしかありませんので、実際あなたがどの猟を選ばれても何も問題ありません。お遊び程度にどうぞ！
START
狩猟って楽しそうだ
Yes
No
完
おっと！
この本を閉じる前に！
もしよろしければ各章の『野生動物』に関するお話をご覧ください。
なぜ今『狩猟』が必要とされているのか、その理由を知ってもらえるだけでも幸いです。
散弾銃猟を長年やっている
Yes
No
本格的なアウトドアが好きだ
Yes
No
どちらかというと体育会系だ
Yes
No
銃には抵抗がある
Yes
No
クレー射撃をやってみませんか？
P.66へ
動物のウンチをしげしげと観察できる（手にとって）
Yes
No
虫のウンチなら手に取れる
Yes
No
昆虫採集もおもしろいですよ
そういう人は銃を持ってはイケマセン！
よーく反省したら
ピタゴラスイッチが好きだ
Yes
No
読書をオススメします。
とりあえずこの本を読んでみてはどうでしょうか
Yes
クルマを持っている
No
バイクか自転車ならある
Yes
No
とりあえず自転車買ってから
出かけるときには鍵を掛けたかちゃんと確認している
Yes
No
赤信号は「注意して渡れ」の意味だ
Yes
No
朝夕に少し時間がある
Yes
No

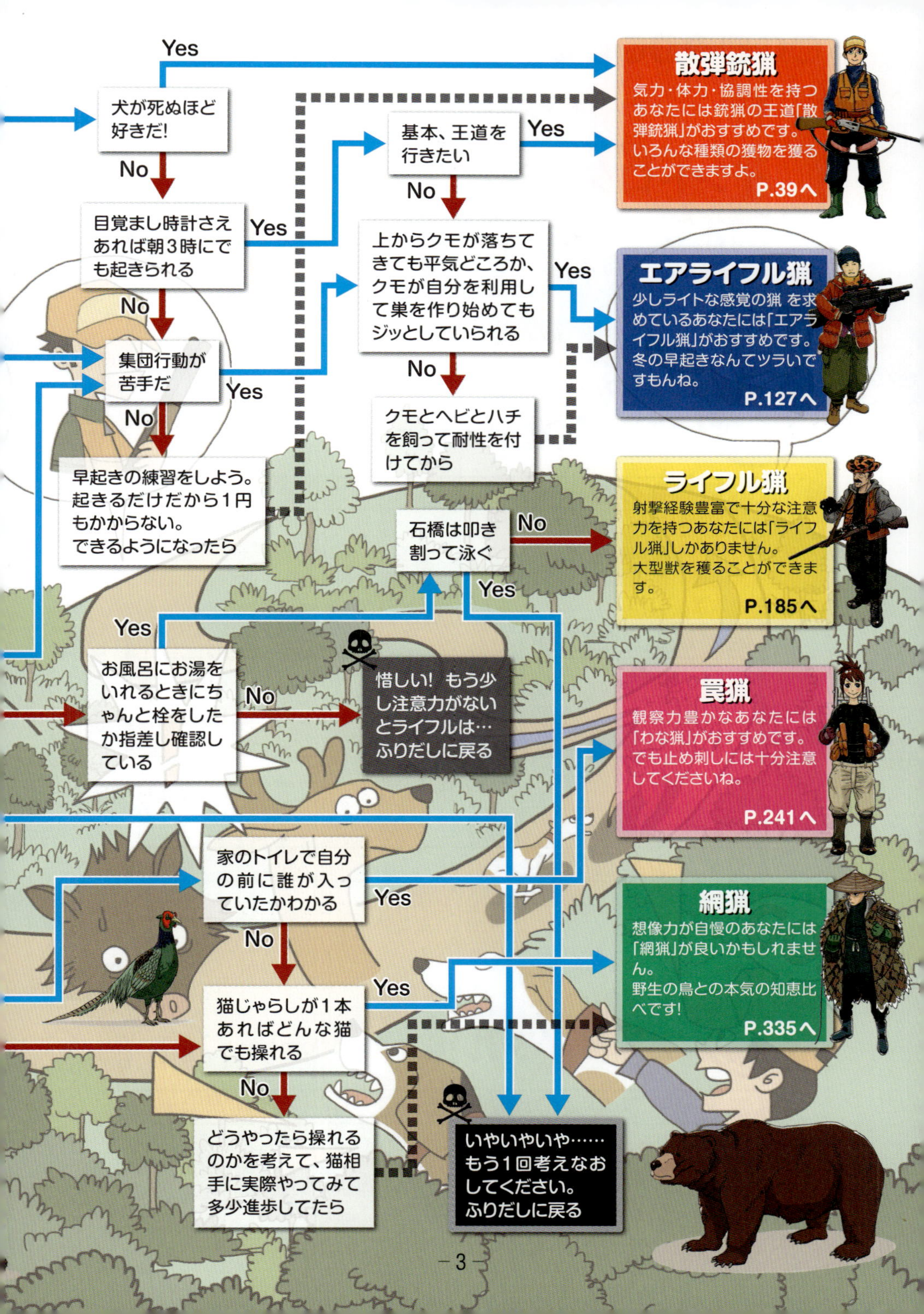

犬が死ぬほど好きだ!
Yes
No
目覚まし時計さえあれば朝3時にでも起きられる
Yes
No
集団行動が苦手だ
Yes
No
早起きの練習をしよう。起きるだけだから1円もかからない。できるようになったら
基本、王道を行きたい
Yes
No
上からクモが落ちてきても平気どころか、クモが自分を利用して巣を作り始めてもジッとしていられる
Yes
No
クモとヘビとハチを飼って耐性を付けてから
石橋は叩き割って泳ぐ
No
Yes
お風呂にお湯をいれるときにちゃんと栓をしたか指差し確認している
Yes
No
惜しい! もう少し注意力がないとライフルは…ふりだしに戻る
家のトイレで自分の前に誰が入っていたかわかる
Yes
No
猫じゃらしが1本あればどんな猫でも操れる
Yes
No
どうやったら操れるのかを考えて、猫相手に実際やってみて多少進歩してたら
いやいやいや……もう1回考えなおしてください。ふりだしに戻る
散弾銃猟
気力・体力・協調性を持つあなたには銃猟の王道「散弾銃猟」がおすすめです。いろんな種類の獲物を獲ることができますよ。
P.39へ
エアライフル猟
少しライトな感覚の猟を求めているあなたには「エアライフル猟」がおすすめです。冬の早起きなんてツライですもんね。
P.127へ
ライフル猟
射撃経験豊富で十分な注意力を持つあなたには「ライフル猟」しかありません。大型獣を獲ることができます。
P.185へ
罠猟
観察力豊かなあなたには「わな猟」がおすすめです。でも止め刺しには十分注意してくださいね。
P.241へ
網猟
想像力が自慢のあなたには「網猟」が良いかもしれません。野生の鳥との本気の知恵比べです!
P.335へ

CONTENTS

イントロダクション
Introduction

狩猟の世界へようこそ！

あなたは狩猟と聞いて、どのような世界を想像されましたか？
「興味はあるけどよく知らない」、「何から始めていいのかわからない」、
「それって日本でできるの？」。このように「狩猟ってよくわからない」
と思われた方のために、まずは狩猟の世界の入り口をご紹介します。

1.トータルアウトドア

狩猟（ハンティング）という言葉を聞いた人のなかには「動物を銃で撃ち殺す」というイメージを持たれている方も多いと思います。しかし射撃は狩猟における要素の一つでしかなく、「動物を殺す」という行為も狩猟の世界を構成する一要素でしかありません。狩猟は言うなれば**トータルアウトドア**と呼びあらわせるほど様々なアウトドア要素を詰め込んだ世界であり、本書ではそれらの要素を『5つの世界』にわけてご紹介しています。

まずは次のページで、あなたが一番興味のある要素を探していただき、どのハンターになりたいのかをチェックしてみましょう！

①散弾銃猟　～野山を駆ける『万能ハンター』～

- 初心者から上級者まで楽しめるスタンダードな狩猟スタイルです。
- 散弾銃を用いて高速で走る（飛翔する）獲物を捕獲します。
- 猟犬と共に大自然を駆けるアニマルスポーツの一面も持ちます。
- 全ての狩猟鳥獣がターゲットです。

Keyword 散弾銃、猟犬、集団猟、クレー射撃

②エアライフル猟　～休日はのんびり『週末ハンター』～

- 近年注目を集める、気軽に狩猟の世界を楽しむスタイルです。
- エアライフル銃を用いて中近距離にとまった鳥類を捕獲します。
- 田んぼ、畑、林、河原など身近な場所が猟場になります。
- 無線機や狩猟車など特殊な装備は必要ありません。

Keyword エアライフル銃、アンブッシュ、スニーキング、自転車猟

③ライフル猟　～0.01秒がすべてを決める『スナイパー』～

- 何においても射撃の腕が猟果を左右する狩猟スタイルです。
- ハーフライフル銃、ライフル銃で中遠距離の獲物を狙撃します。
- 精密射撃のためにあらゆるアイテムを使いこなします。
- 対象はイノシシ、ニホンジカ、ツキノワグマ、ヒグマの4種に限ります。

Keyword ライフル銃、弾道学、スコープ、静的射撃

④罠猟　～見えざる獲物を追う『追跡者』～

- 山野に残された痕跡を分析して罠を仕掛ける狩猟スタイルです。
- 罠は主に箱罠、くくり罠と呼ばれるタイプを使用します。
- クマ以外の哺乳類がターゲットです（鳥類は捕獲不可）。
- 毛皮、角、牙、骨などのナチュラルマテリアルの収集に最適です。

Keyword 罠、足跡、フィールドサイン、毛皮なめし、骨細工

⑤網猟　～野生をあざむく『伝統猟芸師』～

- 動物の習性を応用して獲物を呼び寄せる狩猟スタイルです。
- 網を使用しますが、銃猟への応用も可能です。
- 生体捕獲ができるため、狩猟鳥を飼うことができます。
- 全ての狩猟鳥獣がターゲットです。

Keyword 伝統猟芸、動物のことば、デコイ＆コール、生け捕り

狩猟はレジャーだけではなく、野生動物から農林業を守るという重要な役割をもっています。

私たちの住む人間社会は野生動物が生息する自然界に囲まれており、人間社会と自然界の境界線は**猟圧**（りょうあつ）という拮抗力で保たれています。

しかし近年、農林業地帯の人口減少や整備不足の里山、耕作放棄地が増加したため猟圧が低下しており、農林業被害や交通事故など人間社会に侵入した野生動物が引き起こす問題が深刻化しはじめました。自然界へ積極的に介入するハンターはこの猟圧を発生させる重要な存在であり、人間のテリトリーを野生動物から守る番人としての役割を持っているのです。

狩猟の魅力を語る上でかかせない要素がジビエ料理です。完全自然食品である**ジビエ（野生肉）**は畜産食肉と比べてヘルシーで、力強い味わいを持っています。

ときには個体差によって臭味が強い場合もありますが、ジビエ料理の楽しさは下処理、香辛料の使い方、ソースの工夫、火加減、お酒の選択（マリアージュ）などで『臭味』を『野性味』に昇華させることであり、レシピをジビエにあわせて考え出す創意工夫にあります。料理が好きなヒトは間違いなく、この『味の宇宙』の魅力に取りつかれることでしょう。

さぁ！ここまでのお話で狩猟に興味を持っていただけたのでしたら、まずはハンターになる準備を始めましょう！

無限の楽しさをもつトータルアウトドア、『狩猟』の世界へようこそ！

2. 狩猟免許を取得しよう

狩猟を始めるためにはまず**狩猟免許**を取得しなければなりません。狩猟免許には**第一種銃猟免許**（散弾銃猟、エアライフル猟、ライフル猟）、**第二種銃猟免許**（エアライフル猟のみ）、**わな猟免許**、**網猟免許**の4区分があり、それぞれ試験内容が異なります。

①受験申込

狩猟免許は鳥獣保護法に基づき都道府県知事が認定するものなので都道府県ごとに試験日程が異なります。そこでまずは近所の銃砲店か**県猟友会**に日程を問い合わせましょう。各県猟友会の電話番号は統括組織である**大日本猟友会**のホームページで確認する事ができます。

狩猟免許試験は従来、年に1, 2回程度の開催でしたが、近年では狩猟希望者の増加にともない、年に5回以上実施する都道府県も増えてきました。

受験料は1区分につき5,200円、既に免許を取得している場合は3,900円です。自治体によっては農林業被害防止対策として補助金が出る場合もあります。

申請に際しては次の書類を行政窓口、もしくは猟友会支部に提出します。

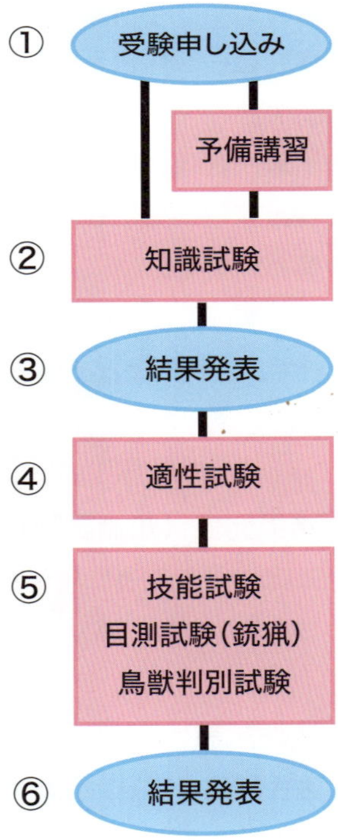

① 受験申し込み
予備講習
② 知識試験
③ 結果発表
④ 適性試験
⑤ 技能試験
目測試験（銃猟）
鳥獣判別試験
⑥ 結果発表

1. 狩猟免許申請書　※1
2. 医師の診断書　※1　※2
3. 写真1枚（3×2.4㎝）

※1：用紙は都道府県行政のHPからダウンロード、もしくは銃砲店、猟友会支部で受け取る。
※2：精神科医、もしくはかかりつけの医師に記入してもらう。既に銃砲所持許可を受けている場合は許可書のコピーで代用可。

②知識試験

試験は午前中の筆記試験、午後の適性試験および技能試験で構成されています。

筆記試験は問題数30問選択式で、制限時間90分、70％正答で合格です。すでに別区分の免許を所持している場合は一部問題が免除されます。

試験内容は共通問題として『狩猟に関する法律の知識』、『鳥獣の生態や保護管理に関する知識』と、『試験区分に応じた猟具の取り扱い知識』が問われます。

合格率は決して低くはありませんが、無勉強で通るほど甘い内容ではありません。試験問題は予備講習会で配布される『狩猟読本』から出題されるためよく読んで勉強しておきましょう。

③結果発表（知識試験）

知識試験の発表は昼休憩をはさんで即日行われます。合格した人はそのまま適性試験に移ります。

④適性試験

適性試験では視力、聴力、運動に関する能力テストが行われます。

視力（矯正視力含む）は第一種、第二種免許の場合は両目0.7、わな猟、網猟免許の場合は両眼0.5以上必要です。ただし一眼しか見えない場合や視力が0.3に満たない場合でも別規定が設けられています。

聴力（矯正聴力含む）は10m先から90dBの警音器の音が聞こえる能力（10m先の人の声を聞けるぐらいの聴力があれば十分）、運動能力は屈伸運動などで四肢のスムーズな動きが認められれば合格です。

⑤技能試験

適性試験の結果はその場で言いわたされ、合格者は引き続き技能試験に移ります。この試験は100点を持ち点とした減点方式で、最終的に70点以上で合格です。試験はそれぞれ次のような項目が行われます。

●第一種銃猟免許

1. 散弾銃の点検、分解、結合
2. 散弾銃の取り扱い
3. 団体行動時の銃器取扱い
4. 休憩時の銃器取扱い
5. 目測4問（300m,50m,30m,10m）
6. エアライフル銃の取り扱い
7. 鳥獣判別16問（鳥類・哺乳類）

●第二種銃猟免許

1. エアライフル銃の取り扱い
2. 目測3問（300m,30m,10m）
3. 鳥獣判別16問（鳥類）

●わな猟免許

1. 違法罠の判別6問
2. 罠の架設
3. 鳥獣判別16問（哺乳類）

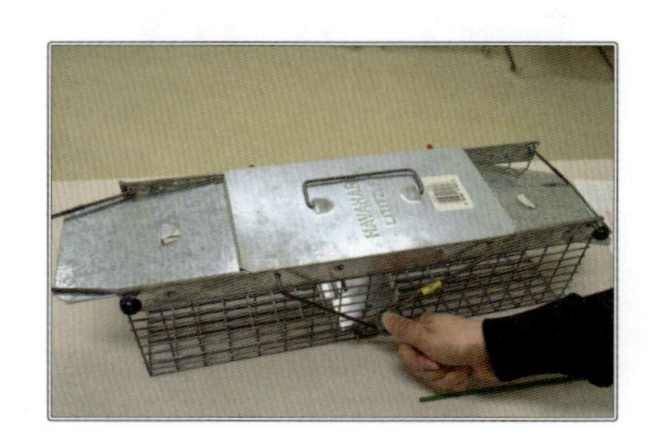

●網猟免許

1. 違法網の判別6問
2. 網の架設

3 鳥獣判別16問（鳥類）

確認基準と減点数はそれぞれ次のように規定されています。

●銃砲の安全な取扱い（-31点）

銃砲の装填、脱包、射撃姿勢、受渡しなどの動作が適切でないと判断された場合は即不合格です。取扱いが円滑でないと判断された場合は-10点されます。

●散弾銃の分解組立て（-31点）

散弾銃の分解、組み立てが行えない場合は即不合格です。試験に使用される散弾銃は上下二連式か自動式が選択できる場合があります。上下二連式は組立にコツがいるので、自動式を選択することをおすすめします。

●罠、網の架設（-31点）

罠、網の架設が行えない場合は即不合格です。試験に使用される罠、網は3種類から選択できますが、わなは箱罠、網は無双網が最も簡単なのでそちらを選択する事をおすすめします。

●銃口管理（-10点）

銃砲の取扱い時に銃口が人に向くたびに減点されます。射撃動作や分解組み立て時に試験官へ銃口が向かないように注意しましょう。

●射撃動作（-5、-10点）

散弾銃組み立てや射撃動作の時に、銃砲の各部チェック、銃腔内の異物チェック、脱包のチェックを忘れた場合、項目漏れ1つに付き-5点されます。射撃体勢時に水平方向へ銃口を向けた場合は-10点されます。

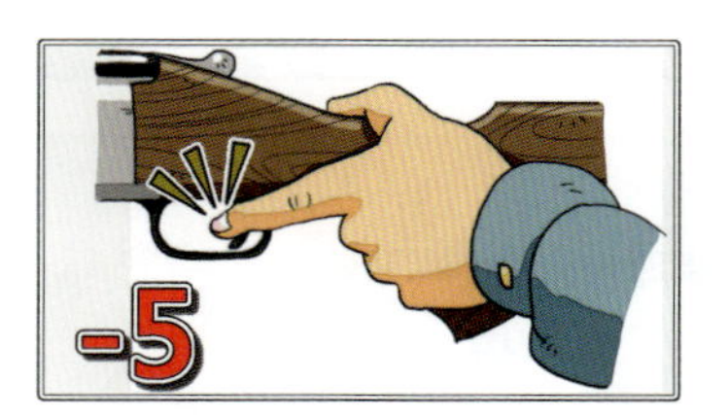

●引き金の取り扱い（-5点）

射撃体勢時以外で用心がねに指を入れるたびに-5点されます。無意識に指が用心がねに触れても減点されるので十分に注意しましょう。

●猟具判別、目測（-5点）

第一種試験の距離目測を見誤った場合、また違法罠・網の判別を見誤った場合、1問につき-5点されます。

●鳥獣判別（-2点）

鳥類・哺乳類のイラストを見て狩猟鳥獣であるか否か、狩猟鳥獣である場合はその名前を5秒以内に回答できなかった場合、1問につき-2点されます。

技能試験は超難関の試験です。そこで受験前に各県猟友会が開催する**狩猟免許初心者講習会**へ必ず一度は参加しておきましょう。講習会では筆記試験から技能試験まですべての内容が解説されるため、参加者は非常に合格率が高くなっています。

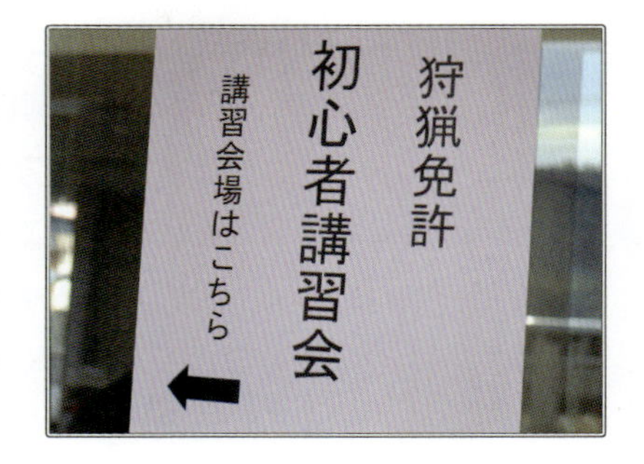

⑥合格発表

技能試験の結果発表は当日の場合もあれば1, 2週間後に公表される場合もあり、都道府県によって異なります。合格者には後日**狩猟免状**が自宅か所属予定の猟友会支部に送付されます。

3. 銃砲所持

運転免許証　　　　　　　銃砲所持許可証

日本国内で猟銃（散弾銃、ライフル銃、それ以外のハーフライフル銃等）および空気銃（エアライフル銃、ハンドライフル銃）を所持する場合は、公安委員会から**銃砲所持許可**を受けなければなりません。

日本は、許可を受けた銃砲をその許可を受けた人だけが所持する事ができる**一銃一許可制**と呼ばれる許可制度で、運転免許証があれば他人の自動車でも自由に乗る事ができる免許制度とは異なります。つまり銃砲は『レンタルや人と共有する事はできない』ため、銃猟を行う場合は必ず1丁以上の銃砲を所持しなければなりません。

銃砲所持には**欠格事項**と呼ばれる基準が設けられており、例えば薬物中毒者、住所不定者、過去に罰金刑以上の犯罪を行い十分に時間がたっていない者、ストーカー加害者、暴力団関係者、自殺願望者などに該当する人は銃砲を所持することができません。また、銃砲所持のプロセスは短くとも半年、費用は最低10万円かかるなど時間的・金銭的な負担が大きく、簡単に済む話ではありません。（空気銃の場合は猟銃よりも負担は小さい）

ただしそのような難題を踏みこえた先には銃猟という、これまでに味わった事のないスリルとドラマの世界があなたを待っています。

①猟銃等講習会申し込み

銃砲所持への第一歩は都道府県公安委員会が定期的に開催する猟銃等講習会を受講する事から始まります。講習会の申し込みは所轄警察署の**生活安全課**が窓口になっているため、事前に電話でアポイントメントを取って訪ねましょう。なお講習会の開催場所は月ごとに県内持ちまわりで異なるため、生活安全課にアポイントを取る際、あわせて日程を確認するとよいでしょう。

さて、ここでは申し込み用紙を書いて講習費用6,800円を支払うだけなのですが、非公式に**0次面接**も行われます。この面接では過去の犯罪歴や生活習慣、家族構成などの調書がとられ、欠格事項に該当していないかの確認が行われます。もしここで「欠格事項に該当している」と言われた場合は銃砲の所持許可は絶対に下りないため、罠猟か網猟の道に転向しましょう。なお、この面接で嘘をついても後々の身辺調査で必ずばれます。

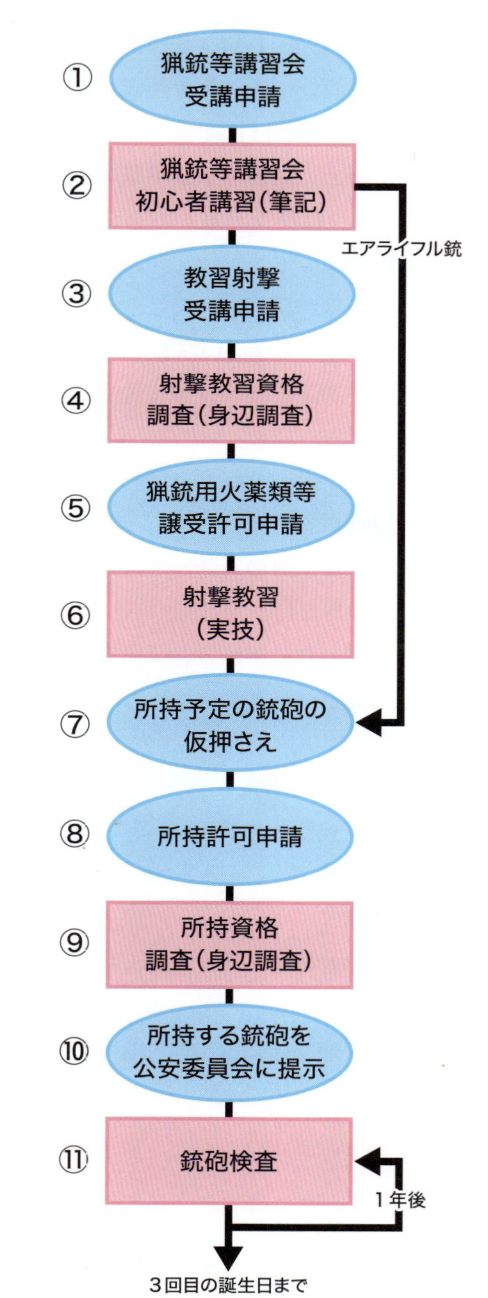

②猟銃等講習会（初心者講習）

猟銃等講習会（初心者講習）は申し込み時に配布される教本を基に、午前と午後の講習が行われます。講習の最後には50問の〇×式テストが行われ、45点以上で**講習修了証明書**が交付されます。

このテストは都道府県によって難易度に差があり、合格率80％というところもあれば20％以下という都道府県もあります。平成27年度よりテスト内容の新基準が設けられたため合格率は平滑化したと言われていますが、依然として難易度は高い試験なのでしっかりと予習しておきましょう。なおエアライフル銃を所持する場合は次の教習射撃は行われないため⑦へ進んでください。

③教習射撃受講申請

講習修了証明書の有効期限は3年間なので、ここから先の行程は計画的に進めていきましょう。

次の教習射撃の申請は、下記書類と手数料8,900円を揃えて所轄の生活安全課に提出します。

1. 講習修了証明書
2. 教習資格認定申請書
3. 同居親族書　（同居者がいる場合）
4. 経歴書
5. 医師の診断書（精神科医、もしくはかかりつけの医師の診断書）
6. 住民票の写し
7. 身分証明書（自己破産をしていない事の証明書）
8. 写真2枚（3×2.4㎝）

※2, 3, 4, 5の用紙は生活安全課で入手する。
※6は所轄の役所で入手する。
※7は本籍地で入手する。

④射撃教習資格調査

ここでは犯罪歴などの身辺調査が行われます。もし欠格事項に該当する項目が判明した場合は射撃教習の許可が下りないため銃砲を所持する事はできません。身辺調査では同居親族への聞き込みもおこなわれるため、DV（ドメスティックバイオレンス）や家庭内状況なども調査されます。

⑤猟銃用火薬類等譲受許可申請

生活安全課から教習射撃の許可が下りた旨の連絡を受けたら、次に教習射撃で使用する散弾実包を購入する許可申請をおこないます。申請は手数料2,400円がかかります。

⑥射撃教習

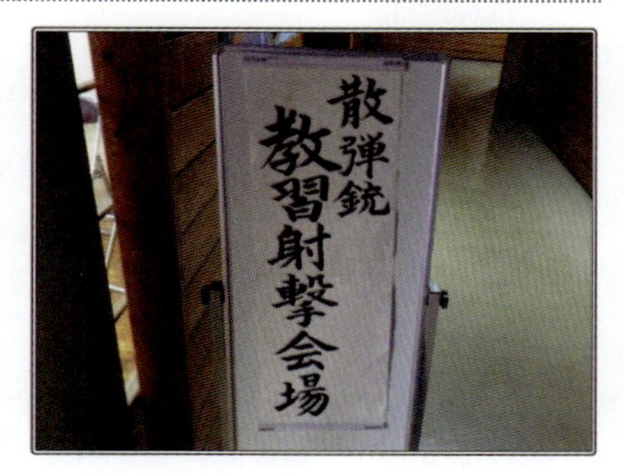

生活安全課で教習資格認定証の交付を受けたら、3ヶ月以内にクレー射撃の教習を受けます。教習費用は約30,000円、弾代10,000円で、使用する散弾銃は射撃場に備え付けのものを使用します。

講習で行うクレー射撃はトラップ競技、もしくはスキート競技のいずれかで、1ラウンド以上の練習と25発の検定ラウンドが行われます。検定では安全な銃器の取扱いができており、2発以上クレーに命中すれば**教習修了証明書**が交付されます。

初めての射撃で緊張するかもしれませんが、練習はしっかりと行えるため肩の力を抜いていきましょう。ただし散弾銃の反動は思ったよりも強力で、人によっては肩が腫れるほど痛くなるため、何か当て布になる物を用意しておいたほうがよいでしょう。

射撃教習以外に技能検定という制度もあり、こちらは公安委員会が主催する練習ラウンドがない運転免許の一発試験のような試験です。ただしこの技能検定は、ここ十数年間どこの都道府県も開催していないようです。

⑦所持予定の銃砲の仮押さえ

射撃教習を終えたら教習修了証明書の有効期限である1年以内に所持したい銃砲を決めて仮おさえをします。この際、銃砲店（個人間で譲り受ける場合はその銃砲の持ち主）に**譲渡等承諾書**（ゆずりわたしとうしょうだくしょ）を作成してもらいます。

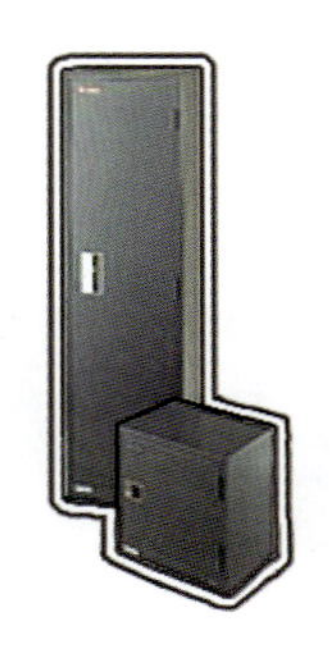

銃砲と合わせて**ガンロッカー**と**装弾ロッカー**も購入します。新品は両方合わせて5万円近くかかりますが、たまに中古品も出回っているためインターネットオークションで探してみるのも良いでしょう。なお、銃砲は銃砲店や射撃場に委託保管する事もできます。委託先によって値段は異なりますが、一月2,000円ほどが相場のようです。

⑧銃砲所持許可申請

譲渡等承諾書を受け取ったら所轄の生活安全課へ下記の書類と手数料10,500円を揃えて提出します。

1. 講習修了証明書……………②の書類（有効期限3年）
2. 教習修了証明書……………⑥の書類（有効期限1年）
3. 譲渡等承諾書………………⑦の書類
4. 経歴書,同居親族書、身分証明書、住民票の写し… ③の書類と同様 ※1
5. 医師の診断書………………※2
6. 銃砲所持許可申請書
7. 保管計画書（自宅見取り図にガンロッカー、装弾ロッカーの位置を記載）
8. 写真2枚（3×2.4㎝）

※1：射撃教習が終了して1年以内であれば添付を省略できる。
※2：教習資格認定申請から3ケ月以内であれば同じ診断書を使用してよい。

⑨所持許可資格調査

ここでは０次面接とほぼ同じ内容の面接と、④よりも綿密な身辺調査、自宅内のガンロッカーと装弾ロッカーの据え付け状況を確認する訪問調査が行われます。

所持許可が下りるまでは一般的に３ケ月程度ですが、身辺調査の進捗によっては半年以上かかる場合もあります。

⑩銃砲を引き取り公安委員会に提示

所持許可が下りたら所轄の生活安全課から所持許可証（仮）が渡されるので、有効期限の3ヶ月以内に仮押さえをしていた銃砲を引きとりましょう。銃砲を引き取ったら14日以内に銃砲と所持許可証（仮）を持って再び生活安全課を訪れ、銃長、銃身長、銃口長、登録ナンバー等の情報を書き込んでもらい、**猟銃・空気銃所持許可証**が完成します。

⑪銃砲検査

所持している銃砲は毎年1回、公安委員会による検査を受けなければなりません。これは所持許可証に記載されている内容と銃砲の形状が相違ないか（違法な改造が施されていないか）の調査で、毎年3〜5月ごろに自治体ごとに**銃砲等一斉検査**が行われます。

また、銃砲所持許可の有効期限は『3回目の誕生日』までとされており、『3回目の誕生日の2ヶ月前から1ヶ月前まで』に所轄警察署で**銃砲所持許可更新申請**を行わなければなりません。更新では⑧と同様に**猟銃等講習会（経験者講習）**、**技能講習**に参加して**講習修了証明書**を得なければなりません。ゆえに更新の準備は最短でも2ヶ月かかるため、計画を立てて取り組みましょう。なお、更新忘れなどの理由で所持許可が失効した場合は、一度対象の銃砲を手放さなければなりません。

4. 狩猟者登録

狩猟は免許を取得したからといって、いつでもどこでも自由に行えるわけではありません。猟期が近づいて来たら、あなたが狩猟をしたいと思っている都道府県へ狩猟税を納付して、狩猟者登録を行わなければなりません。

①狩猟者登録申請

狩猟者登録は各都道府県ごとの担当窓口が受付けていますが、一般的には最寄りの**猟友会支部**で行います。登録に際しては、狩猟免状のコピー、写真2枚、**狩猟税**が必要です。狩猟税は登録を行う都道府県ごとに以下の税額を納めます。

- 第一種銃猟　16,500円
- 第二種銃猟　5,500円
- 罠猟・網猟　8,200円

※住民税の所得割の納付を要しない場合、税率2/3に減額（第二種銃猟は除く）。
※放鳥獣猟区のみで狩猟を行う場合は税率1/4に減額。
※鳥獣被害対策実施隊員及び認定鳥獣捕獲等事業者の捕獲従事者として捕獲に従事した者は全額免除、実施隊員以外で有害鳥獣駆除に従事した者は税額1／2に減額。
※市町村によっては農林業被害対策として補助金が出る場合がある。

②狩猟者登録証

登録した都道府県から後日送られる**狩猟者登録証**は狩猟中、必ず携帯しておかなければなりません。銃猟をする場合は銃砲所持許可証も携帯しておかなければならないため、防水対策をほどこしてハンティングジャケットの内ポケットに入れておきましょう。なお狩猟免状は携帯する必要はないため、自宅か猟友会支部に預けておきましょう。

③狩猟者バッジ

狩猟者登録証と合わせて送られる**狩猟者バッジ**は、登録した区分によって青（第一種銃猟）、緑（第二種銃猟）、赤（わな猟）、黄色（網猟）に色分けされた記章で、帽子かベストの見えやすい位置にとめておきます。

狩猟者登録証はその都道府県の猟期終了後30日以内に行政へ返納しなければなりませんが、バッジは処分してもかまいません。バッジの形は都道府県ごとに異なるため記念に取っておくと良いでしょう。なお狩猟者登録証と狩猟者バッジを紛失した場合は速やかに都道府県の担当窓口に届け出て、再発行の手続きを取ってください。

④猟友会

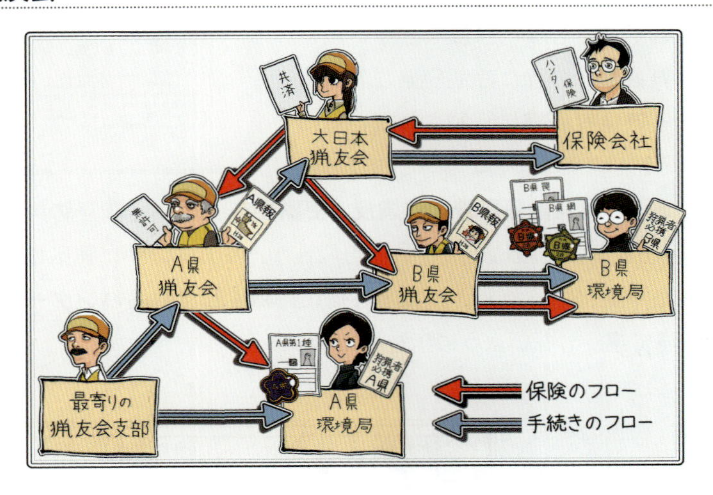

狩猟者登録は個人で行う事も可能ですが、手続きや保険関係の処理が非常に煩雑なので**猟友会**に代行を依頼することができます。猟友会員は登録代行システムが利用できるほか、都道府県ごとに毎年変化する狩猟者情報をまとめた情報誌（県報）を得ることができます。その他、射撃練習会などの特典が多彩なので、狩猟を行う際は猟友会に入会する事をおすすめします。

5.狩猟に関する法令

狩猟に関する法令は鳥獣保護管理法以外にも都道府県ごとの条例、告示など様々な規制が係わっており、銃猟の場合はさらに銃砲刀剣類取締法、火薬類取締法、武器等製造法が関与します。これらの規制に違反すると狩猟免許、銃砲所持許可を取消されるだけではなく、懲役刑または罰金刑という厳しい刑罰を受ける可能性があります。安全な狩猟のためにも法律に関する知識はしっかりと身に着けておきましょう。

①密猟（鳥獣保護管理法違反）

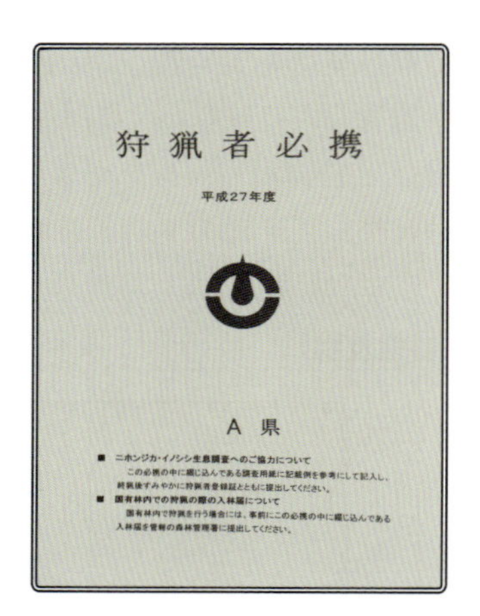

狩猟を行える期間（**猟期**）、狩猟の対象となる野生鳥獣の種類と1日に捕獲してよい数（**狩猟鳥獣**）、狩猟ができない区域（**鳥獣保護区、休猟区**）、銃砲などが使用できない区域（**特定猟具使用禁止区域**）など狩猟者が遵守しなければならない規則は、狩猟者登録の際に都道府県ごとに配布される**狩猟者必携**に記載されているのでよく確認しておきましょう。この規則に違反した場合は**鳥獣保護管理法違反（密猟）**として、1年以下の懲役または100万円以下の罰金に処せられる可能性があります。特に猟区に関する情報は毎年変化するため、狩猟者必携に付録されている**ハンターマップ**をよく見て違反しないように気をつけましょう。

罠猟、網猟の場合は使用する猟具に**標札**を付けなければなりません。この標札は必ず人から見えるように設置しなければなりません。狩猟者登録証の不携帯、狩猟者バッジ、標札の付け忘れは30万円以下の罰金刑に処せられる可能性があるので注意しましょう。

登録番号	号	登録年度	平成　年度
氏名			
住所			
電話番号		登録知事	知事

②携帯運搬の制限違反（銃刀法違反）

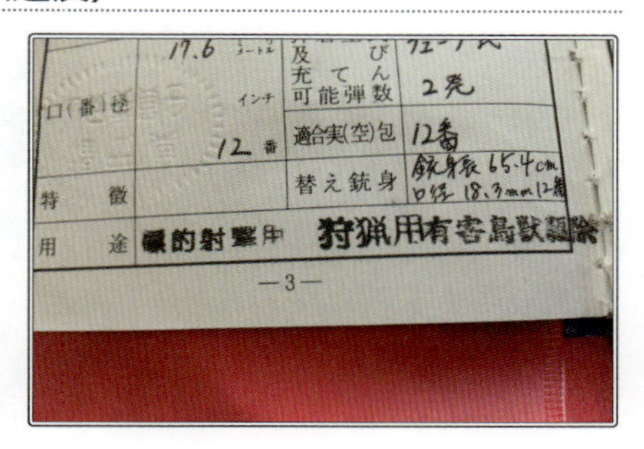

銃砲は所持許可証に記載された用途（標的射撃、狩猟、有害鳥獣駆除）以外の目的で、携帯・運搬する事は禁止されています。例えば「友人に銃を見せるために銃砲を持ち出す」ことは、用途のいずれにも該当しないため**不法携帯・運搬**となります。なお、銃砲の故障や改造、検査、登録で銃砲店や警察署に持ちこむ場合は例外として認められています。

所持許可を受けた人以外がその銃砲を手に取った場合、携帯した側、させた側のどちらも罰せられます（銃砲店の店員、担当警察官は除く）。

ただし例外として猟場で危険な崖を登る場合や通行が困難な沢を渡河する場合など、危険回避などのためにやむをえない場合に限って、所持者以外が一時的にその銃砲を携帯することが認められる場合があります。ただし、「トイレに行くからちょっと見てて！」といった理由は例外として認められないので注意しましょう。

銃砲は自身で管理する義務があります。盗難や紛失が起こらないように猟場では必ず見につけて管理しましょう。万が一銃砲および火薬類の盗難・紛失がおこった場合は、速やかに所轄の警察署へ連絡してください。

③安全措置義務違反（銃刀法違反）

猟場、射撃場、銃砲店などへ銃砲を運搬する際は、必ず覆いを被せなければなりません。たとえ車内であっても裸の銃砲を乗せて運搬することは**安全措置義務違反**になります。

猟場内であっても、道路上で銃の覆いを外す事は禁止されています。道路は車道以外にも、遊歩道、農道、林道なども含みます。猟場内では速やかに銃砲の出し入れができるように布製の**ソフトガンカバー**を被せておくと良いでしょう。

④保管義務違反（銃刀法違反）

銃砲を自宅で保管する場合は、できる限り分解してガンロッカーに収容します。この際、ロッカーに備え付けられたチェーンを機関部の用心がね（トリガーガード）に通しておきましょう。ボルトや先台といった部品は鍵がかけられる机などに別途保管しておくと防犯上効果的です。

ガンロッカーや装弾ロッカーの鍵は家族であっても他人に預けてはいけません。ロッカーの鍵は銃砲と同じ扱いなので自分自身で管理する必要があり、同様な理由でロッカーは他人と共有することはできません。またガンロッカーには銃砲以外の物を入れる事はできません。例えば金庫代わりにする事や、火薬類を一緒に保管する事は**保管義務違反**になります。

⑤発射制限違反（銃刀法違反）

道路上（のり面を含む）から発砲する事は禁止されています。また弾丸が人や民家、家畜、車両、道路などに届く距離・方向へ発砲する事も禁止されています。

特にスラグ弾やライフル弾といった弾丸は1km以上も滑空するため、空中に向けての発射は厳禁です。射撃の際は発射先が柔らかい土面（**バックストップ**）である事を確認して、流れ弾にならないように注意しましょう。

猟場で銃砲を発射できる時間帯は日の出から日の入りまでと決まっており、国立天文台が発表する時間が基準になります。地方によって日の出日の入りの時間は異なるため事前にしっかりと確認しておきましょう。なお、罠猟、網猟は夜間でも行う事ができます。

狩猟では狩猟鳥獣以外に銃口を向けてはいけません。例えば空き缶撃ちや、スコープ調整の試射などは**発射制限違反**になります。また、たとえ弾が当たらなくても非狩猟鳥獣に向かって発砲する事は発射制限違反および鳥獣保護管理法違反となります。『うっかり』でも違反になるため、鳥獣判別の能力はしっかりと磨いておきましょう。

5ノット以上で航行中のモーターボート、航行中の飛行機、および車内から発砲する事は禁止されています。銃刀法では『運行中の車両の中から発砲する事を禁止』とされていますが、法律上、車庫から出した時点で車両は『運行中』の状態になるため、たとえ停車していても車内からの発砲は違法になります。

狩猟とは制度が異なる管理捕獲事業の現場では、道路を閉鎖して車両の荷台から狙撃を行うモバイルカリングと呼ばれる方法が認められる場合があります。

⑥実包装填違反（銃刀法違反）

猟場では狩猟鳥獣が確実に目視でき、かつ射撃姿勢が十分に整っている状態になるまで銃砲に弾を装填(そうてん)してはいけません。つまり弾を装填した銃砲を保管、運搬する事は違法になります。狩猟における最も多い事故が違法装填による傷害です。脱包確認は常日頃から習慣として行うようにしましょう。

⑦ナイフの違法携帯（銃刀法違反）

銃刀法では「何人も業務その他正当な理由による場合を除いては刃渡りが5.5cmを越える刃物は携帯してはならない」とされていますが、狩猟は刃物を持つ『正当な理由』に該当するため、刃渡り5.5cm以上のナイフを携帯していても違反にはなりません。ただし狩猟後にナイフを腰にさしたままお店に入る事や、車内に入れっぱなしにしている事などは、正当な理由として認められないため違反になります。猟場以外ではナイフはバッグに入れておき、帰宅したら自宅の適切な場所で保管しましょう。

刃渡り6cm以下の刃物であっても、正当な理由が無い携帯は**軽犯罪法違反**となり科料に処される可能性があります。なお、日本では自己防衛のために刃物を持つことは正当な理由として認められていません。

次に挙げるような刃物は**刀剣類等**として特別な定めがあり、所持する場合は都道府県教育委員会の登録（銃砲刀剣類登録）が必要です。登録できる刀剣類は『美術品として価値があるもの』とされているため、狩猟に使用されることはありません。

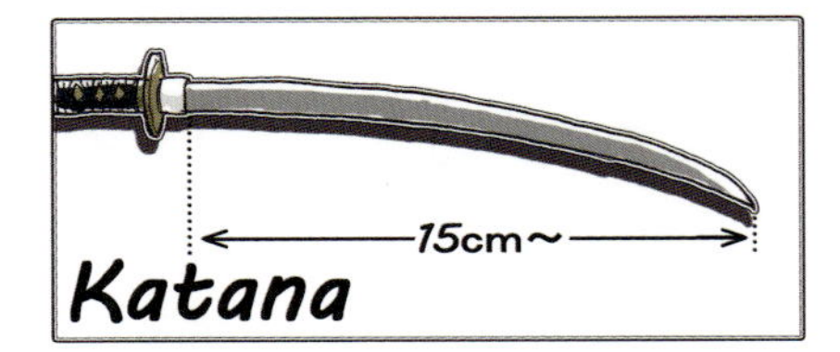

●かたな（真剣）

刃渡り15cm以上で、通常、鍔(つば)と棒状の柄(え)を付けた片刃の刃物です。

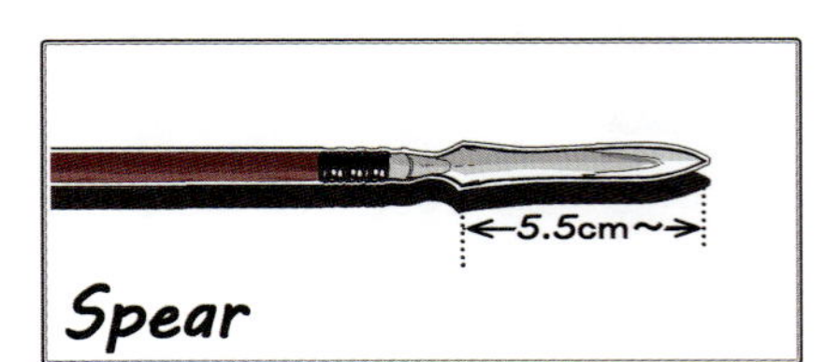

●やり（槍）

刃渡り5.5cm以上の長い柄が付いた刃物です。刃渡りを5.5cm未満に抑えた槍や、柄を装着できるナイフは狩猟でも用いられます。

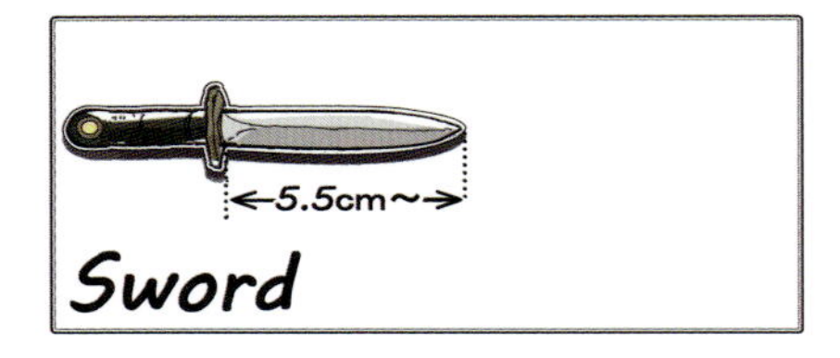

●けん（剣）

刃渡り5.5cm以上の両刃の刃物です。一般的にダガーと呼ばれ2008年に刀剣類等へ分類されました。

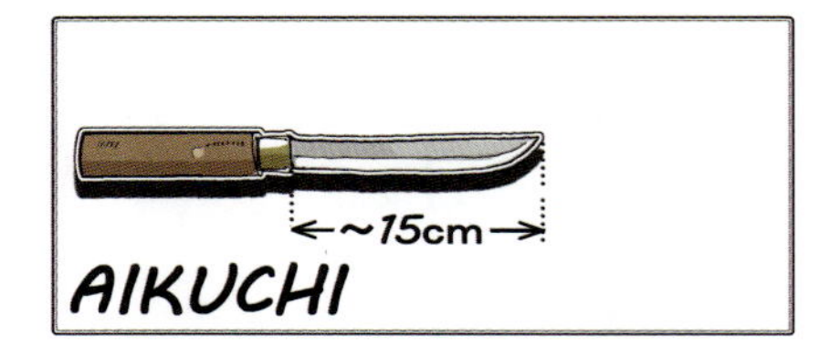

●あいくち（匕首）

刃渡り15cm以下の鍔のない小型の刃物です。俗称として『ドス』と呼ばれています。

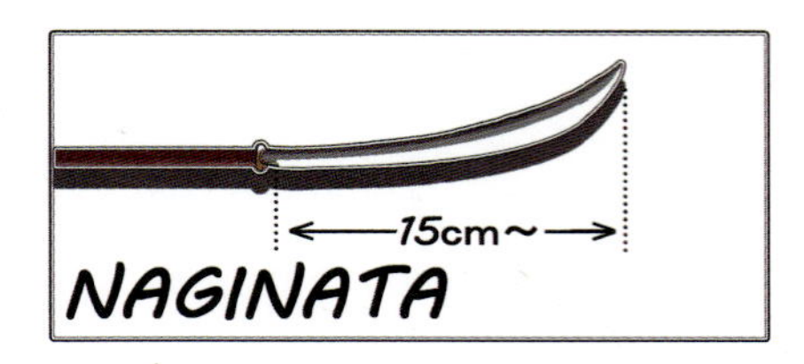

●なぎなた（薙刀）

刃渡り15cm以上で、柄の中の茎(なかご)が長い刃物です。

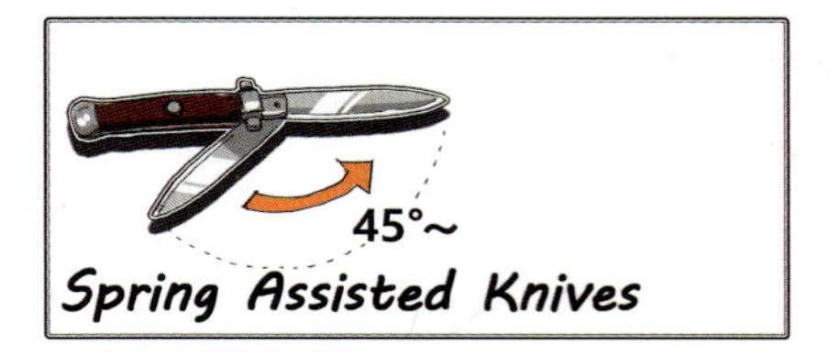

●飛び出しナイフ

ボタンを押すと45°以上に自動開刃するナイフです。スイッチブレードとも呼ばれます。

⑧火薬類に関する規制（火薬類取締法違反）

銃猟に使用する弾は通常「実包」と呼ばれ、法律上、実包を構成する火薬や雷管を総称して**猟銃用火薬類**と呼びます。ここでは猟銃用火薬類の購入、使用、保管、廃棄、輸送について概要と注意点を説明します。火薬類の管理は帳簿を作成して銃砲の検査時に提示する必要があるため、管理漏れが無いようにしましょう。

火薬類の購入

猟銃用火薬類の購入は事前に所轄の生活安全課で**猟銃用火薬類等譲受許可**（購入許可）の交付を受けなければなりません。つまり個人間で無断に火薬類のやり取りを行う事は違法です。

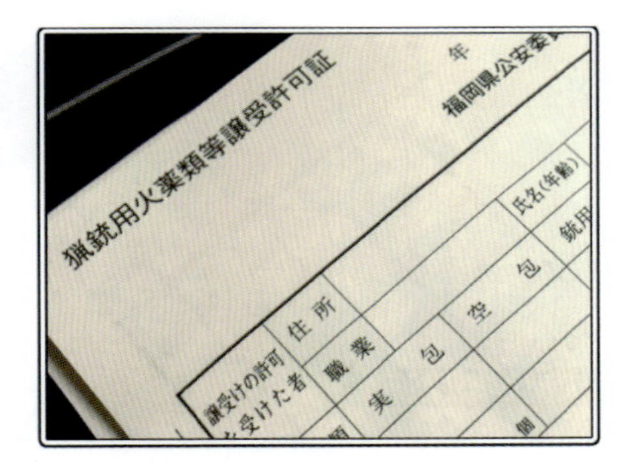
猟銃用火薬類等譲受許可証
年
福岡県公安委員
譲受けの許可を受けた者
住所
職業
氏名(年齢)
実包
空包
銃用
個

1回の申請で何発の購入許可を受けられるかは銃砲の使用実績で変わり、初心者の頃は標的射撃目的で800発、狩猟で300発が一般的だといわれています。譲受許可は交付を受けた日から1年間有効で、それを過ぎると失効するので注意しましょう。

狩猟者登録の際、所轄公安委員会または猟友会会員の場合は県猟友会から**猟銃用火薬類無許可譲受票**が交付されます。これは実包300発（内ライフル実包50発）、無煙火薬等600g、雷管300個を上記の譲受許可証なしに購入する事ができます。無許可譲受票は猟期満了後30日以内に交付された公安委員会または県猟友会へ返納しなければなりません。紛失した場合は再交付はされないので注意しましょう。

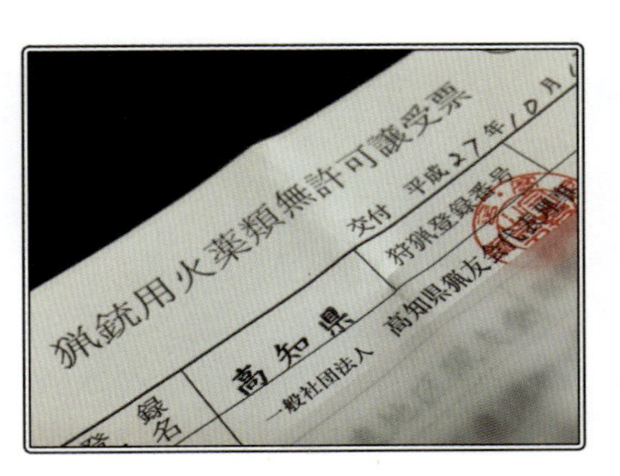
猟銃用火薬類無許可譲受票
交付　平成27年10月
狩猟登録番号
高知県
一般社団法人　高知県猟友会

火薬類の消費

狩猟の場合は1日に101発、標的射撃の場合は1日に401発以上の実包（空包含む）を消費する場合、公安委員会から**猟銃用火薬類等消費許可**を受けなければなりません。一般的に狩猟で1日に100発以上の弾を撃つ事はほとんどありませんが、標的射撃では超える事があるので必ず覚えておきましょう。また、猟銃用火薬類の保管量は**銃用雷管・猟用火薬管理帳簿**を作成して銃砲の検査時に提出しなければならないため、消費量は確実に把握しておきましょう。

なお、猟銃用火薬類等譲受許可において標的射撃目的で申請した猟銃用火薬類は狩猟目的で消費する事はできません。ただし狩猟目的で申請した場合は『狩猟の練習』という名目で標的射撃に消費する事ができます。ただしあまり火薬量の多い実包や、大きな弾は射撃場によっては使用できないため注意しましょう。

火薬類の保管

猟銃用火薬類は原則として火薬庫で保管しなければなりませんが、実包と空包の合計が800発、無煙火薬等5kg、雷管2000個までは、自宅内の装弾ロッカーで保管する事ができます。つまりこの量以上の猟銃用火薬類をロッカーに入れることは違法となるので注意しましょう。装弾ロッカーの鍵もガンロッカーと同様に管理は自身で行いましょう。

火薬類の廃棄

猟銃用火薬類は次の年の猟期満了まで自宅で保管する事ができます。その期間を超える場合は、認定販売店（銃砲火薬店など）に持ちこんで廃棄または譲渡する必要があります。つまり猟銃用火薬類を一般ゴミに出すと違法になるので絶対にしてはいけません。

狩猟で残った猟銃用火薬類は猟期終了後に猟友会支部主催で**残弾処理射撃大会**が開かれる場合が多いのでそこで消費すると良いでしょう。

実包の製造

無煙火薬や黒色火薬、銃用雷管を組み合わせて実包・空包を作ることは許可を受けた製造業者しか行う事はできませんが、1日に100個以下であれば個人で手詰め（ハンドローディング）を行う事ができます。

火薬類の輸送

公共交通機関を利用して猟銃用火薬類を運搬する場合は、他の荷物と混包しないように専用のジェラルミンケースやアンモボックスに収めましょう。また、各公共交通機関の運行規定（鉄道運輸規定、旅客自動車運送事業運輸規則など）により、運搬できる猟銃用火薬類の量が下記のように決まっています。会社の規定によっても異なるため事前に確認をしておきましょう。

●**列車**　：実包と空包の合計200個以内
無煙火薬類等の合計1kg以内（容器等を含める）
銃用雷管400個以内
●**バス**　：実包と空包の合計50個以内
●**船舶**　：実包と空包の合計200個以内
猟用装弾400個以内
無煙火薬類等の合計1kg
●**飛行機**：猟銃用火薬類5kg以内（手荷物不可）

先輩ハンターに聞いてみよう①

本田滋さん　25歳

狩猟歴３年目、大学時代に狩猟免許を取得しました。
仕事が休みの日に地元で集団猟を行っています。

下村洋平さん　34歳

狩猟歴４年目、エアライフルで主にカモの忍び猟を行っています。去年、第二子が誕生したパパハンターです。

久保新平さん　58歳

狩猟歴24年目のベテランハンターです。
毎年北海道でエゾシカ猟を行っています。

勝木百合子さん　23歳

狩猟歴２年目、箱罠でイノシシを捕獲しています。
自然の楽しさを教える仕事をしています。

児玉千明さん　26歳

狩猟歴２年目、美容師兼、福井県高浜町の町議員をされています。高松町の鳥獣被害対策に力を入れています。

久保綾香さん　55歳

狩猟歴３年目、普段は旦那さんと一緒に鳥猟を楽しんでいます。年に数回グループで網猟も行っています。

では、さっそく質問ですが、皆さんは初めて**「狩猟がしたい！」って言ったときに、ご家族はどのような反応をされましたか？**

僕は祖父が狩猟をやっていたので、何か言われるような事はありませんでしたね。

私も父が狩猟をやっていたので反対されるような事はありませんでした。

昔から自然に触れあう事が好きだって家族も知っていましたので、私も反対されるような事は無かったですね。

猟隊も祖父の紹介で入れてもらったので身内に狩猟をやっている人がいれば、色々と都合がいいですよ。

なるほど。すでに身近にハンターがいらっしゃったら、周囲の理解も得やすいですね。

私は母から反対されましたよ。「動物を殺すのはよくないッ！」って結構言われました。

おや？　では、どうやって説得されたのですか？

野生動物による農業被害とか説明したんですが…結局はお父さんを味方に付けて説得してもらいました（笑）でも、銃を持つことは最後まで両親に反対されて無理でした。

僕は嫁に大反対されましたよ。未だに「狩猟は嫌」って言われます。

えっ！いまだに嫌だって言われるんですか!?

なので、家族サービスは大変ですよ、猟期前は特に（笑)。羽が付いたまま獲った鳥を家に持ち帰らないって事で許してもらっています。

女性には狩猟を嫌がる人も多いですよね。

久保さんはご家族に反対されませんでしたか？

あ、私は夫に誘われて始めたので何の問題もありませんよ。両親は…どうだろう？狩猟をしてるって話をした事が無いのでわかりませんね。

私が引き込みました（笑）

あれ？ご両親が狩猟をしていることを知らないって・・・奥さんはエアライフル銃を所持されていますよね？警察の調査はご両親にいかなかったのでしょうか？

銃砲を所持する際の身辺調査は配偶者か同居親族、単身者の場合は一番近い親族になるようですから、妻の身辺調査は私に来ましたよ。

勝木さんも結婚して、旦那さんと一緒に銃猟を始めればいいんですよ（笑）

なんだか政略結婚みたいな話ですね（笑）

続いて質問します。ずばり、**狩猟の魅力って何でしょうか？**

私はやっぱりジビエが沢山手に入ることかな。

猪肉や鹿肉って普通は手に入らないから、色々な料理が楽しめる事が魅力ですね。

ジビエが気軽に楽しめるのはハンターの特権ですよね。

私は猟犬と一緒に山野を走り回れること！
獲物が獲れなくても、それだけで楽しいですよ。

冬場は運動不足になりますからね～。ダイエットにも良いです（笑）。

散弾銃は山の中を走り回りますからね。

私は、狩猟には本能的な欲求を発散する効果があると思います。

狩猟本能っていうやつですか？

そうですね。誤解を受けやすい表現かもしれませんが、人間も動物である以上、少なからず嗜虐的な欲求を持っています。狩猟はその欲求を発散する健全な手段だと思っています。

う〜ん？　ちょっとそういう気持ちはよくわからないかな。

でも、マンガやゲームなどの娯楽が暴力的な表現で埋め尽くされている現状を見ると、現代人はそういう欲求に飢えていると僕も感じますね。

狩猟は人間の本能的な欲求を満たす有意義な方法の一つだと言えますね。

Chapter

1

散弾銃猟

Shotgunner

散弾銃猟の世界へようこそ!

狩猟と聞いて、あなたはどのような世界を想像されましたか？
「飛び出す獲物！」、「火を噴く銃！」、「飛びかかる猟犬たち！」。
このように「ダイナミックでスピーディーな世界」を想像された方には、狩猟の醍醐味がすべて詰まった『散弾銃猟』がお奨めです。

1.万能猟師

古代の遺跡から発見される大小様々な鳥類と哺乳類の骨は、人類が原始の時代からあらゆる動物を狩猟によって捕獲していた事を示しています。このような太古の狩猟技術は卓越した身体能力や野生の勘が必要とされていましたが、現代では『銃器』が発達した事で、狩猟を行うハードルは大きく下がるようになりました。

①すべての獲物がターゲット

散弾銃猟はすべての狩猟鳥獣をターゲットにできる汎用性の高いスタイルです。

使用する散弾銃と呼ばれる銃器はこれ1挺で、小鳥のスズメから大型獣のクマまであらゆる獲物に対応する事ができます。

②散弾実包

散弾銃が万能に扱える理由は使用される弾にあります。散弾銃はよく『粒状の弾を撃つ銃』だと思われていますが、それは少し間違っており、実際はケースに入るサイズであればどのような物でも発射することができます。

例えば、クマやイノシシといった大型動物を撃つ場合は、一粒弾（スラッグ）をケースに詰めます。またニホンジカなどにはパチンコ玉をふたまわりほど小さくした六粒弾・九粒弾（バックショット）、鳥など小型動物には細かな弾がたくさん詰まった散弾（バードショット）を詰め込みます。また鉛玉以外にも、鳥を追い払う爆竹を詰めたバードボム、鉛害防止の目的で鉄鋼弾、生体捕獲用にゴム弾や岩塩弾、花の種を詰めたフラワーシード弾など、撃ち出せるものは実に多彩です。このように散弾銃は、獲物の種類や猟場に合わせて詰めるものを変更することで万能に対応することができます。

③猟犬

どのような獲物にも対応できる散弾銃ですが、散弾銃はライフル銃のように射程距離を伸ばす仕組みを持っていないため、射程距離はおおむね30m程度で、大概は散弾銃の射程距離に入る前に逃げられてしまいます。そこで散弾銃猟では射撃の腕以上に、獲物との距離を詰める工夫が必要になります。

そこで活躍するのが**猟犬**です。猟犬は散弾銃猟において獲物とハンターの距離を縮める様々な手助けを行います。例えば、ハンターに潜んでいる方角を指し示す『ポイント』、ハンターが到着するまで獲物の動きを止めておく『ホールド』、隠れている場所から追い出す『フラッシュ』、落ちた獲物を回収する『レトリーブ』など、その役割は実に多彩です。

もちろん猟犬の力を借りなくても散弾銃猟は可能です。しかし『猟犬との共闘』は、狩猟の世界にしかない特別な楽しみなので、是非、その活躍を知っておきましょう。

散弾銃猟は、狩猟のすべてを楽しみたいあなたに、最もおすすめするスタイルです。これまで何の変哲もなかった真冬の数か月間が、最も熱い特別な数か月になることは間違いありません。さぁ今こそ猟犬と共に、広大な野山へ飛び出しましょう！

狩猟のすべてが詰まっている！　散弾銃猟の世界へようこそ！

2. 散弾銃猟の装備

散弾銃猟の猟場は山や森林など、植物がうっそうと茂る場所です。そのため服装は、木に引っかかったり躓いて転んだりしないように、なるべく凹凸が少なく動きやすい恰好が良いでしょう。

また、上着や帽子には**ハンターオレンジ**、**ブレイズオレンジ**と呼ばれるような色の物を着用しましょう。このような赤色系は、緑黄色系の多い山野で人間の目が最も認識しやすい色なので、誤射防止の役割を持ちます。このような色の服装が法律で決められているわけではありませんが、ハンター保険や猟友会の共済保険金の減額事項になっているので、必ず着用するようにしましょう。

①オレンジ色は迷彩色

散弾銃猟でメインターゲットになるイノシシやニホンジカは、赤系統の色を見分けることができません。つまり人間にとって目立つ色であっても、野生動物に対しては迷彩を着ているのと同じ効果を発揮します。

例え獲物に気付かれたとしても散弾銃猟では猟犬が上手くカバーしてくれるので、ハンターは安全第一で狩猟に臨みましょう。

②タクティカルベスト

ハンティングウェアとしておすすめなのが、MOLLEシステムを採用したベストです。**MOLLEシステム**とは、ベストやバッグに丈夫なナイロンの帯が縫い付けられており、そこにポーチなどのアクセサリー類をボタンで留めて装着する方式です。元は軍隊で利用される装備システムですが、山野での機動性が要求される散弾銃猟の装備としても人気が高く、またMOLLEシステムを採用している製品には互換性があるため、他社製品のアクセサリーと組み合わせて自由にカスタマイズができます。

③靴

散弾銃猟では獲物を追跡するために山中を走り回る事が多いため、生地の薄いスニーカーやトレッキングシューズは向いていません。また登山用シューズも、登りと下りの移動に特化した造りになっているため、四方八方に飛び回る狩猟用には向いていません。

そこで最もおすすめなのがスパイク付の地下足袋です。足袋はつま先が親指と他の指に分かれており、着地した足の体重を4点で支える事ができます。これは2点で支える通常の靴よりもバランス力に優れるため、不安定な山中で活動する狩猟用の靴として最適です。野原に住む馬の蹄が一つなのに対して、カモシカのような山岳に住む動物の蹄は二つある事からも、その有効性をご理解頂けると思います。

④ロープ

所持品として最低限必要なのは、ロープ、懐中電灯、地図とコンパス、そしてナイフです。

ロープは仕留めた獲物を引き出す時や急斜面を下りる時、また猟犬の手綱など、色々な用途で使用するので、携帯するロープは長すぎても短すぎても、太すぎても細すぎてもよくありません。おすすめはクライミングで使用するナイロン製ロープで、長さは5m、太さは10mm程度が良いでしょう。カラビナを一つ装備に加えておくと、万が一の時に役立ちます。

⑤地図とコンパス

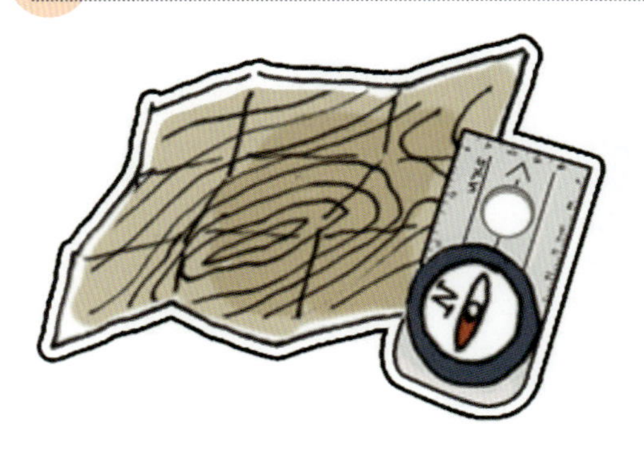

山の中は想像以上に迷います。特に里山は、観光地化された山とは比較にならないほど迷いやすいので、猟場周辺の地図とコンパスは必ず携帯しておきましょう。

地図は標高差も確認できる国土地理院の2万5千分の1地形図がおすすめです。コンパスは**プレートタイプ（シルバコンパス）**を持っておきましょう。地図とプレートコンパスを組み合わせれば、万が一遭難した場合でも現在地を特定する**山立て（山座同定）**が可能です。

GPSを所持しておくのも有効です。GPSは高価な山岳用でなくても、スマートフォン向けのアプリで代用できます。近年では鳥獣保護区域が記入されたハンター向けのGPSアプリもあるので有効に活用しましょう。ただし、電子機器に頼る場合は、必ず防水ケースと予備バッテリーを持っておきましょう。

⑥ライト

山の中は想像以上に早く暗くなります。特に谷間の森林地帯では、昼の3時ごろには手元が見えにくくなるぐらい暗くなります。そこで、昼前に狩猟が終わる予定であっても懐中電灯は携帯しておきましょう。ヘッドライトでも構いませんが、よりかさばらないペンタイプがおすすめです。

⑦ナイフ

ナイフはハンターにとって非常に重要な道具です。特に散弾銃猟では、手負いの獲物が銃を撃てないような場所に逃げ込んだ時や、猟犬が絡んで銃を撃つのが危険な時など、ナイフで近接戦闘を行わないといけなくなるシーンが多々あります。

散弾銃猟ではナイフを、獲物に止めを刺すだけではなく、笹や低木をかき分けて進む藪漕ぎにも使用します。そこでナイフには鉈（なた）の機能を合わせ持たせた**剣鉈**（けんなた）と呼ばれるタイプがおすすめです。もちろん、止刺し用のナイフと鉈を2本携帯しておいても良いですが、山中ではなるべく装備を軽くしておくことをおすすめします。

剣鉈の長さは好みにもよりますが、刃渡り15〜24㎝がよく使用されます。短すぎるとそれだけ獲物と接近する必要性が生じ、長すぎると取り回しが不便になります。

ナイフのケースには木製と革製の2種類があり、木製は安価ですが移動中に「カタカタ」と擦れる音がします。

革製はナイフにフィットしますが、血糊が付くと腐りやすくなります。どちらを使用するかはハンターの好みによります。

狩猟の楽しみの一つであるナイフ選びでは、ついつい名工の一振りやアンティークナイフに手が伸びてしまいがちですが、一番初めのナイフは質の良い量産品のナイフを選ぶ事をおすすめします。

狩猟はナイフを実際に『使用する』事ができる世界なので、あなたのナイフは狩猟に出るたびに欠けては砥がれを繰り返して少しずつ変形していきます。また血と脂を吸った柄は黒くくすんで、妖しい光沢を放つようになり、十数年後、あなたがベテランと呼ばれるようになった頃には『妖刀』とも呼べる、奇妙な形のナイフになっていることでしょう。それはあなたの狩猟人生が磨き上げた、世界に一つしかない最高のカスタムナイフでもあるのです。

3.集団猟

集団猟（グループ猟）と呼ばれるスタイルは、イノシシやニホンジカ、クマと言った大型獣を捕獲する最も一般的なスタイルです。狩りを行う**猟隊（グループ）**は数人～十数人程度で組み、獲物の逃走経路に待ち伏せをする**タツマ**（シガキ、マチ、ブッパなど地方によって呼び方多数）と、獲物を追いだす**勢子**に分かれて行います。

①見切り（フィールドワーク）

集団猟は、まず**見切り**から始まります。早朝に集合したメンバーは、散会して猟場周辺に残された足跡、糞、食み跡などの**痕跡（フィールドサイン）**を調査します。この調査では今朝獲物が付けたばかりの最も新しい痕跡を見つけ出し、それが向いている方向、数、大きさなどから、どこの山にどれだけの獲物が潜んでいるかを推理します。

情報を集めたら集合場所に戻り猟長へ調査結果を報告します。猟長は隊員からの情報と、隊員の経験値、安全性を総合的に考慮して、その日狩猟を行う（競る）山と隊員の配置を決めます。

さて、もしこの時、あなたが間違った見切りの情報を報告してしまうと、隊員全員が獲物のいない山（**空山**）で待ちぼうけになる可能性があります。あとで怒られないためにもフィールドワークはしっかりと身につけておきましょう。

②トランシーバー

山でのコミュニケーションは**無線機（トランシーバー）**を使用します。4級アマチュア無線技士以上の免許が必要になるので猟期前に取っておきましょう。なお、免許が必要ない出力1W以下の特定小電力無線機という物もありますが、障害物の多い山中では具合が良くありません。

③持ち場を調べる

獲物を追い立てながら山の中を移動する勢子は、その山の事をよく知っているベテランのハンターが行います。よって、初心者のあなたはまずタツマとして、待ち伏せの任に就く事になるでしょう。

猟長から指定された場所に

ついたら、まず**獣道**を探します。獣道とは野生動物が作る道路の事で、他の場所よりも地面が踏み固められているので見た目でわかります。

山の中を縦横無尽に歩き回っているように思える野生動物ですが実は必ず獣道を移動しており、ハンターに追われた場合も同様に獣道に沿って逃げる習性があります。また逃走の際は『普段から通りなれた道』を選ぶため、新しいフィールドサインが多く残っている獣道の近くで待ち伏せをしておくと、逃げてくる獲物に出会う確率が上がります。

例えばあなたが追われる身だったとして、『何度も通った事のある道』と、『どこに通じているかわからない道』があったとしたら、歩きなれた道へ逃げ込むと思います。野生動物達の考える事は人間が本能的に考えることと実は全く同じなのです。

勢子は山の中を汗だくになりながら歩きますが、タツマはジッと座って待ち伏せしなければなりません。タツマの方が体力的に楽そうに思えますが、冬山の地面の上に長時間座っていると体温が奪われて、お腹や背中が痛くなってきます。

そこでタツマに就く際は**引敷（ヒップガード）**を装備しておきましょう。折り畳みの椅子でも良いですが、荷物はなるべく軽い方が良いです。

昔の猟師はタヌキやイノシシの毛皮を腰に巻いて引敷にしていました。しかし現代ではお尻を誤射されかねないので空気を入れて膨らむクッションシートタイプをおすすめします。

④誤射に注意！

無線で準備完了の報告をした後は、獲物が逃げてくるまで息を殺して待ち伏せをします。

寒空の下、ただひたすら待っているというのはなかなか辛いものなので、ついつい「他の様子を見てこようかな？」や「もう少し場所を移動してみようかな？」と待ち場を離れたくなる気持ちが沸いてきます。

しかし集団猟では、猟長が隊員の射程距離、射角を計算して隊員の位置を決めているので、むやみに持ち場を離れないようにしましょう。スタートの合図が出た後に歩き回っていると、逃げてきた獲物だと勘違いされて誤射される危険性があります。また、包囲網（弓）に抜け穴ができてしまい獲物を獲り逃す可能性があります。

反対の立場で、持ち場で待機している時は他の隊員や一般の人が近づいてくる可能性を考慮しなければなりません。草木が揺れたからといって獲物だと思い込み発砲する事（**ガサドン**）は、おもわぬ大事故につながります。発砲は獲物を目視するまでおこなってはいけません。

⑤耳を澄ませて

少し退屈に思えるタツマですが、暇だからと言って音楽を聞いていてはいけません。

獲物は猟犬に見つからないように、こっそりと山の中を移動します。特にニホンジカは足音もなく近づいてくる事が多く、いつのまにか真後ろを歩いていたと言う状況も少なくありません。

見通しの悪い山の中では視覚以上に聴覚からの情報が重要になってくるので、待っている間は耳を澄ませて草をかき分ける音や落ち葉を踏む音はしないかよく確認しましょう。

また、猟犬が吠えながら近づいて来た場合は、追われた獲物が猛スピードで走って来る合図です。必死に逃げる獲物はこちらの存在に気が付かずに至近距離まで近づいてくるので、気を引き締めて射撃態勢を取りましょう。

なお、野生動物は匂いに敏感なので、猟場での喫煙は避けましょう。・・・とは言え、冬山の澄んだ空気の中で紫煙をくゆらせるのは喫煙者にしかわからない至高のひと時です。そこでどうしてもタバコが吸いたくなったら、山から吹き上げる風、吹き下げる風を確認して包囲網の中に煙が行かないように注意して嗜みましょう。もちろんポータブル灰皿はお忘れのないように。

⑥ラウンド

幸運にも獲物を授かる事ができたら、その場で血抜きを行い、無線で獲物が獲れたことを報告して再び待ち伏せをします。

巻き狩りの始まりから終わり（**ラウンド**）は、猟犬が放されてから勢子が指定の位置まで移動した時点で、山の大きさによって違いますが1ラウンドおよそ1、2時間かかります。

勢子から終了の合図が出たら獲物を山から担ぎ下ろします。その日の最後のラウンドであれば、車に乗せて解体場所まで移動しますが、続きのラウンドがある場合は獲物を野池や川に沈めて体温を下げておきます。一見不衛生に思えますが、体温が残ったまま放置するよりも衛生的なのでこのような処置がとられます。

1日のラウンドは2〜4回、1ラウンド目の開始は9時頃、最終ラウンドが終わるのは15時頃が一般的です。狩猟が終わったら解体を行い、収穫を分かち合います。

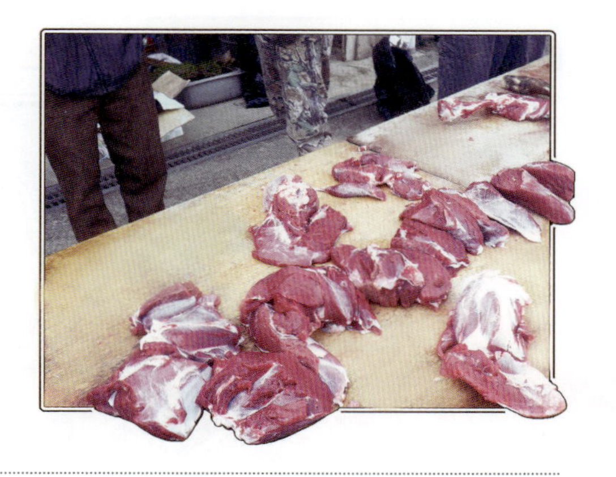

⑦まずは猟隊を探そう

これまで述べた巻き狩りの流れは一例に過ぎません。猟長の経験や猟場の特徴、猟犬の性格などで、その方法は猟隊ごとに全く変わってきます。まずは所属する猟隊を見つけて、実践的な話は先輩ハンターから学びましょう。

猟隊は、地元の猟友会や銃砲店から紹介を受けるのが良いでしょう。狩猟に参加できる曜日を伝えれば、きっと良い先輩達を紹介してもらえます。

猟隊の中には厳しい人も居るかもしれませんが、様々な年代の人達と共通した趣味を持つという機会はそうそうありません。先輩ハンターの言葉は良く聞き学ぶように、また新しく入って来た後輩ハンターには優しく接し、共に安全で楽しい狩猟を行えるように努めていきましょう。

4.単独猟

単独で狩猟を行う場合でも大型獣を捕獲する事は可能です。ただしその場合は猟犬の力が何よりも重要になります。

単独猟では数匹の猟犬を率いて山中を歩きます。ハンターは猟犬の反応を見ながら獲物の居所を探し出し、ここぞと言う所まで来たら手綱を離して獲物を攻撃させます。ハンターは猟犬が獲物を抑えている現場に駆け付けて散弾銃で仕留めます。

集団猟における猟犬は、逃げる獲物を吠えながら追いかけてタツマに獲物の位置を知らせる**追跡（ハウンディング）**が主な役割でしたが、単独猟では主人であるハンターが現場に到着するまで獲物の動きを**止める（ホールディング）**能力が重要になります。

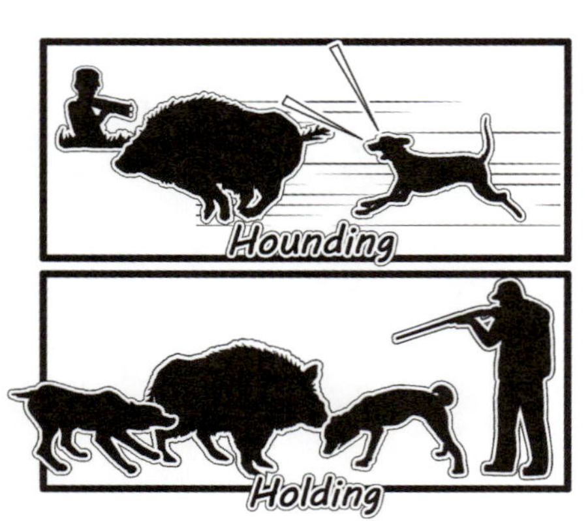

単独猟では、まず猟犬に獲物を探知させる事から始めます。

猟犬が探知できる獲物や距離、その反応の仕方は猟犬の能力によって全く異なり、例えばイノシシの臭いを20m先まで感知できる犬が居る一方、イノシシの臭いはわからないがシカの臭いなら30m先まで感知できる犬もいます。その時の反応も様々で、尻尾をブンブン振る癖のある犬が居る一方、尻尾をピンと張って低いうなり声を上げる犬もいます。よってこの狩猟法では、猟犬がどんな獲物に対してどのように反応をするのか正確に読み取る事が重要なポイントになります。

①猟犬とのコミュニケーション

もちろん、言葉の通じない猟犬に尻尾を振る理由を聞くわけにはいきません。そこで連れて行く猟犬達の中に、よく勝手を知っているベテラン犬を1匹混ぜて、その猟犬の反応の差分から他の猟犬の能力を推測していきます。

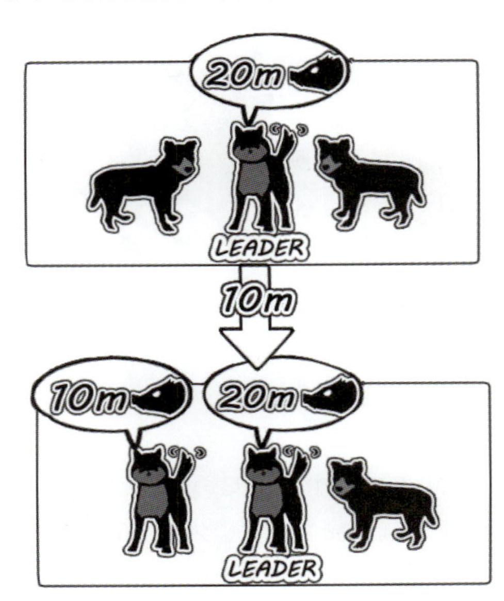

例えば、20m先のイノシシの臭いを取る事ができる猟犬がいたとします。この猟犬が反応を初めた時点から10m進んだ先で、他の猟犬が反応し始めた場合、その犬は10m先のイノシシを探知する

能力を持っていると推測できます。また、ベテラン犬が反応していないのに他の犬が反応した場合は、その猟犬はイノシシ以外の獲物か、20m以上離れた先のイノシシを探知する能力を持っていると推測できます。このように単独猟では、個々の猟犬の能力を的確に判別して**パック**と呼ばれる猟犬のパーティーを作って狩猟を行います。

猟犬達をパックにして運用すると、狩猟の成功率が高くなるだけでなく、猟犬同士でお互いの狩猟技術を学び合わせて成長させる事ができます。このような『群れ』の中で教育が行われる現象は、人間やイヌ（オオカミ）以外にも社会性を持つ動物には広く見られます。

この狩猟法は言い換えれば猟犬達との集団猟です。隊員は猟犬、あなたはそこの猟長です。

②止め芸

獲物を発見した猟犬たちはチームワークを駆使して動きを止めにかかります。

猟犬の止め方（**止め芸**）には、獲物に噛みついて動きを封じる**噛み止め**と、周囲を旋回しながら吠えかけて動きを封じる**吠え止め**に分かれます。

猟犬達の動向は、GPSの付いた**マーカー**でモニタリングします。首輪にはGPS発信機と集音マイクが装着されており、ハンターは受信機の画面を見て、猟犬たちが獲物を止めていることを把握します。

昔は猟犬に付けた鈴の音だけで戦況を把握しなければならない匠の世界でしたが、このGPSマーカーの登場で単独猟のハードルは少し下がったと言って良いでしょう。なお、GPSマーカーは無線を利用するため、技適品を使用しましょう。海外製のものは国内の電波法に適合していない場合があるので注意しましょう。

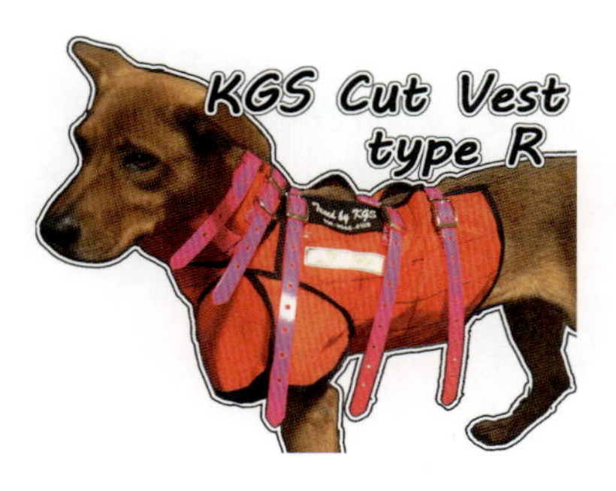

止めている獲物が小さい仔イノシシやニホンジカの場合は、猟犬達だけで倒してしまう事もありますが、相手が百戦錬磨の大イノシシや、ヒグマ・ツキノワグマの場合は反撃を受けて大けがを負わされる事もあります。そこで猟犬には**防牙ベスト（カットベスト）**を装備させます。

猟犬が大怪我を負ってしまった場合に備えて、ハンターは応急処置用の糸と針、鉗子、消毒液、薬などを装備しておきます。野生動物は決して軟弱な相手ではありません。猟犬も、そして人間も安全管理は徹底しておきましょう。

③猟犬たちとの信頼関係

この猟法は『一犬、二足、三銃』と言われ、まずは獲物を追跡して足を止める猟犬の働き、続いて戦場まで急行するためのハンターの足、そして強大な獲

物を仕留める銃が必要であることを表しています。よって猟犬達が苦戦している場合は、必ずハンターの手で獲物を倒さなければなりません。もし、獲物を取り逃がしたり仲間を死なせたりすると、猟犬達は不安で本来の力を発揮できなくなるばかりか逃亡するようなことも起こります。

この猟法では数匹の猟犬をパックにして行うと述べましたが、『考えていることが完全に理解できる・最高に信頼を寄せてくれる』1匹の猟犬だけで狩猟を行う**一銃一狗**と呼ばれるスタイルは、単独猟における一つの到達点だと言われています。

GPSマーカーの登場で少しハードルが下がったとはいえ、猟犬の多頭飼いなど、なかなかハードルが高い狩猟スタイルですが、猟犬達の成長が猟果となって帰ってくる事は筆舌に尽くし難い喜びだと言われています。

5. 鳥猟

集団猟における獣猟犬には追跡、単独猟においては探知と止めの能力が必要だったのに対して、**鳥猟犬（ガンドック）**には、獲物の位置をハンターに教える指示、ハンターが命令したと同時に獲物を飛ばさせる追い出し、そして撃ち落とされた獲物を持ち帰る回収の能力が必要になります。

①指示（ポイント）

キジやヤマドリを捕獲する場合は、**ポインター系**、または**セター系**と呼ばれる猟犬の力を借りて狩猟を行います。このような犬種には、獲物の臭いを感じると**指示（ポイント）**と呼ばれる特殊な姿勢を取る癖があります。

この仕草は猟犬の性格によっても若干違いがありますが、ポインター系は尻尾をピンと張り、獲物に対して高く鼻を

上げて「お手」に似た姿勢をします。対してセター系は腹這いになって「伏せ」のような姿勢をします。ハンターは猟場に放った猟犬たちのポイントをしている姿を確認することで、獲物が潜んでいる先を特定することができます。

キジ、ヤマドリ、カモ類は、外敵が近づいてもすぐには飛び立たず、草木の陰で身を潜めます。これは体重の重い大型鳥類は、体力の消費が激しい飛翔をできる限り抑えるという習性を持つためで、猟犬が近くで立ち止まってもすぐには飛び立とうとはせず、可能な限りやり過ごそうとします。よってハンターは猟犬が獲物の気を引きつけている隙に散弾銃の射程距離まで近づくことができます。

②追い出し（フラッシュ）

射撃の準備が完了したら、ポイントをしている猟犬に犬笛などで**追い出し（フラッシュ）**の命令を出します。これまで身を潜めていた獲物も猟犬が飛びかかってくると、さすがに驚いて飛び立つので、ハンターは獲物が藪から飛び出した瞬間を狙って撃ち落とします。

③回収（レトリーブ）

散弾銃が火を噴き獲物を落とすことができても、まだ狩猟は終わってはおらず、鳥猟では撃ち落とした獲物を回収しなければなりません。

散弾銃の欠点は射程距離の他に、獲物を確実に仕留めるのが難しいことが挙げられます。例えば、エアライフル銃は正確な『点』の攻撃なので獲物の**急所（バイタルポイント）**を的確に狙う事ができます。しかし、散弾銃は当たりの広い『面』の攻撃なので、獲物の飛翔能力は奪えても致命傷には至らずに半矢になってしまう場合があります。半矢の鳥類は走って、もしくは泳いでハンターから離れようとするので、猟犬たちには半矢の獲物を**回収（レトリーブ）**する重要な役割を担います。

④ガンドックのトレーニング

『ポイントを行うこと』は、ポインター系、セター系の犬種に元から備わっている本能ですが、フラッシュやレトリーブといった行動は、いわゆる「待て」や「取って

こい」と全く同じ『芸』なので、ハンターが訓練によって教育しなければなりません。

鳥猟犬の訓練は、基礎的な**命令（コマンド）**である「止まれ・曲がれ・来い」を子犬の頃から教え込み、十分にポイントの癖（猟能）が発現したころから、捜鳥訓練、運搬訓練などの猟芸を訓練します。

捜鳥・運搬訓練には獲物の臭いを付けた玩具**（デッドフォル）**を使い、日々反復練習を行う事でその猟芸を磨いていきます。

鳥猟犬に限らず猟犬には、**恐銃癖（ガンシャイ）**を予防する訓練が必要になります。恐銃癖とは猟犬が発砲音に驚いて、逃げ出したりすくみ上って動けなくなったりする癖のことで、このような悪癖を回避するために子犬の頃からクレー射撃場に連れて行くなどで**銃声馴致**を行います。

猟犬の訓練は非常に奥深い世界で、犬種や性格によってもその方法は全く異なり、とてもマニュアル通りに行くものではありません。鳥猟犬を訓練する人達は**鳥猟犬訓練士（ガンドックハンドラー）**と呼ばれ、その猟芸の素晴らしさを競う**大会（トライアル）**も世界中で開催されています。

⑤猟犬を使役しないキジ猟

さて、ここまで猟犬を使役した鳥猟について説明しましたが、散弾銃猟には猟犬を使用しない狩猟スタイルもあります。

例えば、キジやヤマドリの**踏み出し猟**と呼ばれる方法では、ハンターは茂みを歩き回り、キジが驚いて飛びあがった瞬間を撃ち落とします。

この狩猟法は、ただ藪の中を進んでいくのではなく、『数歩歩いて10秒ほど立ち止まり、方向を変えて再び歩き始める』を繰り返します。この行動の理由は、鳥猟犬と同じように止まっていた外敵が急に動き出すと、「見つかってしまった！」と思い慌てて飛び出ます習性を応用したもので、獲物に『疑心暗鬼を抱かせる』という心理戦を仕掛けるのがこの狩猟法におけるポイントとなります。

ただしこの狩猟法では獲物がどこから飛び出してくるのかわからないため、常に周囲の状況に気を配らなくてはなりません。もちろん真後ろから飛び出す事もあるため、同行者がいる場合や周囲の安全が確認できない場所では控えましょう。

キジの踏み出し猟を行うのであれば、繁殖期の春に猟場を巡って生息域を調査してみると良いでしょう。キジはテリトリー意識が強いため、基本的に通年同じ場所に潜んでいます。そこで春に猟場を散歩して「ケン、ケーン！」という鳴き声を聞いて回ることで、おおよその生息範囲を探ることができます。

また繁殖期に**キジ笛**を吹くとテリトリーを侵されたと勘違いしたオスがよく飛び出して来るので調査がしやすくなります。ただしキジ笛は違法猟具なので、狩猟に使用してはいけません。

⑥猟犬を使役しない水鳥猟

水鳥をターゲットとする場合は、エアライフル猟の**忍び猟（スニーキング）**と同じ猟法で挑みます。

散弾銃は飛んでいる獲物でも落とす事が可能なので、飛ばれないように細心の注意を払って近づくエアライフル猟に比べると、わりと大胆に攻めて行く事ができます。ただし、飛ぶ鳥を落とすのはそれなりの射撃の能力が必要になるので、狩猟前にはクレー射撃で十分に練習をしておきましょう。

回収はコンパクトロッドとリールに釣りの玉ウキ、カワハギを引っ掛ける掛け針を組み合わせて作った**カモキャッチャー**を使います。カモキャッチャーが届かない場所に獲物が落ちた場合は風で岸に寄ってくるのを待つしかないので、猟犬がいない場合は回収の事まで考慮に入れて作戦を立てましょう。

竿を出すのが難しい場所や、回収不可能な地点に獲物が落ちてしまいそうな場所では、**ラジコンキャッチャー**を使用すると良いでしょう。ラジコンボートは回収だけでなく、群れを追い立てる事にも利用できるので戦略の幅が広がります。

このほか猟犬を使役しない狩猟には、デコイ＆コールや、エアライフル銃やライフル銃で狙撃する狩猟スタイルがあります。

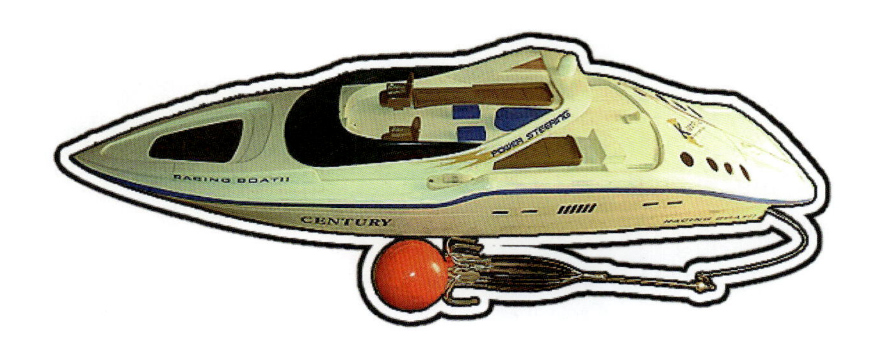

6. クレー射撃

散弾銃を所持する上で必ず経験する事になる**クレー射撃**。これを聞いてあなたは「なんだか難しそう」、「ハードルが高そう」と思われていませんか？

クレー射撃は老若男女、誰でも楽しめるスポーツです。1日にかかる費用も弾代込みでゴルフのパブリックコース1ラウンド分とそれほど大差はありません。何よりも散弾銃は大空を舞うクレーごと、あなたの日ごろのストレスを粉砕してくれるでしょう。散弾銃を所持することができたら、冬は猟場へ、そして夏はスカッと爽やかなクレー射撃場へでかけましょう！

①ピジョンクレー

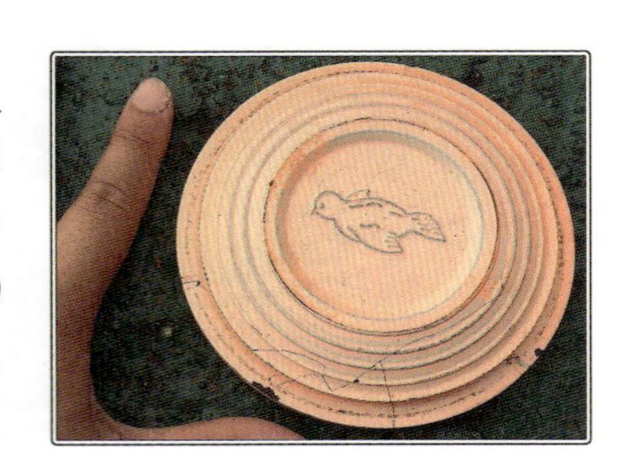

クレー射撃の標的は直径11㎝の素焼きの円盤で、競技ではこのタバコの箱程度の大きさの物体が時速80～120㎞という猛スピードで飛んでいきます。

クレーピジョンには弾が当たったこ

とが視認しやすいように、中に粉を詰めた**フラッシュクレー**と呼ばれるタイプもあります。

②クレー射撃の服装

クレー射撃の服装は、靴、イヤープロテクタ、射撃ベストがあれば、後は動きやすい恰好で構いません。

まず、靴は転倒防止のために必ず着用しましょう。サンダル履きは厳禁です。あなたの銃が水平二連、上下二連タイプの場合は、折った銃口を靴の上に乗せて待機姿勢を取ります。その際、**シューズプロテクタ**と呼ばれる小さな革製のアクセサリーを靴に取り付けておきます。

クレー射撃では1日に100発以上の弾を撃つことも珍しくはないため、耳に強い負担がかかります。よって射撃場では**イヤープロテクタ**を着用しましょう。どのようなタイプでもかまいませんが、射撃音だけを打ち消して、話し声などは増幅する電子式イヤープロテクタがおすすめです。安い物では5,000円以下と、意外とお手軽に入手できます。

射撃ベストはプレーに使用するシェルを入れておく大きなポケットが付いています。また利き腕の胸元には衝撃吸収用のパットが張られているものもあります。無料で貸し出してくれる射撃場も多いので所持が必須と言うわけではありませんが、お気に入りのベストが見つかったら購入すると良いでしょう。

この他にも、帽子と偏向レンズの入った**シューティンググラス**があれば着用をお勧めします。

③トラップ種目

クレー射撃で最も人気の高い競技が、この**トラップ種目**です。

トラップは、1番から5番まで横一列に並んだ**射台**に立ち、前方15mから発射されるクレーを、2発以内に撃ち落とす競技です。

1ゲームのクレーは合計25枚、射台を1つずつ横に移動しながら行うため、最大6人まで同時にプレーする事ができます。

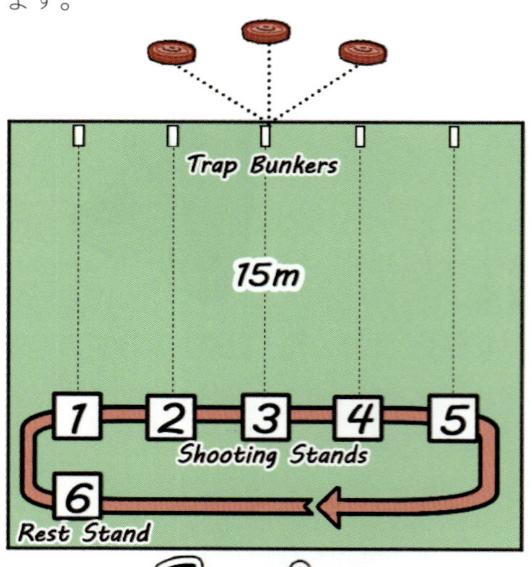

クレーは自分の指定したタイミングで前方の決まった位置から射出されますが、飛んでいく方向は前方、右側、左側の3方向ランダムです。よって、射出された瞬間にどちらの方向に飛んでいくかを見極めて撃つ反射神経が必要になります。

射台に入ったら、上下二連、水平二連タイプの銃は銃口をシューズプロテクタに置き、その他の銃は銃口を上に向けて抱えて待機します。

あなたの番が回って来たら実包を2発装填して、薬室を閉鎖しますが、この時の装填方法が狩猟とクレー射撃とで違うので注意しましょう。

銃に弾を装填する際、閉鎖した瞬間に**暴発**が起きる危険性を考慮して、猟場では銃口を柔らかい地面に向けて閉鎖します。しかしクレー射撃場の足元はコンクリートなので跳弾防止のために銃口を上げて閉鎖します。この違いは狩猟免許試験と銃砲所持の技能講習でもチェックされるので覚えておきましょう。

射撃の順番がまわってきたら、銃口を白線に向けて構えて掛け声で合図をします。合図と同時にクレーは射出されるので、反射的に飛ぶ方向を認識して引き金を引きましょう。

合図は前方の集音マイクが拾える音であればどのような掛け声でも構いませんが、伝統的には“PULL（引け）”と発声します。これは射撃競技が生きたハトを使用していた頃の名残で、ハトの入っていた籠の紐を引いて飛び立たせていた事から来ています。またトラップという競技名もハトを入れていた籠（トラップ）から来ており、クレーをピジョン、ゲームマスターを**プラー**（紐を引く人）と呼ぶなど、射撃用語には当時の名残が多く残っています。

トラップ種目には1度に2枚のクレーが発射される**ダブルトラップ**、3枚発射される**トリプルトラップ**、射出されるクレーが3方向ランダムに加え高低差がある**公式セット**、白いクレーを撃つと減点される**猟友会セット**など、多彩なルールがあります。

④スキート種目

トラップ種目に続き、代表的なクレー射撃競技と言えば、**スキート種目**です。

スキートは1番から8番まで半円形に並んだ射台に立って、左右に配置された射出機(左:**ハイハウス・プール**、右:**ローハウス・マーク**)から発射されるクレーを撃つ競技です。射台は1番から一人ずつ射撃を行い、全員その射台を撃ち終わったら次の射台に移動します。トラップはクレーが奥に飛ぶだけですが、スキートは射台が半円形に並んでいるため、クレーがあらゆる方向へ飛んで行くように見えます。

スキートはトラップと比べて、始めの構え方も違います。トラップは銃を構えた**据銃**の状態でクレーが射出されますが、スキートは銃を下した状態で射出されます。よってスキートでは据銃の正確さとスピードが重要になります。

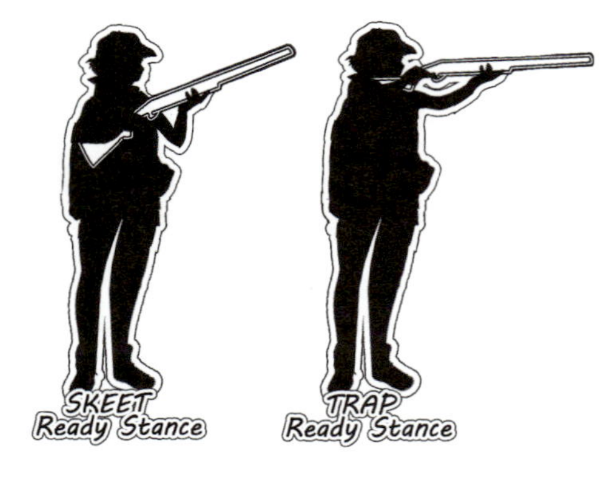

トラップと比べてかなり難易度が高そうに聞こえますが、スキートのクレーは必ずセンターポールの直上を毎回同じ高さで飛ぶように設定されているため、トラップのようなランダム性はありません。つまり1〜8番の射台には、それぞれクレーを撃破できる銃口の位置と引き金を引くタイミン

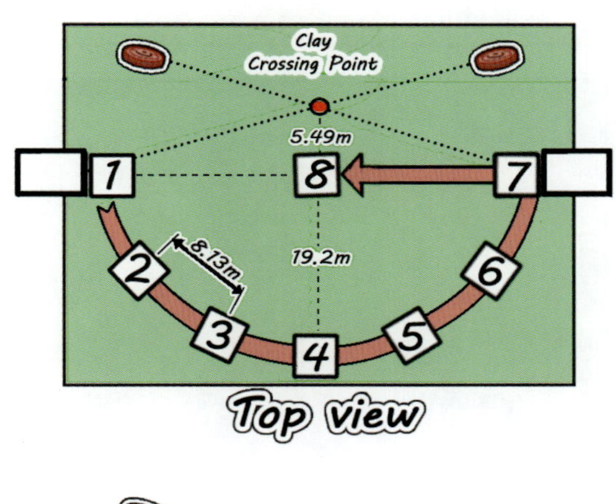

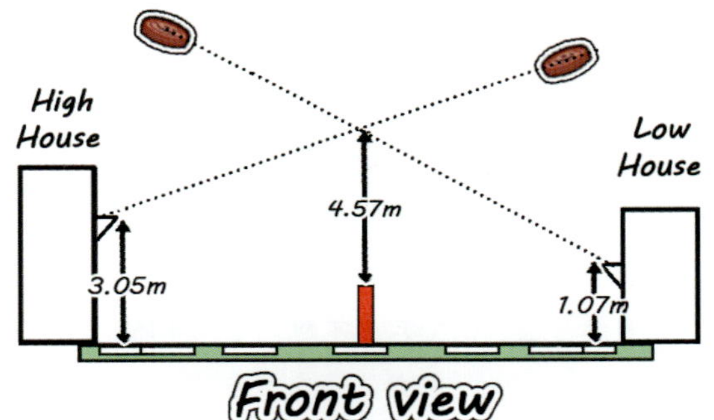

グが決まっており、スキートは『いかに素早く正確に、この位置へ銃口を持って行き、引き金を引けるか』がポイントになります。極端な事を言えば、体が完全に動作を覚えていれば目を瞑っていても当てる事ができます。よってトラップはゲーム性の強い競技なのに対し、スキートは体操に近い競技と言えます。

射撃競技はゲーム的で楽しいトラップ種目の方が人気ですが、実際の狩猟では突然獲物が飛び出してきた時に、いかに正確に銃を構えられるかが重要なポイントになるので、狩猟の練習としてはトラップよりもスキートの方が最適です。

また、1番射台の向かって飛んでくるクレーや、8番射台の頭の上を通りすぎるクレーの動きは、カモの飛行の習性と良く似ているため、カモ猟に行く前は是非スキートを練習しておきましょう。

7. 狩猟仲間

散弾銃猟は単独行動も可能ですが、猟場には色々な危険が潜んでいるため安全のためにも、また狩猟技術の切磋琢磨のためにも狩猟仲間と行動する事をおすすめします。

しかし、そのような狩猟仲間とはどのように巡り合えば良いのでしょうか？近年若い人達が徐々に増えてきているとはいえ、偶然猟場で同世代のハンターと出会えるような事はまずありません。また、女性の場合は、男性率98パーセントという完全男社会の狩猟の世界に単身で飛び込むのは、なかなか勇気がいる行為です。猟友会や銃砲店で猟隊を紹介してもらえば、よい『先輩』に巡り合うことはできますが、平均年齢60歳の猟隊を紹介されて、自分の倍以上も年を重ねた人達を「友達」と呼ぶのは少し奇妙な感じがします。そこで今注目されているのが、狩猟をサークル活動に取り組むという動きです。

東京農工大学には『狩り部』と呼ばれる、学生による狩猟サークルがあります。2006年に結成されたこのサークルは、若者が未知の世界である狩猟へ積極的に関わるための方法を模索し続け、2016年現在では多くの部員が在籍し、活発な活動を行っていま

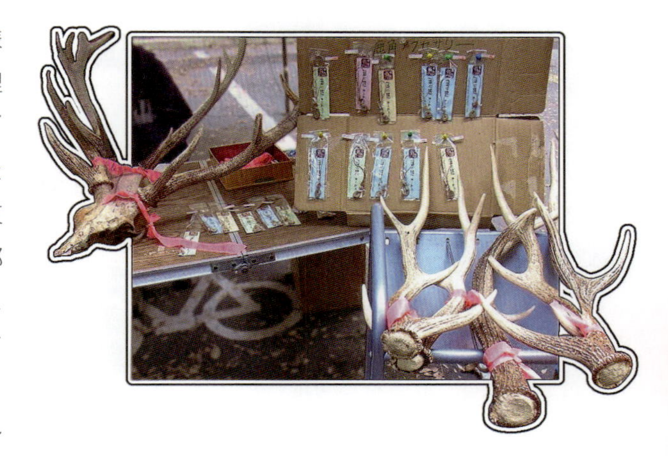

す（結成当時の様子や現在の活動理念 は『朝倉書店／野生動物管理のための狩猟学』や東京農工大学狩り部facebookページにて詳細を報告しています）。

狩猟をサークル活動に取り入れるというアイデアは、同世代の狩猟仲間を集める非常に良い方法です。しかし猟期以外は活動できないという、継続性に致命的な問題があるようにも思えます。

この問題を狩り部では、猟期中に獲れた毛皮や角などの加工や、フィールドトレッキング、野生動物保護管理に関する 講習会などで補っています。

これまで「狩り」と言う言葉は、「動物を殺して食べる事」と考えられてきましたが、この狩り部のように「狩り」と言う言葉を、自然素材を使用したモノ作り（ワークショップ）や、農林業体験、エコ活動、地域創生などを含めて『グリーンツーリズム』として定義すれば、サークル活動として通年活動する事ができます。また、これまで「狩り」と言う言葉に壁を感じていた人達も参入がしやすくなり、狩猟と言う世界の裾野を広げる原動力となるでしょう。

もちろん初心者ハンターだけで狩猟を行う事は安全面において望ましくありません。そこで狩猟をサークル活動に取り入れる場合は、ベテランハンターを顧問に招いて勉強会を行う事や、狩猟に関するフォーラムへ参加する事など、対外的な活動も重要になってきます。

またソーシャルネットワークサービス（S.N.S.）で狩猟仲間を探すのも良い方法です。ローカルな人間関係だけではなく、世界中のハンターと情報交換ができる事は、安全面、技術面のどちらにおいても有益です。

ただし、狩猟は動物の『死』を扱う特殊な世界である事をよく考えて情報発信をしなければなりません。例えばあなたがアップロードした猟果の写真は、他人の目には惨殺された動物の死体に映るかもしれません。猟果に対する何気ない一言が、生命に対する侮辱と取られる可能性もあります。『死』には非常に大きなリテラシーの問題がある事を十分に理解しておきましょう。

散弾銃猟を知ろう！

散弾銃という言葉を聞いて、あなたは映画やゲームで見るショットガンを想像されませんでしたか？実は日本で狩猟に使用される『散弾銃』と、軍や警察で使用される『ショットガン』は全く別物なのです。

1.散弾銃の歴史

拳銃、ライフル銃、マシンガンなど、銃器は戦争の中で生まれ進化してきました。しかし、このなかで散弾銃だけは狩猟の世界で生まれ進化してきた銃器なのです。

①なんでも撃ち出す銃

散弾銃の歴史を紐解いた時、最初に登場するのは**ラッパ銃（ブランダーバス）**です。16世紀ごろに発明されたこの銃は、火薬を詰めやすいように銃口が漏斗のように広がっており、そのあたりに落ちている小石や鉄くず、砂などを一緒に詰めて発射していました。弾を狙って撃つのではなく、相手に『浴びせかける』というコンセプトだけをみると、散弾銃の祖先とも言える銃です。

この銃は火薬や弾が詰めにくい馬上で使用する騎兵銃（カービン銃）の一種で、狩猟用の『猟銃』ではなく、戦争用の『兵器』です。馬上と同様に足場が不安定な船上の戦いにおいてもよく使用されていた銃で、漫画や映画の海賊がよく武器として持っています。

②散弾銃の原型

現在の散弾銃につながる元祖と呼べる銃は、18世紀から19世紀の初めにかけて開発された**鳥撃ち銃（フォーリンピース）**です。この銃は従来のマスケット銃に比べて銃身が軽くて長く、ラッパ銃のような兵器としての銃よりも繊細な作りになっています。また最大の特徴が芸術的な彫金がほどこされていることで、この時代の散弾銃が武器ではなく、狩猟を楽しむための道具であったことを示しています。

③道具から武器へ

欧州では「散弾銃は狩猟の道具、ライフル銃やマシンガンは戦争の兵器」とまったく別物として考えられていましたが、18世紀にアメリカ大陸へ渡ったフロンティア達はそんな悠長な事を言っている余裕はありません。様々な危険が渦巻く西部開拓時代では、例え鳥を撃つ道具であっても、時には家族と自分たちの財産を守るための武器として使用する必要がありました。そこでフロンティアたちは長い銃身を切り詰めた鳥撃ち銃を”Shotgun”と呼んで武器として使うようになりました。

ショットガンは第一次世界大戦で初めて兵器として戦場に投入されました。これまで狩猟の道具という認識しかなかった散弾銃をアメリカ人が戦場に持ち込んだ事は、言い換えると『刀での勝負に包丁を持ち出した』ような話だったので、はじめは嘲笑されていました。しかし塹壕戦において比類のない戦果を挙げたことからショットガンは武器の一つとして世界中に普及していきました。

このように、散弾銃とショットガンは別物なので、日本では原則として鳥撃ち銃のコンセプトを引き継いだ散弾銃しか所持できません。

2. 散弾銃の構造

日本では、猟銃としての散弾銃と兵器としてのショットガンは明確な基準があります。この節では2016年4月時点の銃刀法を元に、散弾銃の構造と基準について解説します。

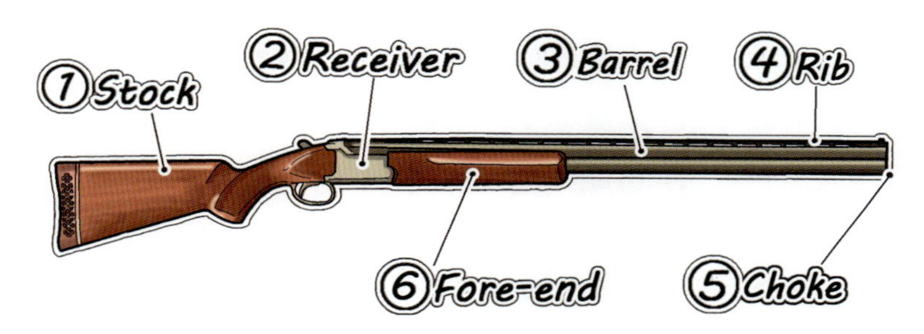

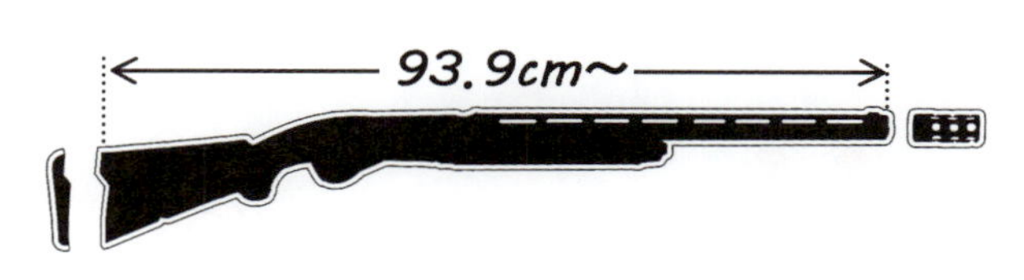

散弾銃の全長（**銃全長**）は93.9cmを超えなければならず、これ以下の散弾銃は猟銃として認められていません。

この基準はロングコートの下に隠し持っていたとしても外観から把握できる長さだといわれています。なお、計測の基準点は銃底板（レコイルパッドなど）を除いた位置から、外装式銃口アクセサリー（マズルブレーキなど）を除いた銃口の先端までを指します。

一般的に銃全長が短くなると取り回しが楽になります。基準の範囲内であれば自由に縮める事が可能ですが、改造する際は必ず銃砲店に依頼し、**改造証明書**をもらって所持許可証の内容を書き変える必要があります。なお、同一性を失うほど外観が変化した場合は新たに所持許可を受ける必要があるので、銃砲店とよく相談してから行いましょう。

① 銃床（ストック）

引き金に指をかけるための**握り（グリップ）**と胸に当てて銃を体に密着させる台が付いたパーツで、**銃床（銃底、元台）**と呼ばれます。

射撃の反動を体に伝える部位なので、銃底尾に**衝撃吸収板（リコイル**

パッド) や、頬を乗せる銃上部に擦れ防止用の覆い（**チークパッド**）が装着される事があります。チークパッドには弾差し（**アンモキャリア**）を付ける事があります。

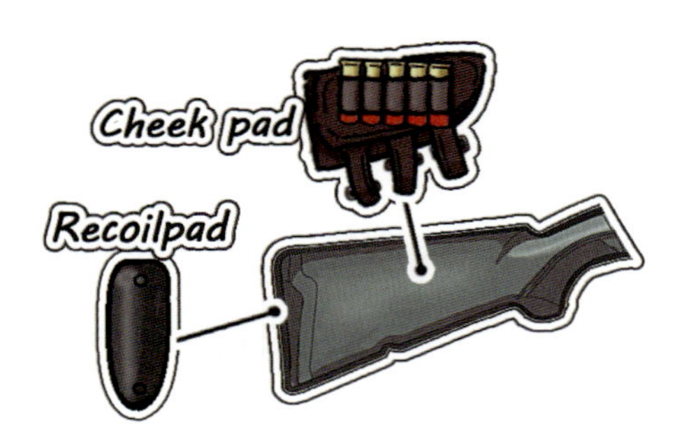

日本国内では、銃床の無い銃は猟銃とは認められていません。よってグリップのみのタイプや**折り畳み式銃床（フォールディングストック）**は所持許可を受ける事ができません。ストックに親指を入れる穴が付いた**サムホールストック**というタイプは過去に許可が下りていましたが、近年では認められないケースが多いようです。

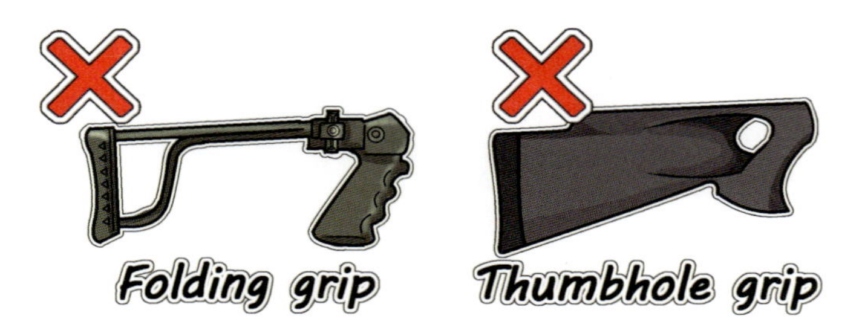

銃底の材質には木製（**ウッドストック**）と樹脂製（**シンセティックストック**）があります。樹脂製は木製よりも軽く傷にも強いので狩猟用としてよく使用されますが、銃底が軽いと射撃時の**反動（リコイル）**が強くなるので、威力の強い実包を使用する場合や、競技用で使用する場合は安定性の高い木製をお勧めします。

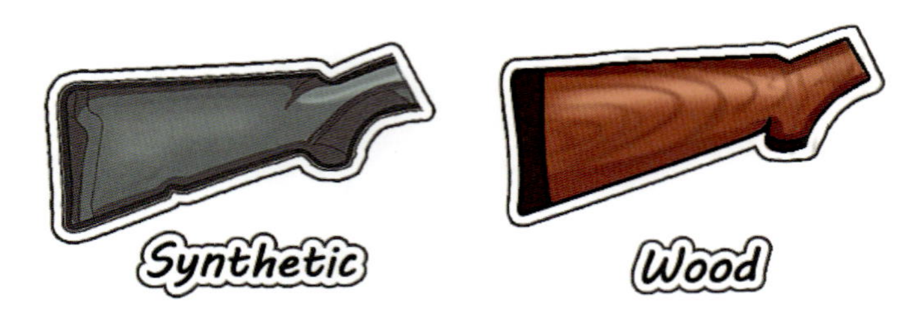

② 機関部（レシーバー）

機関部（レシーバー）は弾を発射、装填するパーツを組み込む金属製の入れ物です。

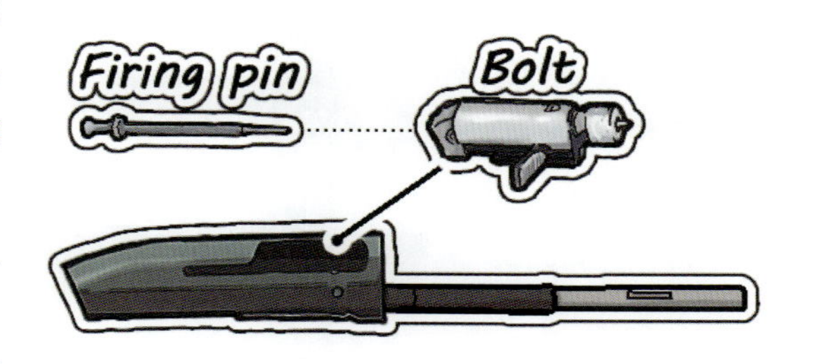

銃の認識番号はここに刻印されているため、レシーバーを他と変更する事はできません。ただし、内蔵するパーツは自由に入れ替えができるため、廃銃にする場合はボルトや撃針を記念に取っておくこともできます。

レシーバーに組み込まれている**遊底（ボルト）**は、装填された実包を薬室に固定し、燃焼ガスがレシーバー内に漏れないように抑え込む役割を持ちます。何らかの理由でボルトが正常に実包を固定できない**閉鎖不良（ジャム）**が起きると、弾が発射できないばかりか、燃焼ガスがレシーバーに逆噴射されて銃の故障や怪我の原因になります。

射撃前には必ず、銃身の取り付けは確実か、レシーバー内に異物が入っていないか、ボルトの滑りは良いかなどを確認しましょう。

ボルトの中に組み込まれている**撃針（ファイアリングピン）**は、どんなに丈夫な銃でも壊れる可能性の高いパーツです。特に何十年も使われていない銃は撃針が折れるトラブルが多いので、中古銃を購入する場合は予備の撃針があるか確認をしましょう。

また、一度装填した弾を抜いた場合は、起きている撃鉄を元に戻す作業（**デコッキング**）をしなければなりません。この時、空撃ちをすると撃針に強い衝撃がかかり折れる可能性が高くなります。デコッキングを行う場合は**空撃ちケース（スナップキャップ）**を装填して行いましょう。

③ 銃身（バレル）

日本国内で所持可能な散弾銃の銃身の長さ（**銃身長**）は48.8cmを超えなければなりません。

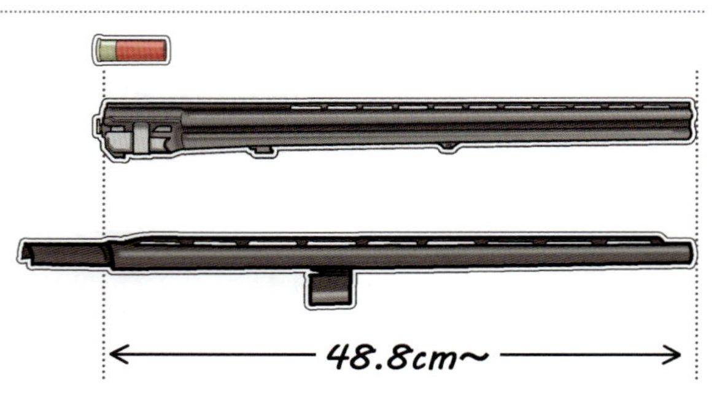

銃身長はシェルが完全に入り切った**薬室（チャンバー）**の端から測定します。元折れ式と単身銃では計測の仕方が少し違うので覚えておきましょう。

現在日本で流通している散弾銃の銃身は21～30インチ（53.3～76.2cm）で、28インチの銃身が標準的と言われています。銃身を48.8cm以内で切り詰める（**ソードオフ**）事は可能ですが、銃砲の勝手な改造は**武器等製造法**に抵触するので、必ず銃砲店に依頼して改造証明書を発行してもらい所轄の生活安全課で所持許可証の書き換えを行いましょう。

銃身は短くなるほど軽くなるので、集団猟や単独猟のように山の中を走り回る事が多い場合は短銃身がおすすめです。しかし銃身が短くなると射撃時の銃口の跳ね上がりが大きくなるため連射時の安定性は低下します。銃身の長さは狩猟スタイルと銃全体のバランスで決めましょう。なお、銃身の長さによって弾の拡散性や威力、射程距離はほぼ変わりません。

銃身には**銃口（マズル）**に**内装式しぼり（インナーチョーク）**や、**マズルブレーキ**を取り付ける事ができるものもあります。

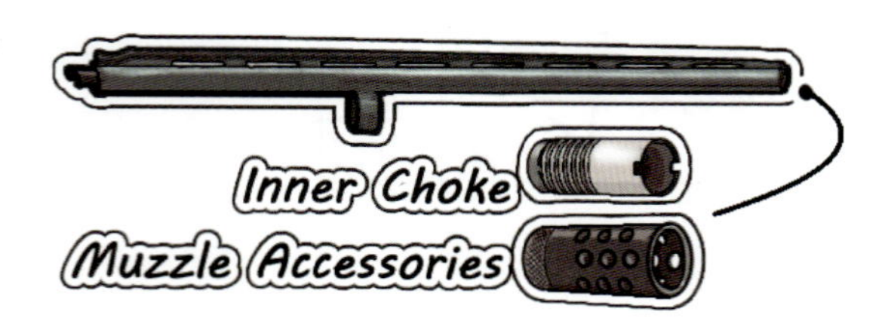

インナーチョークは銃身を交換せずにチョークを変える事ができるため、とても便利でおすすめです。マズルブレーキは弾が銃口から飛び出した後

に噴射されるガスを側面の孔から逃がし、射撃時の反動を軽減する効果があります。銃口に取り付けるアクセサリーは色々ありますが、**消音器（サプレッサ）**を取り付けられるタイプは猟銃として認められていません。

④ リブ

飛ぶ鳥を落とす目的で発展して来た散弾銃には、**リブ**と呼ばれる照準器を取り付けます。

リブは橋状の金具で、照星となる小さな突起が付いており、銃身の上部に取り付けます。散弾銃の射撃ではこのリブが平行になるように覗いて、照星を獲物に合わせて狙います。

リブがスコープなどの照準器と大きく違うのは両目を使って標的を見る所で、照星は**利き目（マスターアイ）**で覗き、反対の目はまっすぐ対象に視点を合わせます。

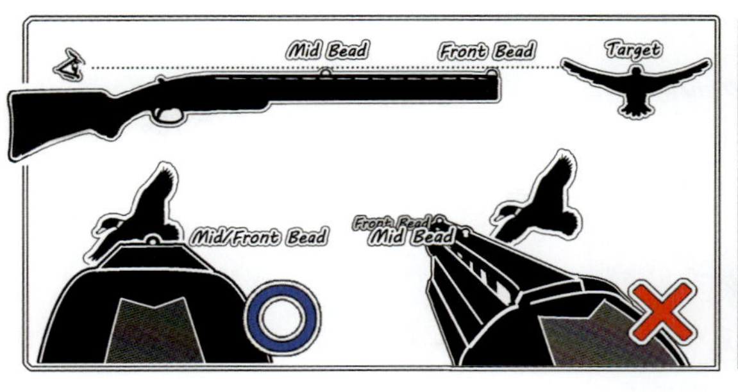

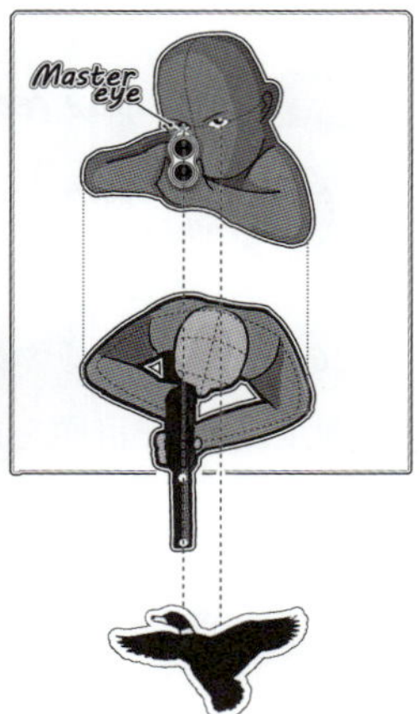

飛ぶ鳥やクレーのように高速で移動している標的を狙う場合は標的の移動スピードも合わせて考慮しなければなりません。

例えば、時速60kmで飛翔するマガモを秒速400mの弾で撃ち落とすと仮定します。この時、マガモが10m先を飛んでいれば引き金を引いた0.025秒後に弾が到達するため撃ち落とす事ができます。しかしマガモが40m先を飛んでいた場合、弾が到達する時間はおよそ0.1秒後、標的はこの間1.8mも移動するためマガモに命中させる事はできません。ちなみに実際は空気抵抗により距離が遠くなるほど弾のスピードは遅くなるので、到着時間のラグは大きくなります。

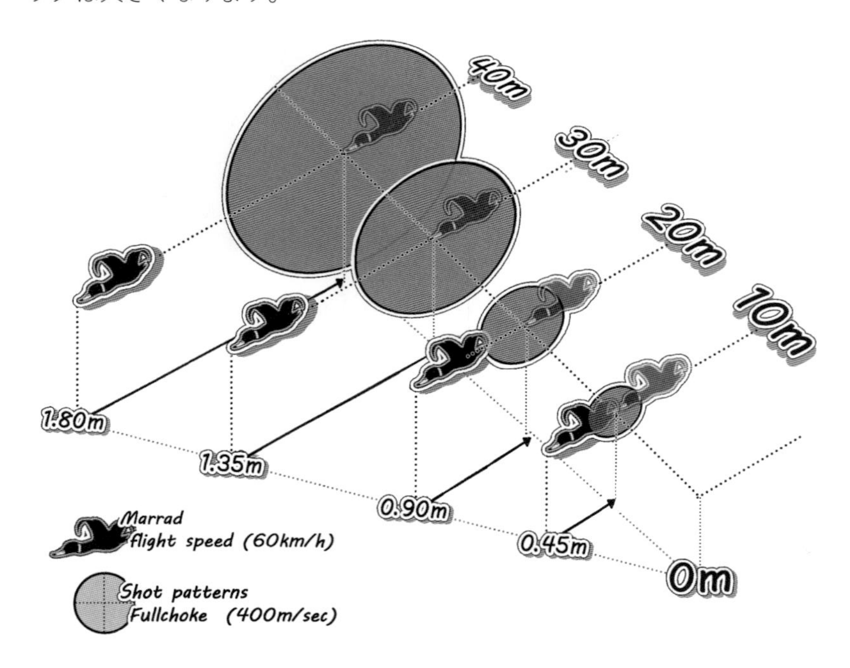

このように、動く物体を狙う場合は標的との『距離』が重要な要素であり、両眼視野で目標を立体的に捉えておおよその距離感を掴めなければなりません。スコープなどの単眼で標的を見る照準器は距離感がまったく掴めないので、鳥のように高速で動いている標的には不向きです。

自分の効き目の判別法は、まず指で円を作り顔から10cmほど離して両目でその穴から何か目標物を覗き込みます。指で作った穴に目標物が入った状態で右目をつむった時に、目標物が指の穴から外れて見えたらあなた

の利き目は『右目』です。逆に目標物が指の穴の中に残って見えた場合は、あなたの効き目は『左目』となります。

もし効き目と利き腕が逆の場合、リブによる照準が非常につけにくくなるため、照星を**発光素子（オプティカル）**に付け替えましょう。発光素子は乱視が強い人や、銃の構えに癖がある人にもおすすめです。

⑤ チョーク（しぼり）

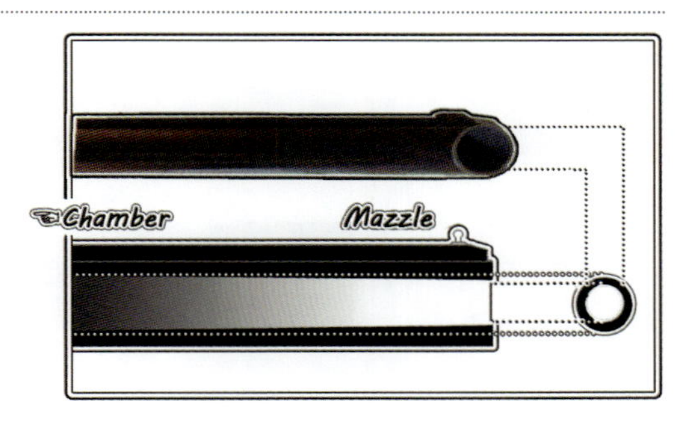

リブに加え散弾銃の特徴として挙げられるのが**チョーク（しぼり）**です。

散弾銃の銃身は、レシーバー側の薬室から銃口に向けて徐々に幅が狭くなる構造になっています。この絞り幅をしぼり（**チョーク**）と呼び、しぼりが大きい順に全しぼり（**フル**）、3/4しぼり（**インプモデ**）、1/2しぼり（**モデ**）、1/4しぼり（**インプ**）、平筒（**シリンダー**）、また銃口の方が逆に広がるスキートチョークがあります。

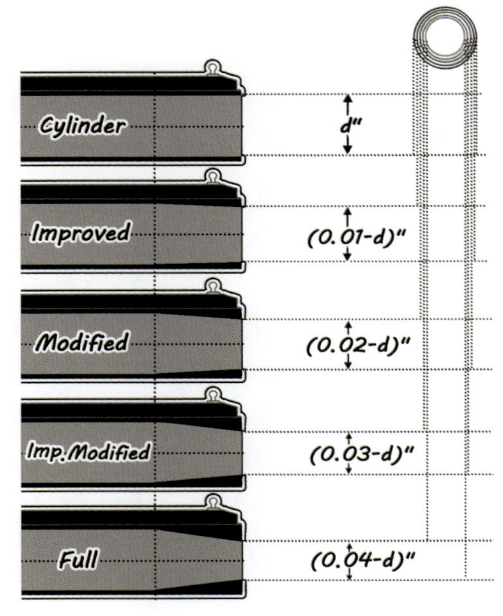

チョークは最もきついフルでも、0.04インチ（≒1㎜）、そこからわずか0.01インチ（≒0.03㎜）ずつし

か変わりません。しかしこの差が散弾の**拡散（パターン）**に大きく影響を与えます。

チョークはきつくなるほどショットの集弾率が高くなるので、標的に集中した弾を当てる事ができます。対してチョークが緩くなると弾の拡散速度が上がるので、標的に対して弾が当たる確率が高まります。

一見すると命中率が高くなる緩いチョークの方が効果的に見えますが、拡散速度が速いと遠距離において弾がバラけ過ぎて、獲物へのダメージが足らずに逃げられてしまう可能性が高まります。また、きついチョークを近距離の標的に使用すると、弾が無駄に当たりすぎて肉をダメにしてしまいます。

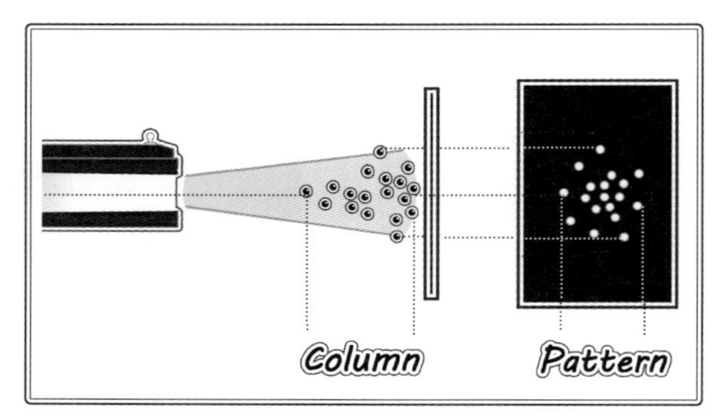

しぼりの効果についてよく理解できない方は『庭の水まき』を思い出してみましょう。皆さんが庭の花に水を撒く際は、遠くの植物にはホースの口を絞って水をかけ、近くの植物には口の広いシャワーヘッドなどを使って水をかけると思います。なぜなら近くの植物にホースの口を絞って水をかけると土が飛び散ってしまい、逆にシャワーヘッドで遠くの植物に水をかけようとしても上手く当たないからです。散弾銃のチョークもこの例と同じように、遠くの獲物を狙う場合は銃身をしぼり、近くを狙う場合はしぼりを緩くした銃身を使用します。

一般的にパターンが1㎡を越えた場合、捕獲率は大きく落ちると言われています。よって狩猟に出掛ける前は、猟場と獲物の種類からおおよその射撃距離を予想しておき、最適なチョークの銃身にかえておきましょう。なお散弾銃は平面的なパターンだけでなく、散弾の**伸び（コロン）**も重要で、散弾をパターン内に当てるだけではなく、コロンの中に獲物を飛び込ませるように撃つ方法も有効です。

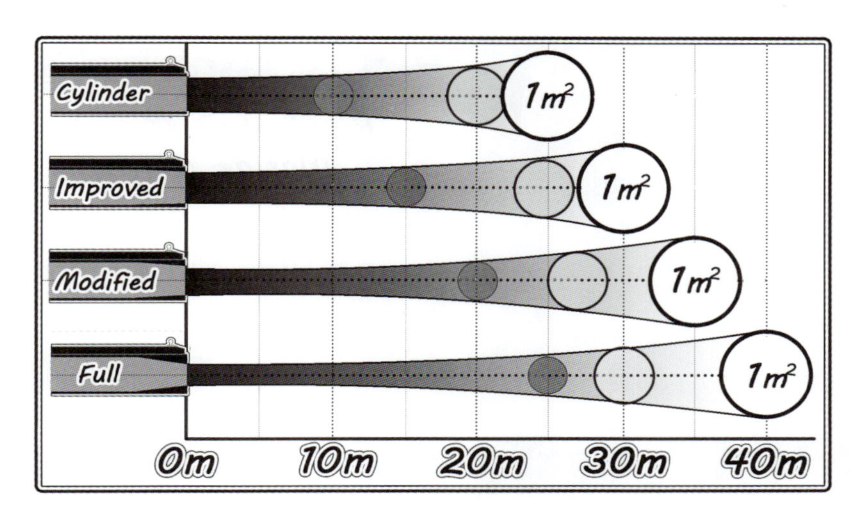

⑥ 先台（フォアエンド）

先台（フォアエンド）は利き腕ではない方の手で銃を支えるパーツで、熱を持った銃身で手を火傷しないようにするための役割も持っています。

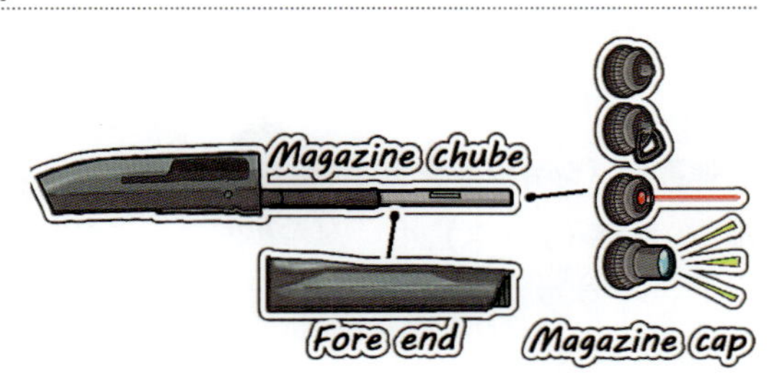

上下二連、水平二連などの元折れ式銃の場合は先台の中に機関部が組み込まれており、その他連発が可能な銃には一般的に**筒弾倉（マガジンチューブ）**が組み込まれています。単身銃の場合、弾倉と先台を装着させる栓（**マガジンキャップ**）には、スリングを装着するスイベルや、レーザーポインタ、ライトなどのアクセサリーが取り付けられる銃もあります

弾倉内に装填できる弾の数は2発まで（薬室内に1発込められるので合計3発）と決められており、これ以上入るような銃は猟銃として認められていません。少ないように感じられますが、3発撃って当たらなかった獲物はほとんどの場合射程距離外に逃げています。3発目を外したら、獲物に対して素直に負けを認めましょう。

ポンプ式と呼ばれるタイプは、この先台を操作して弾の装填、排莢を行います。ポンプ式では、よく先台の事を「遊底」と呼びますが、遊底（ボルト）はレシーバーに入っているパーツであり、ポンプ式の場合は先台が直接ボルトと連結されているため例外的にこのような呼ばれ方がされます。混乱しないように注意しましょう。

先台はガンロッカーには保管せずに装弾ロッカーやその他鍵のかかる場所に保管すると良いでしょう。もし銃本体が盗難された場合でも、先台がなければ銃として機能しないため防犯の目的で推奨されています。

3. 散弾実包

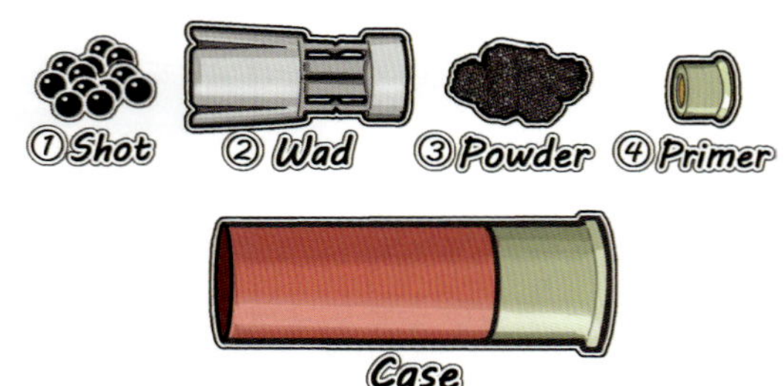

現在使用されている**散弾実包（ショットシェル）**の**薬莢（ケース）**は、1836年にフランスで開発された紙薬莢から始まります。紙薬莢は製造が簡単で安い事から、それまでの真鍮製薬莢に代わる素材として広く使われるようになりました。

現在主流のプラスチック製ケースは1960年アメリカのレミントン社から発売されたものが始まりですが、素材が変わっただけで構造は紙巻式と変わりません。

①ケース長

現在日本国内で流通しているケースの太さは、口径**12番**、**20番**、**410**番の3種類です。このほかにも16番、28番と言うサイズもありますが、弾の流通量が少なく入手し辛いのでおすすめできません。

この3つを比較した際、口径が最も大きい12番が、ショットを最も多く詰められるため狩猟用、競技用共によく使用されるスタンダードモデルです。ただし口径が大きい分、銃自体が重くなるため、山野を駆けまわる狩猟スタイルを好むハンターには20番が人気です。20番よりも軽い410番（口径0.41インチ）という銃もありますが、大物猟にはパワー不足なので、小鳥撃ち用、もしくは急所をピンポイントで狙えるベテラン向けの銃と言えます。

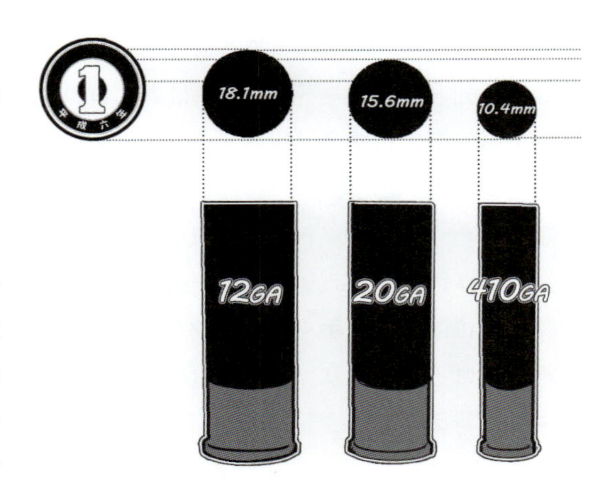

ケースの長さは12番、20番で2・3/4インチ、410番で2・1/4インチですが、より沢山の弾を詰めた**3インチマグナム**というサイズもあります。ただし使用する際は薬室が3インチある銃身が必要になります。

②弾（ショット）

薬莢の中に詰められる**弾（ショット）**は大きさに応じて14種類に分けられ、目的に応じてスラグショット、バックショット、バードショットに分ける事ができます。

バードショットをどう使い分けるかは人によって様々ですが、目安としてBB,1〜2号は中型獣やカモの遠射、3〜6号は小型獣類や大型鳥類、7〜10号は小鳥と言われています。なお、競技用としてトラップ種目には7.5号、スキート射撃には9号が使用されます。

バードショットは、いかに1粒の弾を当てるかという考えではなく、いかに弾の群れの中に標的を飛び込ませるかという考えが重要になります。

ライフル弾がピンポイントで獲物の急所を狙う点の攻撃なのに対して、バードショットは弾の群れで作りだす網で獲物を捕縛する『投網』のようなものと考えると良いでしょう。

よってバードショットには威力（ストッピングパワー）という考え方はありません。重要なのは獲物が飛んでいる位置に、上手くパターンとコロンからなる弾の網を広げる事であり、この網目の開き方はチョークによって調整します。

バックショットは主に鹿猟に使用される弾で、名称も“Buck（雄鹿）”から来ています。国内でよく使用される12番口径のバックショットは、6粒（**六粒弾**）と9粒（**九粒弾**）であり、海外の警察や軍では弾を18個ほど詰めた00弾（**ダブルオーバック**）と呼ばれる弾が使用されます。

スラグショットに比べて当たりやすいため、イノシシの足止めにも最適ですが、バードショットよりも威力の高い弾が拡散するため矢先の安全には十分に注意する必要があります。特に竹藪の中では跳弾により思いもしない方向へ弾が飛んで行く事があり、猟友会では重大事故が相次いだことから、現在では大型粒弾の使用は自粛されています。また集団猟においては猟犬に流れ弾が当たる可能性があるため、使用を禁止する猟隊も多いようです。

国内の狩猟でよく使用されるスラグショット（一発弾）は、フォスター型、ブリネッキ型、ソーベストレ型の3種類に分けられます。

ブリネッキ型は1898年にドイツで開発されたスラグショットです。これは後ろにフェルトや合成繊維でできたワッズが装着されており、発射された後

も分離せずに一体となって飛んでいきます。このワッズは発射の際、銃身と密着して燃焼ガスの漏出を抑える働きがあるため、多くのエネルギーを受け止める事ができます。他のショットよりも高威力を発揮しますが、ブリネッキ型は銃身に強く密着するためチョークがきつい場合は銃身を傷める可能性があるため注意しましょう。

フォスター型は1931年にアメリカで開発されたスラグショットで、しばしば**アメリカンスラグ**、ブリネッキを**ヨーロピアンスラグ**と呼ばれます。

フォスター型の特徴は、後部に大きな穴が開いている事で、この形状のためフォスター型は頭の方が重く、発射された際バトミントンのシャトルのように安定して滑空します。

近年使用されるほとんどのフォスター型は、らせん状の溝が切られているため**ライフルドスラグ**と呼ばれる事もありますが、この溝は回転のために付けられているのではなく、チョーク付きの銃身でも発射ができるように摩擦を少なくする目的で掘られています。チョークがきつい銃身でもブリネッキ型よりは安全に発射する事はできますが、安定性が若干悪くなるようなので1/4しぼり（インプ）以上で撃つのは避けましょう。

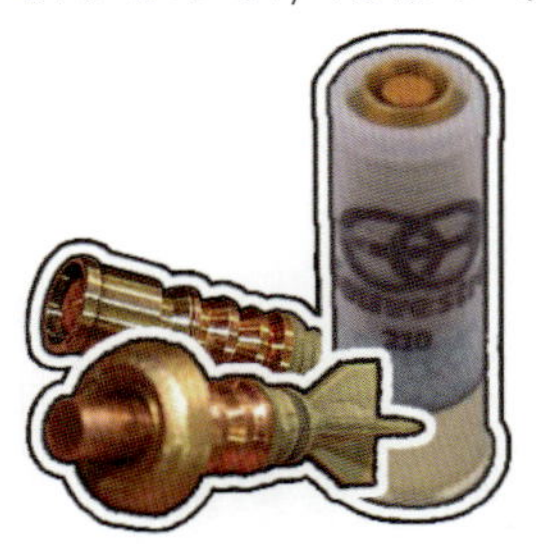

ソーベストレ型は近年フランスで開発されたショットで、サボットスラグの一種ですが散弾銃の銃身（**スムースボア**）でも発射することができます。

ソーベストレ型の特徴は、最新の戦車の砲弾にも使用されている**FSDS（装弾筒付翼安定弾）**という方式の弾で安定性が高く、また弾頭が潰れやすい形状をしているため極めて威力の高い射撃が可能です。値段は1発600円程度と少々値が張りますが、ハーフライフル銃を使わずに精密射撃を行うなら最適な弾だといえます。

② ワッズ

ワッズ（コロス）は散弾を収納する容器です。紙薬莢の時代は獣毛やコルクに包んでいましたが、現在ではすべてプラスチック製です。

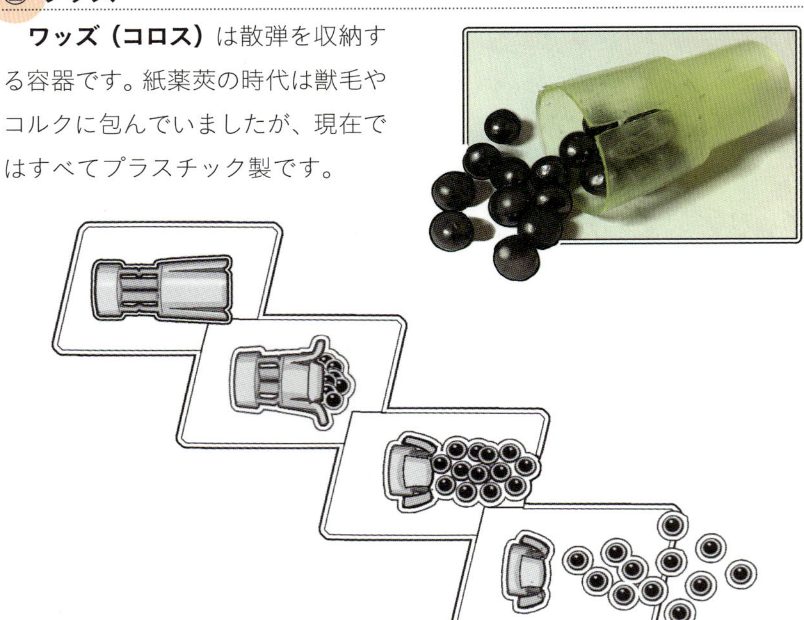

散弾銃には、銃口から大量の粒玉が飛び出すイメージがありますが、実際はこのワッズと共に排出され、空気抵抗の違いによって中に入っていたショットが分離します。よって、射撃した瞬間によく見ると、手前10mほどに小さなワッズがポタリと落ちてきます。

なお、通常のスラグショットにワッズは使いませんが、**ワッズスラグ**という例外品もあり、ハーフライフリング銃で使用するサボット弾もこの一種です。

③ 火薬（パウダー）

火薬の発明は硝石の発見からと考えられており、紀元3世紀の中国歴史書にその存在を確認する事ができます。

元は薬用だった硝石が火薬として

使用されるようになったのは、9世紀ごろに中国で開発された火槍（ファイアーランス）と呼ばれる兵器です。

当時の硝酸カリウム(硝石)を主要原料した黒色火薬は、発射時に大量の白煙を放出して前が見えなくなるなど兵器として大きな欠点を持っていました。しかし、1884年にフランスでニトロセルロースを主原料とした無煙火薬が発明されると、銃器の需要は飛躍的に高まるようになりました。

火薬は化学組成だけでなく、その形状によっても特性が大きく変化します。例えば散弾銃に使用される火薬は粉末状や小さな円盤型をしている物が多く、発火すると素早く燃焼してワッズを高速度で射出します。対してライフル銃に使用される火薬はスティック状の物が多く、発火するとゆっくりと燃焼して弾頭がライフリングにしっかりと噛みあうように射出します。両者の火薬は**即燃性火薬**、**遅燃性火薬**と呼ばれており、どのくらいの燃焼速度が最も良いかは使用する弾の重さや銃によって変わってきます。

火薬の量や性質は弾頭の初速に大きな影響を与えるため、ライフル実包においては火薬を吟味する事が非常に重要になっていますが、散弾実包においては射撃の精度に大きな違いは無いため特に気にする必要はありません。ただし、発射ガスの圧力を利用して排莢・装填を行うガス圧利用式セミオートマチック散弾銃の場合は、火薬が少なすぎるとガス圧が足りずに回転不良を起こすことがあります。

国内において火薬類の取扱いは、火薬類取締法によって厳しく制限されており、**猟銃用火薬類**（実包、空包、銃用雷管、無煙火薬・黒色猟用火薬）を所持する場合は原則として公安委員会から、**産業用火薬**（ダイナマイトなど）は知事からの許可を受けなければなりません。

④ 雷管（プライマー）

弾は火薬が燃焼してガスになる圧力を受けて放出されます。しかし火薬を燃焼させるには、まず火種となる何かが必要です。銃の歴史の中で、煙の件と合わせて悩みの種だった火種の問題を解消した発明品が、**雷管（プライマー）**です。

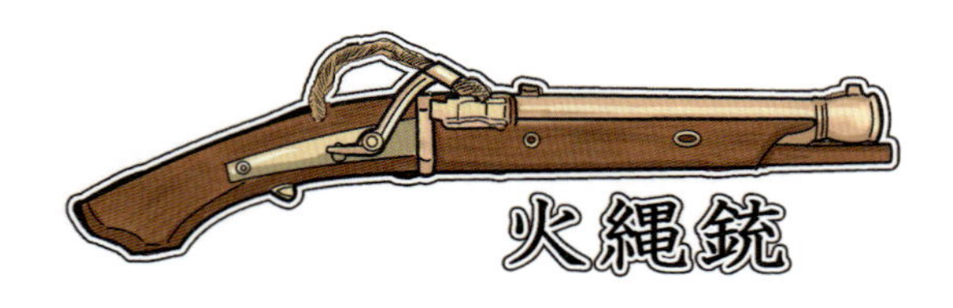

火薬に着火する方法で最も原始的なのが、焼けた縄や金属の棒を直接火薬に押しあてる方式です

日本でも**火縄式（マッチロック）**として有名なこの方式は火薬に確実に着火できる反面、雨天に弱い事や縄につける火種を常に持ち歩かなければならない携帯性の不便さ、また火種の明かりが目印になって夜戦では不利になるなど問題点が多数ありました。その後開発された**ホイールロック式**や**火打石式（フリントロック）**も火種を使用しない手軽さはありましたが、火打石がぶつかる際に照準が狂ってしまうなど、火縄式にはない欠点を持っていました。

このような問題に風穴を開けたのが、1800年に発見された**雷酸水銀**です。雷酸水銀は「かんしゃく玉」のように、強い衝撃を受けると炸裂して火花を出す化学物質で、1807年にはこれを火薬と一緒に詰めて撃鉄で叩いて発射するパーカッションロック式が生まれました。

現在私たちが目にする銃に火縄も火打石も必要ないのは、この「叩けば火が出る」効果を持った化学物質（**雷汞**（らいこう））が発明されたからなのです。

なお、現代の雷汞は、雷酸水銀よりも安定したジアゾジニトロフェノール（DDNP）という化学物質が使用されています。

4.散弾銃の種類

あなたが初めて散弾銃を選びに銃砲店を訪れた時、その何とも言えない独特な雰囲気に思わず緊張してしまうかもしれません。

狩猟の世界に飛び込まなければ、おそらく近所にあることすら知らなかったであろうこのお店には、何に使うかわからない不思議な商品が所狭しと並んでいます。

お店の奥から出て来た店長さんは開口一番に「許可はどこまで進んでんの？」と聞いてくるでしょう。もしあなたがこの意味が分からないのであれば、とりあえず「初心者です。」と伝えましょう。店長さんはいささかぶっきらぼうに見えますが、親切に**猟銃等講習会**について教えてくれるでしょう。

散弾銃の種類は大きく4つ、それぞれに特徴があるので覚えておきましょう。

さて、「教習まで終わりました。」と答えたら、店長さんは煙草に火を付けなおしてこう続けます。

「そんじゃ、どんな銃が欲しいんだい？」

①水平二連式

水平二連式は、「散弾銃は水平二連に始まり水平二連に終わる」とも言われる奥深い逸品で、紳士的な伝統ある散弾銃です。

構造 このスタイルは鳥撃ち銃の時代からみられる最も古い散弾銃の方式で、2本の銃身が横に並んでいることが特徴です。2本の銃身にはそれぞれ独立した引き金とハンマーが付いており、引く引き金を選ぶ事で左右どちらの銃身からでも弾を撃つことができます（単引きのものもあり）。

「銃身が1本よりも2本の方が倍弾を撃つことができる」という単純な発想から生まれたスタイルですが、何百年もヨーロッパの紳士達が好んで使用していた事が証明するように不変的な長所を持ったスタイルです。

長所 銃身が2本、引き金が2本あるので、左右で異なるチョークを使用できます。すなわち、猟場において獲物が遠くから出てきたらチョークのきつい方の銃身で射撃し、近い所から出て来たらチョークのゆるい銃身で撃つなど、瞬時に撃ち分ける事ができます。また、引き金とハンマーがそれぞれの銃身で独立しているので、回転不良が絶対に起こらない事も大きな長所と言えます。紳士の銃として刻まれる素晴らしい彫金と造りは、狩猟の道具としてだけでなく美術品的な美しさを持ちます。

注意点 左右に銃身が並んでいるため発射時の反動が左右に働きます。そのため2射目の狙いが付けにくくなります。ただし、横方向に逃げる鳥に対しては逆に狙いがつけやすくなるので、必ずしも短所とは言えないようです。

このスタイルの最大の問題点は、既に多くのメーカーで製造が中止されている事です。例え芸術的な銃であっても日本国内では壊れた銃を所持し続ける事はできません。メーカーから補修部品が手に入らず修理ができないようなアンティーク銃は、「故障即廃棄」となる可能性もあるので注意しましょう。

②上下二連式

上下二連式は射撃の安定性に優れた散弾銃です。クレー射撃を専門にやりたい人は迷わずこのタイプを選択しましょう。

構造 水平二連が横に並んでいるのに対して、上下二連は縦方向に並んでおり、水平二連と同じく銃身とレシーバーの継ぎ目から折って、装填と排莢を行う**中折式（ブレークアクション）**の構造を持ちます。

長所 手動で確実に薬室を閉じる事ができるため閉鎖不良が起こらないという長所を持ちます。

また水平二連とは違い、銃身が縦にある事で狙いが付けやすく、その安定性と狙いの正確性から、オリンピックを含め標的射撃競技の世界ではこの上下二連が使用されます。

銃を折る事によって、弾が入っていない事が確実にわかるため安全性の高い銃とも言えます。

注意点 この方式は銃身が2本ありますが引き金は1本しか無い単引きタイプで、1発目（初矢）を撃った反動を利用して2発目（二の矢）が発射できるようになっています。そのため、初矢を撃った時の構え方が悪いと反動が上手く伝わらず2発目が発射できない回転不良を起こす事があります。標的射撃の場合はそのような事も少ないとは思いますが、狩猟では突然獲物が飛び出してきた場合に、よくこのようなトラブルが起きます。また多銃身は単銃身に比べて若干重量があります。

③ポンプアクション式

ポンプアクション式は手動で複数の薬莢を装填する方式です。「ジャキンッ！」という、『あの音』が出る散弾銃はこの方式です。

構造 しゃくり、レピーター、スライドアクション、手動式など色々な呼び方がされるこの方式は、先台を前後させる事で排莢・装填をする事ができます。

長所 2発しか装填できない上下二連、水平二連に対して複数の弾を込める事ができるため、瞬間的に沢山の弾を発射する事ができます。

また半自動式と異なり、発射されていない実包を送りだす事ができるため、水平二連式のような撃ち分けができます。例えば、1発目にバックショット、2発目にスラグショットを詰めておき、遠くから獲物が現れた時は足止めとして1発目を撃ち、近くから飛び出した時はバックショットを手動で送りだしてスラグショットを撃つなど、臨機応変な対応が可能です。

またこの方式は、車で言うマニュアル車を乗りこなす感じで、銃という道具を自分の思い通りに動かす楽しさがあります。長所と言えるかはわかりませんが、先台を動かした時の「ジャキンッ！」という独特な音は扱う楽しさを倍増させます。

注意点 連射できると述べましたが、日本国内では弾倉に2発までしか装填できないため、実質3連射が上限です。また先台を動かして弾を送る動作は照準がブレやすく半自動式に比べて安定性が落ちます。

長所に対して短所が際立ち、初心者にはあまりおすすめできない方式ですが、狩猟は趣味の世界なので効率だけを求めるものではありません。遵法と安全管理さえできていれば銃にロマンを追及するのも良いでしょう。あなたが気に入った散弾銃が重くて扱いにくいポンプアクション式だったとしても、その恋慕に横やりを入れる事は誰にもできないのです。

④半自動式

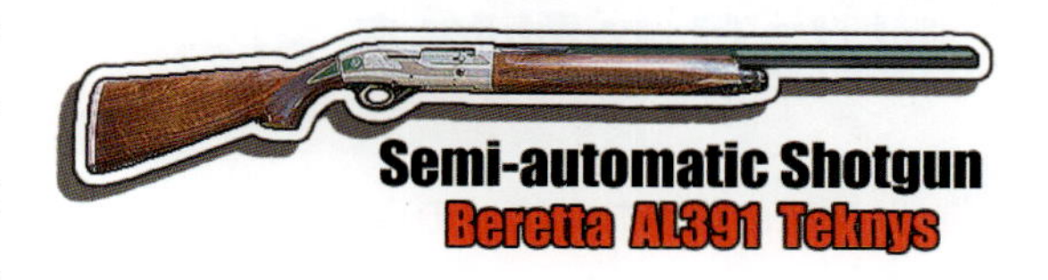

半自動式は自動で薬莢の装填、排出を行う方式で、狩猟用では最も人気があり、初心者にもおすすめです。

構造 セミオートマチックと呼ばれるこの方式は、さらに**反動利用式（リコイルオペレーション）**と**ガス圧利用式（ガスオペレーション）**の2つに分けられます。反動利用式は、弾が発射された反動を受けた銃身がボルトと共にレシーバー側に後退して排莢・次弾を装填します。銃身が後退する距離で、さらに**ロングリコイル**と**ショートリコイル（イナーシャーオペレーション）**の2種類に分けられます。ガス圧利用式は、弾を発射するのに使用される火薬ガスの一部を利用して、ボルトを動かして排莢・次弾を装填します。現在、新商品として登場する散弾銃のほとんどはガス圧利用式が採用されています。

なお、半自動式（自動装てん式）は発射・自動装填後に引き金を離して再発射が可能になる方式で、引き金を引きっぱなしで発射が可能な**自動式（自動撃発式）**は猟銃として認められていません。

長所 半自動式はポンプアクション式と比べ、引き金の操作だけで次弾を発射できるため安定して射撃を行う事ができます。また、開放部が少ないため異物が入り込む隙がなく、環境の悪い猟場でも安定して使用できます。上下二連に比べて装填速度が遅いといわれていますが反動利用式は非常に早い射撃が可能です。

注意点 ガス圧利用式は火薬の量が少ない実包を使った場合や、銃身のガス穴に異物が詰まると回転不良を起こす可能性があります。

また排莢の際、自動でケースが飛び出すためクレー射撃場では横の人に気を付けなければなりません。上下二連、水平二連は銃を折る事で弾が入っていない事が一目でわかりますが、ポンプアクション式と半自動式は一目で薬室が開放していることがわかりにくいため、レシーバーにハンカチを挟むなどをして、脱包確認をしている事を周囲にアピールしましょう。

山に住む動物を知ろう！

あなたは山に住む動物達の事をどのくらいご存知ですか？　一見すると静かな山も、私たちが知らないだけで実は様々な動物が生息しています。狩猟を始める前に、まずは日本の自然に住む野生動物達のことについて学びましょう。

1.イノシシ

山に住む動物の筆頭格的存在と言える**イノシシ**は、有史以前から日本人にとって重要な狩猟対象であり豊かな食資源をもたらしてきた動物です。しかし一方で、農業に被害を与える恐ろしい害獣でもあります。

①その亜種

イノシシは体重約70～110kgの大型哺乳類で、本州にはニホンイノシシ、沖縄には小型のリュウキュウイノシシと呼ばれる2亜種が生息しています。

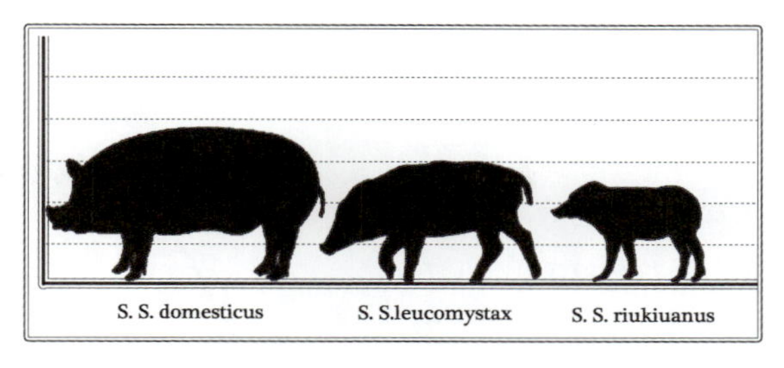

私たちのよく知るブタも実はイノシシの一亜種であり、遺伝子的な違いはほとんどないため交配する事も可能で、ブタとイノシシの交配種は**イノブタ**と呼ばれます。

イノシシは元々ヨーロッパとアジアにのみ生息する動物でしたが、家畜として持ちこまれたブタが逃げ出して野生化した事から、現在では世界中でその姿を見る事ができます。

②その文化

イノシシは春に6頭ほどの子供（**ウリボウ**）を産む大型獣類には珍しい多産な動物で、太古の時代は子孫繁栄、豊穣の象徴として信仰の対象とされていました。

例えば旧暦十月の亥の日（現在の11月20日ごろ）には『ゐの子祭り』と呼ばれる、その年の収穫や来年の豊穣、子孫繁栄を願うお祭りが日本各地で開催されていました。このお祭りは子供たちが各家先で「お菓子（亥の子餅）をくれないと悪戯するぞ！」と言った節回しの唱え声を上げながら亥子突きと呼ばれる石で地面を突く、さながら和製ハローウィンとも言える行事だったと伝えられています。

またイノシシはその荒々しい姿から、仏教の摩利支天（まりしてん）、ギリシア神話のカリュドーンの大猪、アドーニスの神殺しなど、世界中で戦神として祭（まつ）られていました。

もちろん、実際のイノシシは好んで人を襲うような獰猛な動物ではありませんが、怪我や罠で追い詰められたイノシシは毛を逆立てて怒り狂い、その鋭い牙で襲い掛かってくる事もあります。狩猟でイノシシをターゲットにする場合は安全に十分注意しましょう。

③その食性

イノシシは信仰の対象としてだけでなく、農業に多大な被害を与える害獣としても恐れられていました。

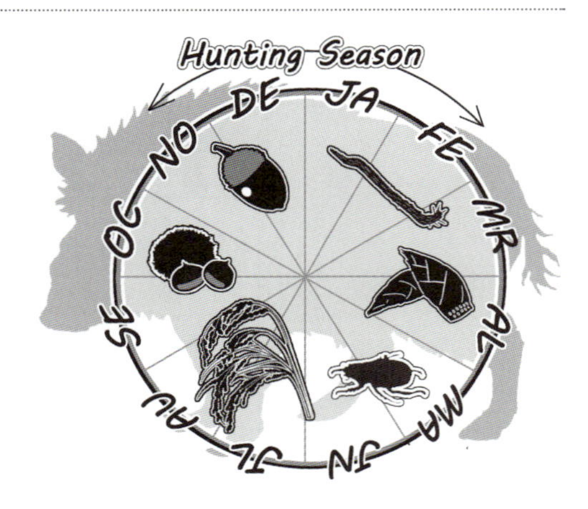

イノシシは昆虫や腐肉なども口にする雑食性ですが、基本的には植物に偏った食性をもちます。その内容は、春はタケノコ、夏場は稲、秋は栗、冬場は根菜など人間に近い趣向をもつため、田んぼや畑、果樹に多大な食害をもたらし、平成26年度の被害額は約55億円にものぼっています。

④その対策

イノシシ対策で最も効果的なのが銃猟を行う事です。

野生鳥獣による農林業被害が増加した近年では、趣味としての狩猟だけでなく、地区の猟友会や民間企業が行政から委託を受けて猟期以外にも銃猟を行う**有害鳥獣駆除活動**が行われています。

なお、有害鳥獣駆除活動では罠（箱罠、くくり罠）も使用されていますが、これらは既に被害を出している個体をピンポイントで捕獲する対処療法でしかありません。野生鳥獣による被害を減少させるためには、防御的な手段である罠と、猟圧をかけて人間のテリトリーに近づけさせない攻撃的な手段をバランスよく行う必要があります。

2. キジ

かつて**キジ**は日本人なら誰もが愛してやまない鳥でした。その姿が描かれた一万円札を見た人たちは誰もがもっとこの絵が欲しいと願った事でしょう。2004年からは鳳凰にその座を譲りましたが、ハンター達だけは今でもその姿をひとめ見たいと今日も猟場に繰り出します。

①その大きさ

キジは全長約80㎝、体重約1kgの比較的大型の陸鳥で、1947年に日本鳥学会が国鳥に選定しました。

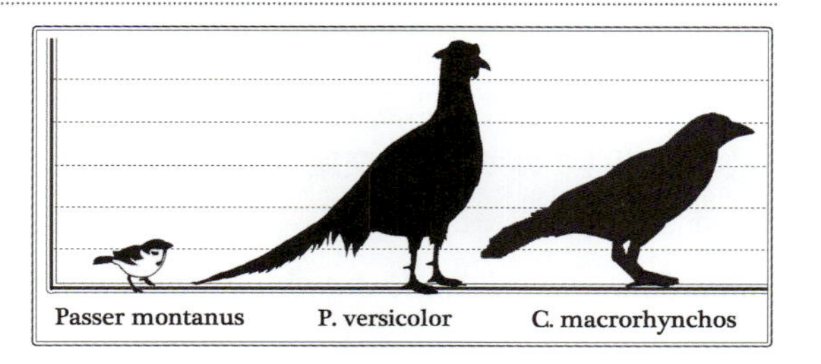

「国鳥を狩猟するのは問題なのでは？」と問題視される事もありますが、その肉質の良さと狩りやすさで太古から日本人に親しまれてきたからこそ、キジは国鳥に選ばれたのだと言われています。

②そのメス

キジはオスとメスで全く見た目が異なる鳥で、メスのキジは体長約50cm、尾はオスよりも短く地味な羽色をしています。

キジのメスは非狩猟鳥なので猟獲する事はできません。猟期中はオスキジとペアで生息している事が多いため、誤って撃たないように十分に注意しましょう。

③その足の速さ

一般的に鳥は飛ぶものと思われがちですが、キジは飛ぶよりも走る事の方が得意な鳥で、時速30kmという驚くべきスピードで走ることができます。

よってキジは撃ち落としても気を抜いてはいけません。キジをターゲットにする場合は回収方法までを考慮に入れて狩猟の計画をたてましょう。

④その混血問題

キジは本州、四国、九州に分布する日本固有種ですが、日本には他にも海外から移入された**コウライキジ**が生息しています。コウライキジはキジよりも一回り大きく、首の白い輪が特徴的な種で、1920年頃から狩猟目的で多数放鳥されてきました。

しかし近年ではキジとの**交雑**が問題となり、現在ではキジの生息していない北海道と対馬でのみコウライキジが放鳥されています。

キジ種とコウライキジ種のような異種間の配偶は、繁殖能力の低下や新種の病気の蔓延などの危険性があり**遺伝子汚染**と呼ばれています。
このような問題はメダカやニホンザルなど様々な動物でも見られ、特にキジは放鳥の歴史が長い分遺伝子汚染も相当進んでおり、既に桃太郎に登場するような純粋なキジは絶滅しているのではないかと危惧されています。

3.ヤマドリ

光沢のある銅赤色の羽を雄大に広げ、まるで風のように沢を滑空する山鳥。ハンターなら是非とも一度はお目にかかりたい光景です。え？「それで、なんて言う名前の山の鳥なんだ？」ですって？ですから、**ヤマドリ**という名前の鳥なんです。

①その大きさ

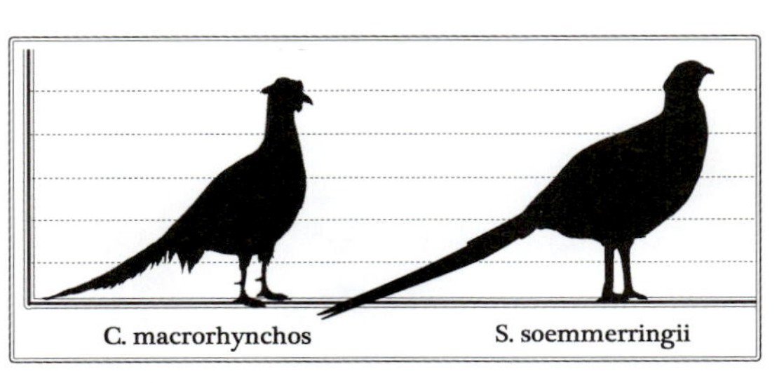

ヤマドリは全長約120cmとキジよりも一回り大きな陸鳥です。シルエットがキジと似ていますが、キジは茂みの多い平地を好むのに対して、ヤマドリは針葉樹林やつる草が生い茂る山地を好むため、目撃した猟場で容易に判別する事ができます。なお、ヤマドリのメスとキジのメスは色合いが非常に似て

おり瞬間的に見分ける事はまずできませんが、どちらも非狩猟鳥なので猟獲する事はできません。

②その狩猟方法

ヤマドリ猟は猟犬を使う方法と単独で攻める方法の二通りがあります。

猟犬を使用する方法は、呼び戻しの良い猟犬を山に放ちハンターは沢沿いの木陰に身を伏せて待ち構えます。ヤマドリは危険を察知すると沢に沿って一直線に山を下る**沢下り**と呼ばれる習性があるため、猟犬に驚いて山から飛び降りて来た所を撃ち落とします。沢を下るヤマドリは雷光のようなスピードで飛んでくるため、猟犬の訓練と合わせて洗錬された射撃の腕が必要不可欠です。

猟犬を使役しない場合は日の出と共に水を飲みに山を下りて来たヤマドリを狙撃します。簡単そうに思えますが、ヤマドリの水飲み場を探すためにはわずかなフィールドサインを探し出す目と、極寒の山中で身じろぎせずに待ち構える忍耐力が必要になります。

ヤマドリ猟は非常に難しくどちらの猟法も上級者向けですが、実を言うと猟期前に相当数が放鳥されており場所によっては人慣れしたヤマドリがエサを求めてチョコチョコと近寄ってくる事もあります。

これを捕獲する事をヤマドリ猟と言ったらベテランハンターに怒られますが、こういった思いがけない出会いがあるのも狩猟の楽しみと言えます。

③その亜種

日本国内には5亜種のヤマドリがおり、おおむね北緯35度以北（千葉より北）にヤマドリ、以南にシコクヤマドリ、四国などにウスアカヤマドリ、九州北部にアカヤマドリ、九州南部にコシジロヤマドリが生息しています。この中で**コシジロヤマドリ**だけは非狩猟鳥なので宮崎県、鹿児島県で狩猟をする場合は十分に注意しましょう。

4. ニホンザル

憎みきれない悪役や滑稽な役を演じる日本童話界の三枚目としておなじみの**ニホンザル**は、古くから農業と深い関わりがある動物でした。しかし現代では無節操な無頼漢という害獣へと認識が変わりつつあるようです。

①その文化

675年、天武天皇は「牛・馬・犬・鶏・猿を食べてはならない」と言う勅令を発しました。よくこれは肉食禁止を定めたものと思われていますが、実際は農耕の労働力である牛と馬、田畑を害獣から守る犬、朝を告げる鶏、そして牛馬を守護する**厩神**（うまやがみ）である猿を、稲作期間（4月〜9月）に殺してはいけないと言う、米作りの益獣を保護する事を目的とした勅令でした。

猿は古来より牛、馬を病魔から守る動物とされており、厩や土地の権力者の家の前で猿を踊らせて祈祷を行う『猿回し』が日本だけでなく中国、インド、東南アジアなどで行われていました。また稲作がおこわなれない冬季では盛んに猟獲され、山間の地域の食糧資源として重宝されていました。

このように日本人となじみが深かったニホンザルですが、牛馬の力に頼らない近代的な農業に移り変わると宗教的な意義は失われ、また食糧としての重要性も低下していった事から、いつしか神獣から農業被害をもたらす害獣へと認識が変わっていきました。

②その被害

ニホンザルの引き起こす農業被害は深刻で、群れで押し寄せて一夜で農作物を全て食い荒らす恐ろしい食害を与えます。被害総額は毎年約20億円ほどと、イノシシやニホンジカと比べて低い数値ですが、ニホンザルは記憶力が高く一度安全な餌場と認識すると毎年同じ場所に被害を与える事や、反抗をしない人間の顔を覚えて攻撃を仕掛けてくるといった被害を発生させています。

③その対策

ニホンザルからの農業被害を減らすには、まずなによりも餌になる物を残さない事です。農業の現場では売り物にならない品質の作物や、市場価格が低すぎて売るほど赤字になってしまうような年の作物は、収穫せずに放っておくケースが見られます。しかしこのような畑や果樹はニホンザルにとって絶好のエサ場と記憶され、それから毎年のように被害を受けるようになります。野生動物による農林業被害の低減は、銃器や罠による駆除も必要ですが、被害のトリガーとなるようなものを残さないという農業者の取り組みも重要な対策の一つです。

5.ニホンオオカミ

陸上生態系の頂点捕食者である**ハイイロオオカミ（オオカミ）**が絶滅してからおよそ100年。オオカミの復活は生態系を『あるべき姿に戻す』うえで注目されている取り組みです。

①その亜種

ハイイロオオカミは体長約1mのイヌ科の動物で、かつて日本にはニホンオオカミとエゾオオカミと呼ばれる2亜種のハイイロオオカミが生息していました。なお、イヌもこのハイイロオオカミが家畜化された亜種なので両者を交配させる事も可能です（ウルフドッグ）。

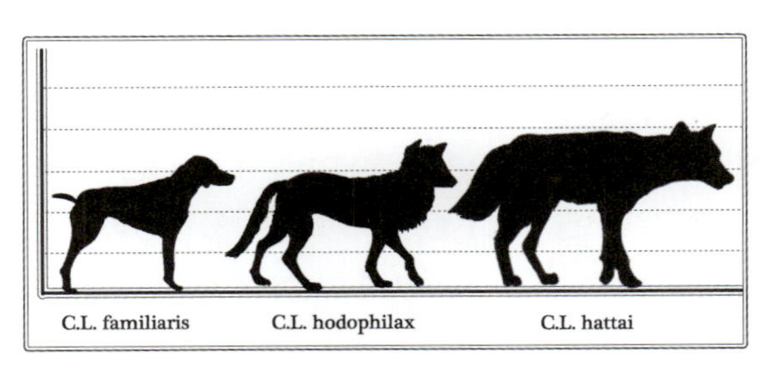

②その必要性

現在日本では狩猟による野生動物の個体数管理が試みられていますが、実は狩猟は野生鳥獣による農林業被害を減少させる効果はあっても生態系の維持や生物多様性を保護する効果はありません。

そもそもレジャーである狩猟は里山などの人間生活圏に近い範囲で行う活動であり、移動に何十時間もかかるような奥山や高山地帯で行う事はまずありません。すなわち狩猟は人間社会の一部である農林業地帯に生息する野生動物の個体数を減らす効果を狙うものであっても、自然界の中で増加する野生鳥獣の個体数抑制や植生を含む生態系全体の保護を行う事はできません。

行政はこの問題に対してハンターの非常勤公務員化（**ガバメントハンター**）や民間企業（**認定鳥獣捕獲等事業者**など）による営利事業化を検討していますが、奥山や高山での調査・駆除活動はコストが非常に高くなり、長期継続的にもその実施は極めて困難なのが現実です。

③その導入論

そこで現在必要とされているのが、従来の『人工的に生態系を管理する』という思想から『自然的に生態系の均衡を保つ』という思想への転換であり、その代表的な取り組みがオオカミの再導入です。

オオカミの再導入は、同様の問題を抱えている欧州やアメリカでは既に実証実験が行われており、人為的に管理しきれない広大な面積を持つイエローストーン国立公園の例ではオオカミの再導入の効果によりエルクジカの個体数が着実に減少している事が報告されています。

日本でもこのような前例を踏まえ、すでに絶滅してしまったオオカミ（ニホンオオカミ、エゾオオカミ）を再導入して生態系の復活させる計画が考えられています。

④その付き合い方

よく「オオカミを野に放つ」と言う話は「人間や家畜に対する危険性」

という反対意見と対になりますが、オオカミが人・家畜に被害を与える原因のほとんどは人間に対する警戒心の薄れから来ていると言われています。そこでオオカミの再導入を行った地域ではハンターの育成にも力を入れることが必要であり、人間のテリトリーである里山、農業地帯といった人間の活動が活発な地域に生息しようとしているオオカミは他の野生鳥獣と同様に猟獲する事で人間に対する警戒心を持たせ、**人慣れ**が進まないような取り組みを行うことが大切です。

オオカミを再導入する事で人間は生態系を管理する必要はなくなります。すなわち生態系はオオカミによって均衡が保たれ、人間はただ自分たちのテリトリー守るだけで良くなります。このような生態系の仕組みは決して奇抜なアイデアではなく、何百万年も昔から続けられていたごく自然な姿であり、頂点捕食者の再導入は歪んでしまった現状を元の『あるべき姿』に戻そうという最も明確かつ効果的な考えなのです。

⑤その未来

人類は数万年まえから、他の動物を遥かに凌ぐ知恵と技術を得るようになりました。しかし人類は決して全知全能の存在になったわけではなく、現在の「自然は人類が管理すべき」という思想は高慢で非現実的な考えだと言えます。

生態系の維持には難しい事も、多額のカネも必要ありません。「野生には頂点捕食者（オオカミ）が居る」、「人間社会には守護者（ハンター）が居る」という、自然を元の姿に戻すだけで全ては解決するのです。

イノシシ料理を楽しもう!

牡丹、ゐの宍、山鯨などこれほど、多彩な呼ばれ方をされてきた食肉は他にはありません。肉食がタブー視されるようになった時代においても「薬食い」と称して親しまれてきた猪肉は、おいしいだけでなく、素晴らしく健康に良いお肉なのです。

1.食肉解体

狩猟の魅力の一つであるジビエ、その中でも特に人気が高いのが**猪肉**です。日本人にとって猪肉は旧石器時代から愛食されてきた食料資源であり、「シシ（宍)」と言う日本語自体、元々は「食肉」を指す言葉でした。

イノシシ肉の魅力は何といっても力強さです。その肉を噛みしめる度にあふれでる野性味は、ただ食糧として胃に収まるだけでなく全身を躍動させるエネルギーとなって駆け巡ります。

抽象的な表現に思えるかもしれませんが、今ほど食料が手に入らなかっ

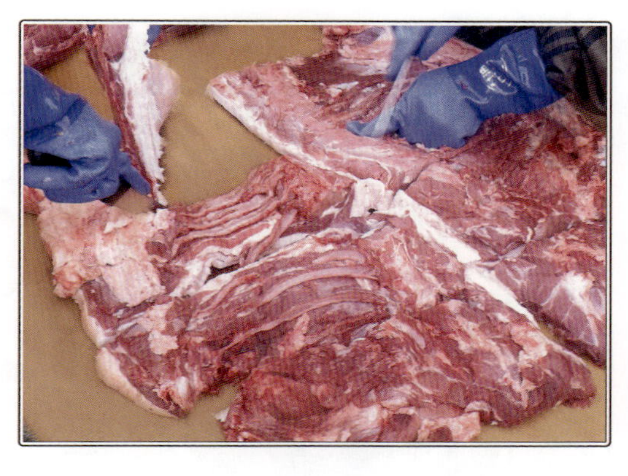

た原始時代、我々の先祖はこの肉を食べて過酷な大自然の中を生き抜いて来たのです。そんな猪肉の魅力を、たんぱく質や鉄分などの栄養成分で語るのは、まったく野暮な話です。

さて、捕獲した獲物は可能な限り素早く血抜き・冷却を行い**解体場**まで運搬します。

中小動物や鳥類の場合は自宅の庭先で解体するか野外解体（フィールドドレッシング）が一般的ですが、イノシシやニホンジカのような大物の場合は、近年市町村単位で整備が進みつつある野生動物の解体処理施設に持ち込むことも可能です。

処理施設では不織布帽子、マスク、ゴム手袋を装着して野生鳥獣の血液等から感染症を予防しましょう。また洗浄を行うためゴム長靴、ポリウレタンのように防水性の高いエプロンを着用します。

もちろん野外解体の場合も、できる限り上記のような服装で行いましょう。

① 洗浄、湯剥き

解体施設に搬入したイノシシは、まず水をかけながらデッキブラシでこすり、毛に付いた泥を落とします。次に75℃前後のお湯をかけて毛を抜いていきます（**湯剥き**）。

毛は表皮が温まり毛穴が開くことによって抜けるようになります。この時表皮の温度が高くなりすぎると逆に毛穴が収縮して抜けにくくなるので注意しましょう。

この行程は省略する事もできますが、表皮のマダニの除去や食肉に毛が混入する事を防止するため行う事をおすすめします。

家庭で毛を抜く場合は、電気ポット2つで交互にお湯を沸かしながら表面にお湯をかけて行きましょう。毛に直接熱湯をかけてもかまいませんが表皮の温度があまり上がりすぎないように間欠的に行いましょう。

② 開腹

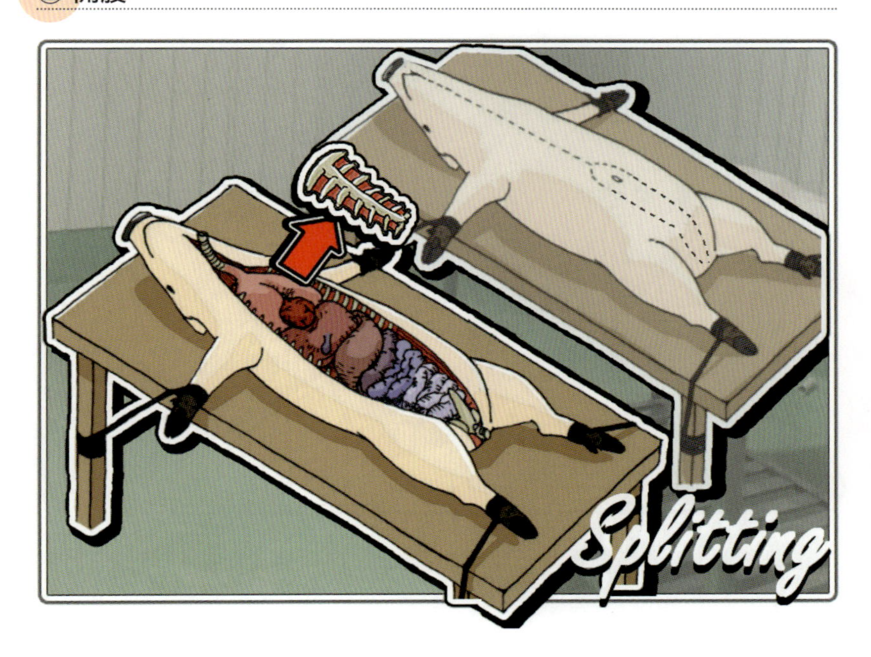

洗浄が終わったら足をロープで縛って台に固定します。ナイフを首の付け根に刺して下腹部まで切り開いたら、尿道口から左右に分かれるように肛門付近まで切り開きます。尿道口の下は膀胱(ぼうこう)があるので注意して下さい。また、ナイフの刃を入れすぎると胃腸を傷つけ内容物が出てしまう危険性があるので、できれば**ガットナイフ**を使用しましょう。

腹を開いたら胸骨と恥骨を切り離します。胸骨はあばら骨と軟骨(肋軟骨)でつながっているため、ナイフで切り外す事ができます。恥骨も同様に軟骨で結合されているので、腸を傷つけないように注意しながら切り離しましょう。**ボーンニッパー**や、剪定ばさみのようなものがあればより作業がしやすくなります。

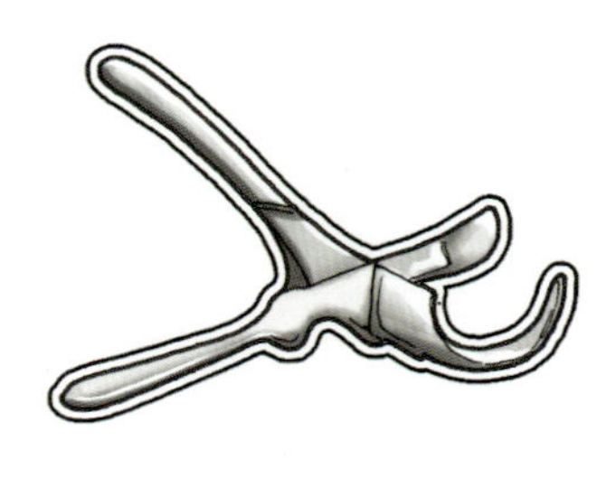

③ 下処理

肋骨下部にある横隔膜と首元の気道・食道をナイフで切り、腹膜ごと内臓を下方向に向かって強く引っ張ります。肛門付近まで引きはがしたら肛門周りをナイフで切り取り内臓を摘出します。また、頭部は前足の付け根から首の周りを丸く切り込みを入れ、ねじって取り外します。

内容物が出ないように内臓はできる限り傷つけないように取り外しましょう。気道、横隔膜、肛門さえ切り離せば一度に全ての内臓を取り外す事ができます。

毛を抜いていればこの状態で**丸焼き**にできます。内部に熱が通るように金串を4本刺して、オイルを塗りながら遠火の炭火で6時間ほど焼きます。頭を付けて焼く事もできますが、焼いている途中で目や鼻から赤い肉汁が出るため、ややスプラッタな見た目になります。

④ 皮剥ぎ

内臓を摘出した後は皮を剥いでいきます。脂が多いイノシシの場合は、皮に脂肪が残らないように丁寧に削ぎ取っていきましょう。ナイフは皮剥ぎ専用の**スキナーナイフ**を用いると便利です。

湯剥きしている場合は皮を無理に剥がす必要はありません。皮つきのままの方が肉の酸化が少ないので皮ごと精肉しましょう。

肉は大きく、前肩、肩ロース、背ロース、バラ、ももの5種類に分別できます。

その他、ホホ肉やヒレ肉（内モモ）、舌、心臓、レバー、睾丸、胃腸など全ての部位を食べる事ができます。

特に内臓類は狩猟でしか手に入らない食材です。あらゆる方法でイノシシ料理を楽しみましょう！

2. 牡丹汁

イノシシ肉の定番料理と言えば、沢山の野菜と一緒に味噌で仕立てた**牡丹汁**（ぼたんじる）です。うっすらと脂の浮いた汁を一口すすると全身にエネルギーが湧き出します。

材料

- イノシシ バラ肉…200g
- ゴボウ……………………1本
- 他好みの野菜多数

調味料

- 合わせみそ …大さじ4
- 顆粒出汁 ……大さじ2
- 醤油……………小さじ1
- 塩麹……………大さじ1

①イノシシのバラ肉はなるべく薄くスライスして塩麹で揉む。
②鍋に水と顆粒出汁を入れて沸騰したらバラ肉を投入し丁寧にアクを取り除く。
③下処理したゴボウ等の根菜を入れて30分ほど弱火で煮込む。
④葉物野菜と調味料を入れて、15分ほど煮込み完成。

イノシシ肉は非常に力強い野性味のある食肉ですが、人によってはこの力強さを「クセ」と感じる場合もあります。そこで好みに応じて肉質を落ち着かせる下処理が必要になります。

その方法としておすすめなのが塩麹です。塩麹は麹菌を使用した発酵調味料で、癖の強い肉に付けておくことで風味がやわらぎ、また旨味と柔らかさが増します。塩麹に付ける時間が長いほどクセは低下しますので、好みに応じて調整しましょう。薄くスライスすれば漬ける時間を短縮できます。

牡丹汁はありとあらゆる野菜を入れて作りましょう。季節の野菜を大勢で、ハフハフ言いながら食べるのが最高の楽しみ方です。

3.仔イノシシ背肉のリンゴソースかけ

狩猟で捕獲できるイノシシの大きさは様々です。脂ののった大きなイノシシの時もあれば、脂も肉も薄い仔イノシシの時もあります。このような場合は骨も皮も付いた状態で料理してみましょう。

材料

- 仔イノシシ チョップ...5本
- リンゴ..........................1/2
- たまねぎ.......................1/2
- ニンニク.......................2かけ
- ローズマリー................1本

調味料

- 白ワイン ...1カップ
- レモン汁 ...小さじ1
- 塩、胡椒 ...少々

①仔イノシシのあばら骨に皮、バラ肉、背ロースを付けた状態（チョップ）で精肉する。
②チョップをおろしリンゴ（1/4）、ローズマリー（1/2）、塩、胡椒に1日漬ける。
③チョップをフライパンに直接おいて熱し、溶けだした油でニンニクを炒める
④白ワインと残りのすりおろしリンゴ、ローズマリーを加えてチョップに熱が通るまで煮込む。
⑤レモン汁を入れて一旦沸騰させたら完成

仔イノシシの骨や皮を外して肉だけにしてしまうと、ほとんど食べる所がありません。そこで骨付き肉（**チョップ**）に切り分ける事で歩留まりがよくなり、また皮の食感とコラーゲン質のジューシーさが加わり多彩な味わいを楽しむ事ができます。

通常あばら骨の筋は硬くて食べにくいですが、リンゴ汁に漬けておくことで柔らかくなります。その他、玉ねぎやマイタケの汁などでも同様に肉を柔らかくする効果があります。ジビエの肉質が安定しないのは宿命的なことなので、料理の知識と工夫をもって対抗しましょう。

4.高熟成イノシシ醤肉

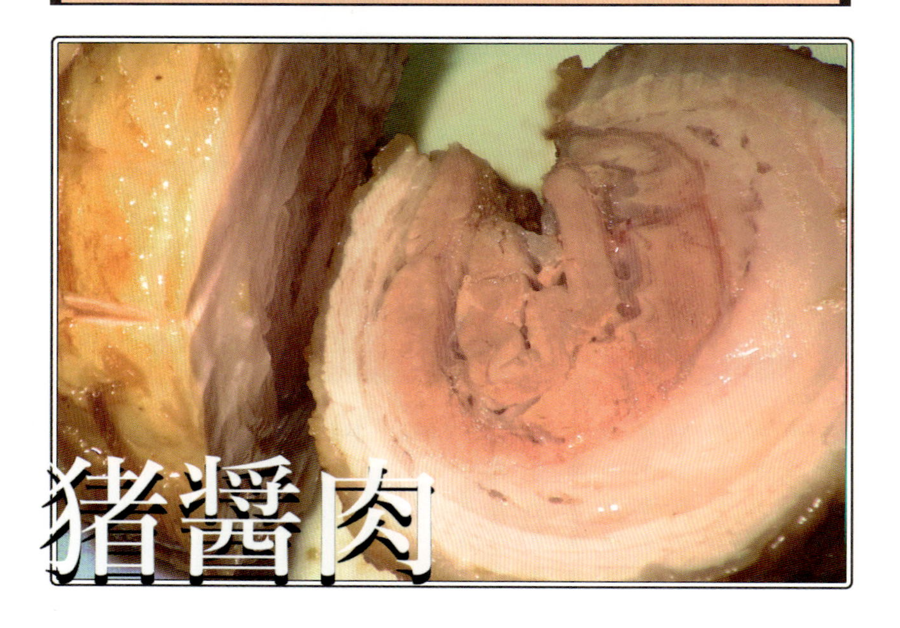

猪肉は豚肉と同様に和洋中、あらゆる味付けに合わせることができます。しかし色々な料理を試してみたあなたは、イノシシ肉は豚肉よりも固くて旨味は少なく、世間で称賛されているほど美味しい肉ではないと感じるかもしれません。もしそう思われたのであれば、あなたはジビエ料理の『中級者コース』へ進みましょう。

材料

- 4週間熟成イノシシ肉...500g
- 白ネギ、玉ねぎ、卵など

調味料

- 醤油......................200ml
- 砂糖......................1/2カップ
- 紹興酒..................100ml
- ニンニク、八角...1個

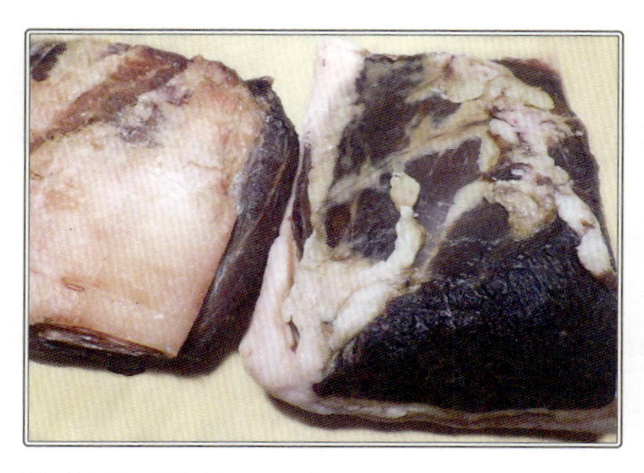

①なるべく大きめに精肉したイノシシ肉を網付きのバットに乗せ、ラップなどはせずにチルド室へ入れる。
②1〜3日目までは日に最低2回、表面に浮いて来た水分をクッキングペーパーで拭う。
③表面が乾燥して来たら3日に1回接地面を入れ替えて、完全に硬化したら水分が付かないように気を付けながら寝かせる。
④3〜4週間熟成させたら、表面の硬化した層を削ぎ落す。
⑤タコ糸で肉を縛り、水と調味料を加えたら5時間ほど煮込んで完成。

動物の『筋肉』は死後硬直をへて次第にタンパク質がアミノ酸に分解される事で旨味のある『食肉』へと変わっていきます。つまり狩猟で得られた『新鮮な肉』は決して『美味しい食肉』ではありません。

通常の猪肉で満足がいかない場合は、一度**熟成肉**を作ってみましょう。熟成肉で作った醤肉（ジャンロー）を噛みしめた瞬間、あなたはとろける脂と旨味溢れる肉汁に腰を抜かすはずです。

ただし熟成は**腐敗**との闘いです。特に表面が乾燥して内部の熟成が安定するまでの1週間は赤ん坊のように手がかかります。温度は雑菌が繁殖しにくく細胞が凍らない1℃付近をキープし、水分がつかないように注意しましょう。

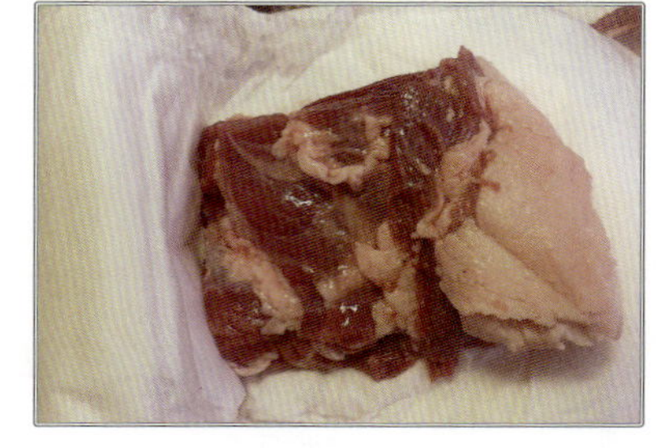

上記の方法は**ドライエージング**という長期間熟成を可能にする方法ですが、真空パックなどで熟成を行う**ウェットエージング**という方法もあります。また、吸水性の高いペットシートなどに包んで1，2回ほど交換しながら、1週間ほどチルド室に入れて熟成させる、**おむつエージング**という方法もあり、こちらは手間がかからずおすすめです。

先輩ハンターに聞いてみよう②

本田滋さん　25歳

狩猟歴３年目、大学時代に狩猟免許を取得しました。
仕事が休みの日に地元で集団猟を行っています。

下村洋平さん　34歳

狩猟歴４年目、エアライフルで主にカモの忍び猟を行っています。去年、第二子が誕生したパパハンターです。

久保新平さん　58歳

狩猟歴24年目のベテランハンターです。
毎年北海道でエゾシカ猟を行っています。

勝木百合子さん　23歳

狩猟歴２年目、箱罠でイノシシを捕獲しています。
自然の楽しさを教える仕事をしています。

児玉千明さん　26歳

狩猟歴２年目、美容師兼、福井県高浜町の町議員をされています。高松町の鳥獣被害対策に力を入れています。

久保綾香さん　55歳

狩猟歴３年目、普段は旦那さんと一緒に鳥猟を楽しんでいます。年に数回グループで網猟も行っています。

女性のお三方に質問します。**狩猟をしていて女性ならではの問題はありませんでしたか？**

困った事は特に無いですね。

あ〜、例えば…トイレとか？

集団猟でも山に入るのは1，2時間ぐらいですから休憩はありますよ。私の猟場は車で数分走ればコンビニもありますしね（笑）

でも、山でお腹が痛くなったら大変ですよね〜。

お腹がいたくならないように腹巻をぐるぐる巻きにしてますよ（笑）。

体が冷えるのが一番きついから、靴下も重ね着ですよね。私は体中に使い捨てカイロを張りまくりです！

みなさんは、それぞれ狩猟グループに所属されているんですよね？　女性ハンターって何人ぐらいいますか？

お世話になっている狩猟グループには、私一人ですね。

私も一人です。一緒に狩猟する人いないかな〜って友達を誘ったりしているんですが、断られちゃいますね（笑）

私の所は去年2人若い女の子が入ってきましたよ。

そのお二人は元々お友達同士だったんですか？

いえ、銃の初心者講習の時に一緒だったそうで、その縁で連絡を取るようになったそうです。

最近、狩りガールって言葉も良く聞きますよね。講習会や試験場で、一緒に狩猟へ行く友達を探してみるのも良さそうですね。

最後の質問です。**これからの狩猟の世界に必要なのはどのような事だと思いますか？**

まずなによりも、狩猟人口の増加が必要だと思います。今後の鳥獣被害対策は若い人のパワーが必要不可欠ですから！

そのためには情報発信を増やすことが必要だと思います。狩猟って言うと、未だに「そんなの日本でできるの!?」って言われちゃいますし。

情報発信と言うとブログやS.N.Sとかですかね？

反対はしませんが、狩猟に関する情報発信は注意して行うべきだと思います。特に動物の死に対して抱く感情は人によって大きく異なりますから。

狩猟関連の話でブログやS.N.Sが炎上したって話も良く聞きますからね。

狩猟は他の趣味と違って、動物を殺すという特殊な面がある事をよく理解しておく必要がありますね。

私は、う～ん、なんだろう？　あんまり難しい話じゃなくて、もっと「狩猟は楽しいよ！」って所を情報発信していけば良いと思いますよ。

動物を仕留めるというのは狩猟の大きなテーマですが、「鹿肉うまい！」とか「イノシシ恐ぇ！」とかそういった簡単な話でも、狩猟の魅力は十分に伝わると、私も思います。

私はもっと猟犬の可愛さをみんなに知ってもらえたらな～。

クレー射撃や静的射撃など、射撃の楽しみも広く知ってもらえればうれしいです。

僕はジビエ料理の面白さかな？　燻製とかソーセージとか作りだすと、家の中が調理器具で溢れかえりますが（笑）

子供たちに自然遊びの楽しさを知ってもらう一環としても狩猟は良い教材になると思いますね。

狩猟の多彩な魅力を伝えていく事が、今後の狩猟界を発展させる鍵になりそうですね！

Chapter

2

エアライフル猟

Airrifleman

エアライフル猟の世界へようこそ！

狩猟と聞いて、あなたはどのような世界を想像されましたか？
「難しそうだ」、「時間とお金がかかる」、「田舎暮らしでないと難しい。」
このように、「興味はあるけどハードルが高い世界と思われたあなたには、狩猟の入門にもピッタリの『エアライフル猟』がお奨めです。

1.週末ハンター

朝5時に目覚ましが鳴り、身支度を整え集合場所へ向かう。6時に見切りを開始し、猟犬が放たれると寒空のもと何時間も持ち場で待機する。獲物が獲れれば夕方から解体、帰宅するのは午後6時。

これはごく一般的な集団猟のスケジュールですが、いかがでしょうか？多忙を極める現代人にとってはいささかハードな週末の過ごし方のように思えます。また、馬鹿にならない弾代、気難しい先輩ハンターとのお付き合い、暗黙の義務と化した雑用事など、休日のたびに体力も精神もヘトヘトになっていては、とても趣味として続けていく気にはなりません。

「ああ…もっと気軽に楽しめる狩猟法はないのだろうか？」

①気軽にハンティング

エアライフル猟は多忙な現代人にとって、正にうってつけのスタイルです。

エアライフル猟は基本的に単独で行動するので時間を気にする必要はありません。また、猟犬を使役する必要もなく、罠猟のように事前の仕込みも必要ありません。弾代も1発約50円の散弾実包、1発約200円のライフル弾と比較して、エアライフル銃の弾（ペレット）は1発約7円ととても経済的です。

②エアライフル猟のターゲット

エアライフル猟のメインターゲットはヒヨドリやキジバトなどの小鳥、カモ類、キジなどの大型鳥です。散弾銃猟や網猟のように冷蔵庫から溢れ出んばかりの猟果を得る事は難しいですが、その日に頂ける程度の量であれば十二分に得る事ができます。

③気軽だけど奥深い

狩猟の入門にはうってつけのエアライフル猟ですが、『気軽』ではあっても『簡単』な世界ではありません。エアライフル銃の射撃はライフル銃と同じく研ぎ澄まされた精神とセンスが必要であり猟犬の助けを借りない分、獲物に接近するためには動物の習性をよく理解しておかなければなりません。しかしエアライフル猟は『入門しやすく奥深い』からこそ、一生楽しめる狩猟のスタイルなのです。

初心者から上級者まで楽しめるエアライフル猟の世界へようこそ！

2.エアライフル猟の装備

エアライフル猟の猟場は、林、野池、河原や田畑など、比較的アクセスしやすい場所になります。そのため装備も特に決まった恰好はなく、普通の野山を歩くような**アウトドアファッション**がおすすめです。

ただし迷彩服は着用しないようにしましょう。車でアクセスしやすい猟場と言う事は、必然的に人目に付きやすい場所でもあります。例えあなたの狩猟行為が合法だったとしても、怪しい恰好の人間が銃を持ってウロウロしているのを見たら誰しもが警察に通報したくなるはずです。あなたの素晴らしい休暇に無用なトラブルを持ちこまないためにも猟場では普段着の着用を強くおすすめします。

3.アンブッシング（待ち猟）

たまの休日、外は冬晴れの良い天気、あなたはいくつかの装備をバックパックに詰め込み狩猟の支度を始めます。日はとっくに昇っていますが、何も焦る事はありません。ゆっくりと朝食をとったら車に乗って、近所の森へ出かけましょう。

①待ち猟の一幕

アンブッシング（待ち猟）は非常にシンプルな狩猟法です。鳥達がよく羽休めに留まる木（**留り木**（とまりぎ））が見える位置に陣取り、ターゲットが飛んでくるのを待つだけです。こちらから積極的に行動する必要はありません。もちろん冬空の下、ただ座っているだけでは寒くて仕方がないので、ソロテントと折り畳み椅子を用意しておきましょう。

テントに包まれているとは言え、やはり冬の森は凍えます。そこで持ってきたストーブで高級インスタントコーヒーを淹れて温まる事にしましょう。コーヒーの香りがテントを満たす頃には、かじかんだ手も温かみを取り戻しているはずです。

文庫本を開いて鳥達の囀り（さえずり）を聞きながら長閑な時間を堪能していると、あなたは仕事の事も、この森にやって来た理由も忘れてしまうかもしれません。しかしそのぐらいの気軽さが、あなたの休暇にも、この待ち猟にも良い結果をもたらします。

②森の警戒レベル

待ち猟では猟場の緊張感が猟果を大きく左右します。特にエアライフル猟でメインターゲットとされるヒヨドリは非常に警戒心が強い鳥で、異音や異物を察知するとけたたましい**警戒声**をあげて仲間に危険を知らせます。これを聞いた他のヒヨドリ達は、しばらくの間は様子を見に飛んできますが、こちらが危険な存在と認識すると近寄らなくなります。ゆえに待ち猟では鳥達の警戒心を落ち着つかせるためにある程度『間』を置かなければなりません。

鳥達の緊張感は鳴き声で判断する事ができます。例えばヒヨドリには「ピィッ！ピィッ！ピィッ！」と短く鳴く警戒声の他に、「ピピュルルルル」とリラックスをしている時に鳴くパターンがあります。またヤマガラの「ピピチュピチュッ！」、ツグミの「キュキュッ！」、キジバトの特徴的な8分の9拍子などが聞こえてきたら猟場の緊張感はだいぶほぐれてきていると考えてよいでしょう。

鳥達の声は実際に聞いて覚える他ありません。エアライフル銃をカメラに変えて**バードウォッチング**をするのも立派な狩猟の勉強です。

4.スニーキング（忍び猟）

ある日の昼下がり、あなたは野池に浮かんで羽を休めていると、遠くに人間がいる事に気がつきました。その人間が何をしようとしているのかはわかりませんが、もしかすると自分を狙っているのかもしれません。もちろん今すぐに飛び立てば安全なのですが、あなたは先ほど遠くのエサ場から飛んで来たばかりでクタクタに疲れています。あの人間が無害なのであれば、今日はこの池で眠りたいのですが…。

①鳥の視力

スニーキング（忍び猟）は、獲物と「だるまさんがころんだ」をするような狩猟法です。しばしば『獲物に気づかれないように近づく』狩猟法だと思われていますがそれは間違いで、例えあなたがカメレオンのように上手に隠れる技術を持っていたとしても、カモの目をごまかす事はできません。

カモ類に限らず、鳥類は人間に比べて遥かに優れた視力を持っています。例えば鳥類の遠見視力は人間の2～3倍以上優れており、色覚も人間が3色（赤・青・緑）しか判別できないところを4色判別できます。また、カモ類の視野はほぼ360度あり夜目も効くため、どんなに暗い場所から忍び寄ったとしても間違いなく気付かれてしまいます。

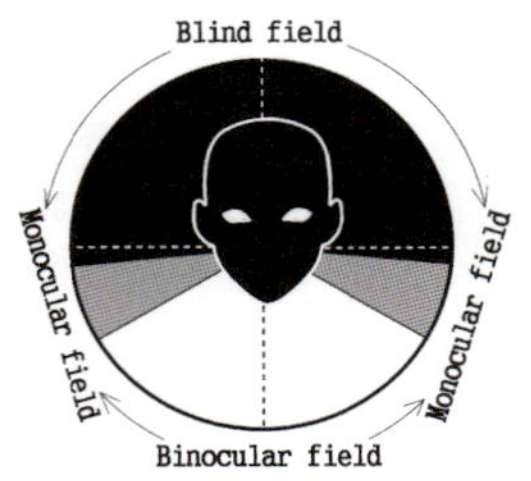

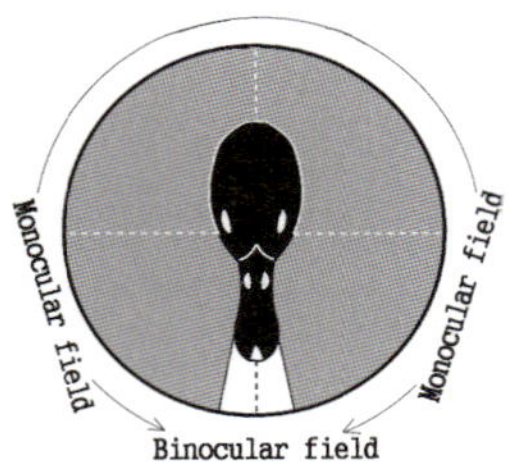

②カモへの近づき方

では私たちハンターはどのようにしてカモに近づけば良いのでしょうか？

基本的にカモ類は夜行性の動物なので、夜から朝方にかけてエサを求めて飛び回り、昼間は水辺に浮かんで休んでいます。そこでハンターはカモの警戒距離と自身の射撃の腕が釣りあいの取れるギリギリの距離まで、できる限りゆっくりと、まるで何の興味もないような顔で近づいていきます。

鳥猟の場合は迷彩柄の服装が良いと言われていますが、それはデコイを使った狩猟法のように完全に身を隠す場合です。この忍び猟の場合は、初めから獲物に気が付かれているので意味がありません。また迷彩服は『人間の目』から見て迷彩なだけで、鳥類に対してはほとんど効果がありません。ただし鳥類は動物の『目』を見て視線を読む習性があるので、**バラクラバ（目出し帽）**、**フェイスペイント**、園芸用のネット帽を被ると警戒心を下げる効果があります。冗談のような話に聞こえるかもしれませんが、イタチなどの肉食動物の目の周りが黒いのも、獲物に視線を読まれないためだと考えられています。

③カモの警戒レベル

カモの警戒心はその姿でおおよそ判別が可能です。

①首を折り畳んで寝ている時は、よほど大きな音を立てない限り気が付かれる事はありません。しかしカモの群れには必ず数羽の見張りが起きており、危険を感じると仲間を起こし始めます。

②正面を向いている場合は、両目を使ってこちらとの距離を測っています。すでにこちらを警戒していますが、まだまだ余裕があると感じています。

③警戒心が高まってくると、横目を向けて、こちらとその周囲を観察します。この時、まだ射程距離に入りきれていない場合は獲物の緊張がほぐれるまでジッと待ちましょう。

④こちらを敵と判断した場合、まずは泳いで距離を取ろうとします。射撃する最後のチャンスですが、射程距離に入り切れていない場合は無理な発砲はせずに、素直に負けを認めましょう。

⑤もし飛ばれてしまった場合でも、しばらく隠れていましょう。逃げ遅れて葦(あし)に隠れていた者が顔を出す事や、飛び立ったはいいものの行先に困って再び戻ってくる事がよくあります。

5. モバイルハンティング（流し猟）

キンッと冷たい早朝の空気を感じながら、あなたはロードバイクを走らせます。いつもは颯爽と走り抜けるこの長い坂も、猟期中だけは遠くを眺めながらゆっくりと下っていきます。おっと！遠くの方で朝日を背にしてチョコチョコと動く影を見つけました。持っていた双眼鏡を覗くと…どうやらお目当ての獲物が夢中になって地面をついばんでいるようです。

①田畑での射撃

流し猟（モバイルハンティング）は車両に乗って獲物を探すスタイルです。もともとは車に乗ってシカを探して撃つ猟法を指す言葉ですが、エアライフル猟では刈り入れの終わった畑や田んぼへ、早朝エサを食べに出没するキジ、キジバトを探して撃つ猟法をさします。いつもは警戒してなかなか姿を見せないキジやキジバトも、食事中は警戒心が緩くなります。

道路に面した場所が猟場になるため必然的に民家や人工物が近くなるので、獲物を発見した際は、まず銃

猟禁止区域や鳥獣保護区ではない事と、最低でも道路や民家から500m先以上離れている事を確認しましょう。また猟区であっても、垣や柵で囲まれた敷地や作物のある土地で狩猟をする場合は土地所有者の承諾を得る必要があります。

②自転車ハンティング

動いている乗り物から外を見た場合、乗り物のスピードが速くなるほど視界は狭まります。また『人間の視力は馬車のスピードが限界』だといわれるように、人間の目が外界を認識できるスピードは約10km /hが限界です。

よって鳥類をメインターゲットにするエアライフル猟では、自動車よりも自転車の方が適しています。

エアライフル銃を担いで自転車に乗るのはかなり厳しそうに思えますが、スキー板を固定できる**バックカントリーザック**などを使用すれば意外と安定します。また自転車のサドルはポッドの代わりにもなります。いつものツーリングに狩猟の要素を加えて楽しむのも良いでしょう。

6.エアライフル射撃競技

エアライフル銃には狩猟だけでなく**競技射撃**という楽しみ方もあります。エアライフル射撃競技は、4.5mmのペレットを10m先の10cmの標的に当てる競技で、男子は75分以内に60発、女子は50分以内に40発射撃し、その点数を競います。

①服装

散弾銃のクレー射撃が反射力と即応力を必要とする**動的射撃（ダイナミックショット）**なのに対し、エアライフル銃はいかに体を動かさずに常に同じ姿勢で標的をねらい続ける事ができるかという**静的射撃（スタティックショット）**になります。

服装もクレー射撃が動きやすくスポーティーな恰好なのに対して、エアライフル射撃は体のわずかな振動も抑え込むようなガッチリと絞られたウェアを着込みます。このウェアは**ライフルジャケット**と呼ばれ、地面に置くとまるで鎧のように直立するほど堅い作りになっています。

②競技用エアライフル

使用するエアライフル銃は競技専用の銃を使用します。もちろん射撃を楽しむだけであれば狩猟用のエアライフル銃でもかまいません。ただし、競技用エアライフル銃を狩猟につかう事はできません。

競技用エアライフルは10m先において極限まで精度を高めた設計になっているので、それ以降の距離では精密性がガクンと落ちます。そのため、常に獲物との距離が変わる狩猟の用途には向いていません。ハンドライフル銃も同様の理由で競技専用となっています。

③射撃フォーム

クレー射撃では筋肉のバネを最大限に活かすため比較的自由なフォームで構えますが、静的射撃では筋肉の振動を銃に伝えないように、例えば先台を握る手も掌で握るのではなく指の骨で支え、重心も腰の骨で支えるなど厳密にフォームが決められています

エアライフル銃の射撃競技は部活動に採用している高校も多く、日本では学生射撃競技として人気のスポーツです。また、ヨガや弓道のようにインナーマッスルを鍛えられるのでダイエットにも効果的で、射撃競技には珍しく女性人口が多いスポーツでもあります。競技者は男女問わずスタイル抜群なので、その効果は見て納得です。

7.ハンティングスクール

気軽に狩猟の世界へ入門できるエアライフル猟ですが、決して簡単に獲物が獲れるわけではありません。

「こっそり近づいているはずなのにすぐに逃げられてしまう。」、「どうしても弾が当たらない。」、「どこに獲物がいるかわからない。」など、初心者の頃はわからないことだらけなのが普通です。そのような要望を受け、近年各地で**ハンティングスクール**が開催されています。

①聞いて・見て・やって

散弾銃猟の場合は集団猟に参加する事で先輩ハンターと出会う事ができますが、単独猟がメインになるエアライフル猟ではなかなか良縁に恵まれることがありません。そこでハンティングスクールに参加して、わからないことはここでドンドン質問しましょう。特に銃器に関する疑問はトラブルを予防する上でも確実におさえておきましょう。

ハンティングスクールでは、座学以外にも、射撃場で行う実技講習、猟期中は実際に猟場に出る実猟講習が行われます。また教室で同じ趣味を持つ人達と出会い情報交換をすることで、狩猟がより一層楽しくなることでしょう。

②シューティングシミュレーター

もしあなたが**当たらない病**におちいってしまった際は**シューティングシミュレーター（SIMターゲット）**を活用してみましょう。

豊和精機製作所に設置されているSIMターゲット

シューティングシミュレーターというとゲームセンターにあるようなものが想像されがちですが、このSIMターゲットは使用する弾の大きさや速度など細かな点まで計算されており、問題点を詳しく洗い出すことができます。

また、もし『シミュレーションは完璧』だとしたら、あなたの撃ち方に問題があるのではなく、銃に問題があるのかもしれません。ハンティングスクールで問題点を分析してもらい、カスタマイズ案を教えてもらいましょう。

エアライフル銃を知ろう！

エアライフル銃と聞いて、ベテランハンターの中には顔をしかめてこう言う人もいます。「あれは玩具だ！」。確かにエアライフル銃は威力も精度も低い子供の遊び道具だった時代もありました。しかしそれはもう大昔の話、現代のエアライフル銃は最先端の技術が結集した立派な銃器なのです。

1.エアライフル銃の歴史

空気銃（エアガン）という言葉の響きから玩具の銃を想像されがちのエアライフル銃ですが、その歴史は非常に深く、一時期は優れた兵器として戦場で活躍していました。

①吹き矢

空気銃の歴史を紐解いた時、最初に登場するのは**吹き矢（ブローガン）**です。

吹き矢がいつごろから存在していたのかは定かではありませんが、メソアメリカ文明、インダス文明、アフリカや東南アジアなどの世界中の古代遺跡で吹き矢の痕跡が見つかっている事などから、少なくとも約5万年前にはすでに存在していたと考えられています。

吹き矢は世界中でもっぱら狩猟に用いられていましたが、その利点は弓矢よりも携帯性に優れ、1本の矢を作るコストが低く、狙いを外しても獲物に気が付かれにくいことが挙げられます。これは現在のエアライフル銃の長所にも同じ事が当てはまります。

②エアライフル銃の登場

銃型の空気銃が誕生したのはおよそ15～16世紀ごろだと言われており、現存する最古の空気銃はスウェーデンの王家武儀博物館（リーヴラスツカンマレン）に所蔵されている1580年代製のスプリング式エアライフル銃です。これ以前のエアライフル銃は貴族たちの間で狩猟に用いられていましたが、当時の技術では圧縮空気を封止するための金属加工が難しく生産にコストがかかったため一般的な物ではありませんでした。

Girandoni Air rifle

空気銃が一躍脚光を集めるようになったのは1780年代、ナポレオン戦争でオーストリア軍が使用した**ジランドーニ式プレチャージエアライフル銃**の登場からです。この時代の銃器と言えば、火薬が湿ると使い物にならず、発射のたび白煙が舞って視界が悪くなり、装填のたびに火薬を込めなければならないマスケット銃でしたが、このジランドーニ式エアライフル銃は雨が降っても、不安定な馬上でも、1分間に20発の弾を連射できるという非常に大きな優位性を持っていました。

③衰退と復活

1830年代以降、薬莢の発明、無煙火薬の登場、連射機構の開発と装薬銃の改良が進むにつれ、エアライフル銃は戦場から姿を消しました。

しかし最先端の技術で改良がほどこされた近年のエアライフル銃は、狩猟用として、また手軽に射撃を楽しめる競技用の銃として、全世界で親しまれる銃器になりました。もしあなたがエアライフル銃をただの玩具だと思っていたのだとしたら一度実物を見てみる事をお勧めします。400年以上の歴史が作り上げた洗練されたフォルムに、きっと驚かされる事でしょう。

2.空気銃の分類

日本における『空気銃』のイメージは非常にあいまいですが、法律的には明確な基準があります。本節ではエアライフル銃以外の空気銃についてご紹介します。

①ソフトエアガン（自由所持、発射機構を持たない物はモデルガン）

発射直後に弾が持つ威力（**マズルエネルギー**）が3.5J/㎠未満の場合は玩具として所持する事ができます。ただし発射される弾は大の大人が悲鳴を上げるほどの威力を持ちます。

②準空気銃（単純所持不可）

たびかさなる事件を受けて2006年から3.5～20J/㎠未満の空気銃は銃刀法の対象となりました。この空気銃は樹脂製弾だとしても致命傷を負わせる危険性があります。

③空気式拳銃（競技用として所持可）

拳銃競技用途として所持する事は可能ですが、エアライフル射撃大会の実績や、各団体の推薦など厳しい条件をクリアしなければなりません。拳銃競技に興味があるのなら、まずはハンドライフル銃から始めましょう。

④空気式散弾銃（単純所持不可）

威力が低く狩猟に不適で、国内で射撃競技も行われていない事から所持は禁止されています。しかし海外では、近年技術革新により高威力の銃も登場してきています。

⑤空気式大砲（単純所持不可）

コンプレッサーの圧縮空気を利用して、カボチャや七面鳥、ジャガイモなどを飛ばす大砲です。海外では人気の遊びですが日本国内では銃刀法に抵触します。

⑥ハンドライフル銃（所持可）

空気式拳銃にライフルストックが付いた銃砲です。エアライフル銃と同じ基準で所持することができるため、気軽に拳銃競技を楽しむ事ができます。ただし、10m先の標的を狙うように設計されているため狩猟には向いていません。

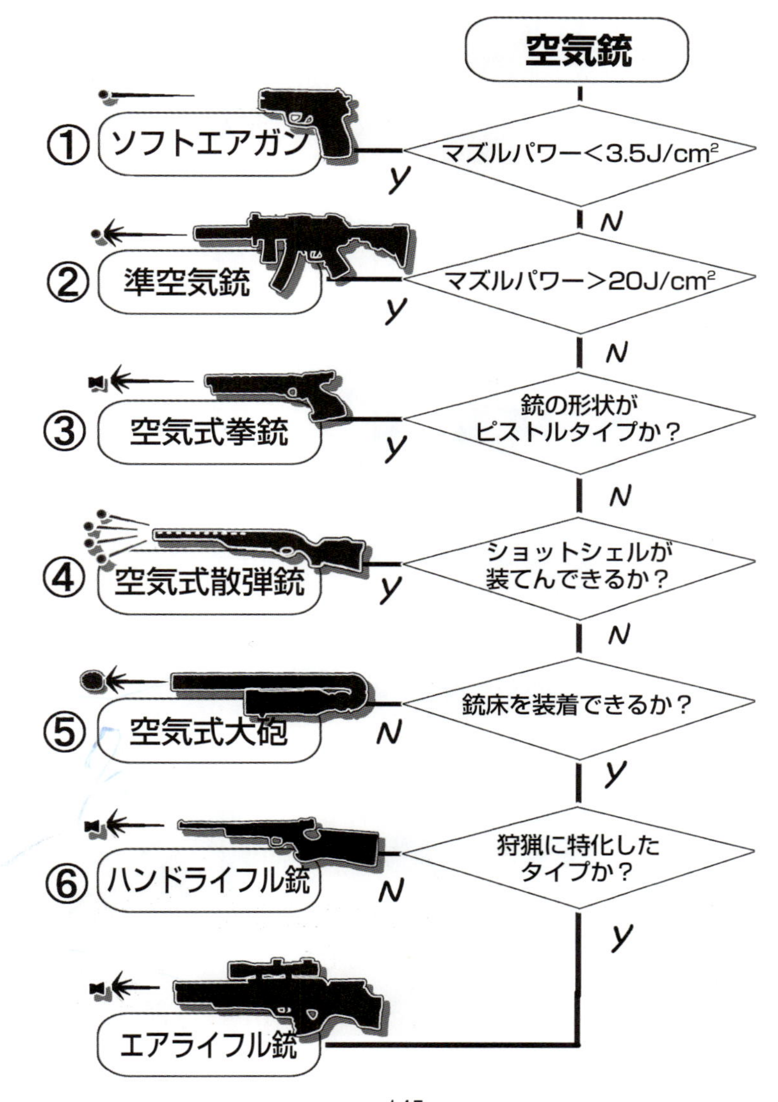

3.ペレット

エアライフル銃の弾は**ペレット**と呼ばれ、推進に必要なエネルギーを銃本体の圧縮気体から得ます。ペレットには銃身のライフリングにより回転が加えられ、緩い放物線を描きながら約300～500mほど滑空します。

国内で使用されるペレットの大きさは主に4種類で、競技用には4.5mm、狩猟用には5.5㎜と6.35㎜がよく使用されます。口径が大きいほど重くなるためターゲットに対するダメージは大きくなりますが、初速は遅くなるため銃口の震えが着弾地点に大きく影響するようになります。なおペレットの重さはヤード・ポンド法の**グレーン（1gr= 0.065g）**で表記されます。

ペレットの形状は実に様々で、それぞれ目的に応じて使い分けます。本項では代表的な7種類の形状をご紹介します。

①B.B.弾

ペレットの中で最も原始的な形状は、このB.B.（ボールブレット）です。弾に前後左右がないため弾倉に詰め込むだけで装填が完了します。しかし球状の弾は**弾道特性**が悪く着弾にばらつきが大きいため、装填機構の進歩に伴い使用される事はなくなりました。ただし、ソフトエアガンの世界では今も変わらず現役で、プラスチック製のB.B.弾と言えば、「エアガンの弾」として最もなじみのあるタイプでしょう。

②半球弾

弾道特性と獲物へのダメージ（ストッピングパワー）のバランスが取れた形状です。下方の広がっている部分はスカートのように中空になっており、ここに空気圧を受ける事によってB.B.弾よりもはるかに大きな推進力を得る事ができます。このような設計は**ディアブロ型**、もしくはコルセットで締めた細い腰を意味する**ワスプウエスト型**と呼ばれ、現在のペレットの主流スタイルになっています。

③円筒弾

ディアブロ型の腰を厚くして重量を増やした形状です。重量が増すと手ぶれに弱くなるだけではなく飛距離も短くなります。しかしダメージは大きくなるため、大型鳥類や中型獣類を中近距離から撃つ場合に効果的なペレットです。

④ワッドカッター弾

弾頭が平坦な形をしたワッドカッター（厚紙切り）と呼ばれる形状で、紙の標的に綺麗な丸い弾痕を残します。空気抵抗を大きく受ける形状なので狩猟用には不向きで、もっぱら10m射撃競技に使用される競技専用のペレットです。**マッチ弾**（Match: 競技）とも呼ばれます。

⑤尖頭弾（せんとう）

弾頭が尖った形状をしており、直進性に優れた弾道特性を持ちます。ただし貫通しやすい形状でもあるため、ダメージが小さくなり半矢にしてしまう確率が高くなります。狩猟に使用する場合は確実に急所を狙える射撃の腕前が必要になります。

⑥ホローポイント弾

弾頭にくぼみ（ホロー）がある形状をしており、ターゲットに当たるとくぼみに溜まった空気が衝撃波となってペレットの頭部がキノコのように潰れます。潰れたペレットは貫通力を持たないため、持っていた運動エネルギーを残さずダメージに変換する事ができます（**マッシュルーム効果**）。他の形状よりもダメージが増加するためターゲットの**半矢率**は低下しますが、くぼみに風を受けて弾道が安定しないため遠距離射撃では扱いの難しいペレットです。

⑦バリスティックチップ弾

ホローポイント弾の先にプラスチック製のチップを埋め込んだ形状をしており、欠点だった**弾道特性（バリスティック）**を改善したペレットです。滑空中は三角錐状のチップが風を切って尖頭弾のように進み、ターゲットに当たるとチップが外れてホローポイント弾のように潰れます。狩猟用として有用な特性を持ったペレットで、商品名を取って**ポリマグ弾**と呼ばれる事もあります。

4.エアライフル銃の種類

あなたが初めてエアライフル銃を選びに銃砲店を訪れた時、陳列棚を見て思わず困惑してしまうかもしれません。散弾銃やライフル銃以上にバリエーションが豊富で値段もバラバラ…果たしてどのように選べば良いのでしょうか？

最も良い方法は店員さんにおすすめを尋ねる事です。あなたが狙いたい獲物と狩猟スタイルを伝えれば、いくつかのエアライフル銃をチョイスしてくれるでしょう。中には値段が張る物もありますが、気前の良い店長さんはきっと大サービスしてくれます。

エアライフル銃には4つの種類があります。用途と予算が合えば、あとはあなたの好み次第です。さて、店長さんがいくつかのエアライフル銃をあなたの前に並べてこう聞いてきます。「この中で、どのようなタイプがお好きですか？

①スプリングピストン式

スプリングピストン式は世界で最も普及している空気銃のタイプです。

原理

シリンダー内の空気を強力なバネが付いたピストンで押し出してペレットを飛ばします。シリンダーを口、バネを肺と考えれば吹き矢と原理は全く同じです。空気銃全体で考えるとスプリングピストン方式は世界で最も普及している方式であり、日本でもソフトエアガンの多くはこの方式が採用されています。

長所

バネを一回引き戻すというワンアクションで常に決まったパワーを発揮できるのは、このスプリングピストン方式以外に他はありません。また構造が単純な事から故障が少なく非常に長持ちします。海外では、自分が子供の頃に使っていたスプリングピストン式エアライフル銃を息子にプレゼントする事が、息子を一人前と認める戴冠式(たいかんしき)だと言われています。

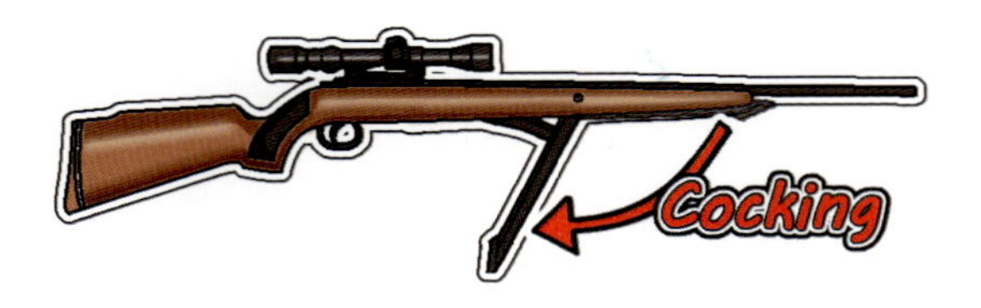

注意点

引き金を引いた瞬間から始まるバネの反作用や、ピストンがシリンダーを叩く衝撃などで照準がブレてしまうという事です。この振動は密着型ガイドの装着やバネにシリコングリスを塗る事である程度は緩和できますが、高性能なエアライフル銃の登場で次第に競技用としては使われなくなりました。しかし狩猟の世界では今もなお昔ながらの愛好家が多いタイプです。

②マルチストローク式

マルチストローク式は特に国内で根強い人気を誇る方式で、日本では**ポンプ式**とも呼ばれます。

原理

本体に装備されたレバーを複数回ポンプしてチャンバー内に空気を圧縮していき、引き金を引くことで銃口から空気圧を開放します。ペットボトルロケットを想像して頂くとわかりやすいと思います。

長所

ポンピングの回数によって威力を段階的（マルチ）に調整できる事です。例えば、軽いペレットや近くを撃つ場合は少なめに、重いペレットや遠くを撃つ場合は多めにポンピングを行うなどの調整ができます。

注意点

ターゲットを外してしまった場合は次弾を発射するために重たいレバーを何度もポンピングしなおさなければならないため、ターゲットを獲り逃がす可能性が高くなります。もちろんあなたが一撃必中を信念とし、ターゲットに二の矢は無いと考えるスナイパーであればその限りではありません。

余談

このスタイルは日本で初めて生産されたエアライフル銃で、1819年、鉄砲鍛冶師であり発明家の国友一貫斎は、数多くの苦難を乗り越え海外製の性能をしのぐエアライフル銃（気砲）を開発しました。後に暗殺に使用される危険性があるとして製造を禁止されましたが、開発の過程で考案されたカラクリ式照明器具『無尽燈』は、世界でも類を見ないほど完成された空気圧技術を応用した発明品でした。

③ガスカートリッジ式

ガスカートリッジ式は、携帯型のガスボンベでエアの補給を行う方式です。

原理

液体ガスが封入された**炭酸ガスカートリッジ**をタンクに入れ、針付きの蓋を閉めるとカートリッジに穴が開き、タンク内にガスが充満します。タンクからシリンダーに入った一部のガスは引き金が引かれると共に銃口から開放されペレットを飛ばす圧力となります。

長所

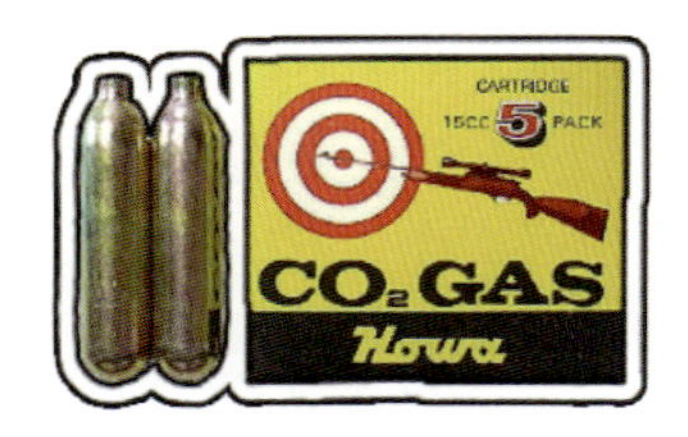

チャージを行わずに連射が可能で、カートリッジ2本で約15回の発射が可能になります。カートリッジは1本約200円で、安いと見るか高いと見るかは人それぞれです。

注意点

射撃回数によってボンベ内の圧力が変化し着弾点に大きく影響を与えてしまう事や、外気温により発射できる回数が変わってしまう事が挙げられます。次にご紹介するプレチャージ式とランニングコストを比較して、より良い方を選択しましょう。

余談

発明は1870年代のフランスで、それまで主流だったスプリングシリンダー式にはない連射性能を持ち、プレチャージ式のように辛い充填作業がいらない事から大きなブームとなりました。現代ではエアライフル銃ではあまり見かけませんが、ソフトエアガンの中で『ガスガン』と呼ばれるものはほとんどこのタイプです。

④プレチャージ式

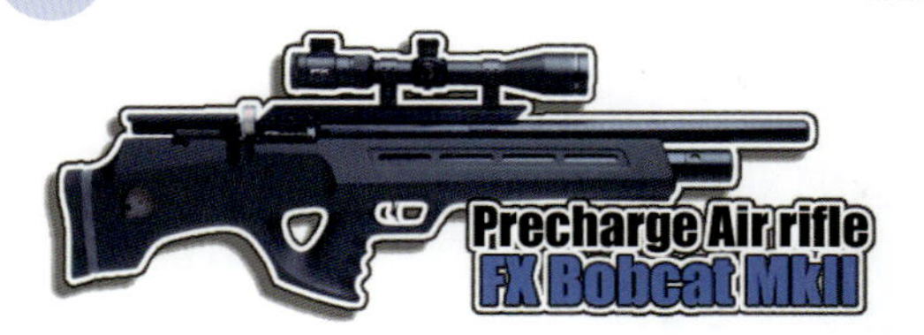

プレチャージ式は外部からタンク内に圧縮空気を充填する現在主流の方式です。

原理

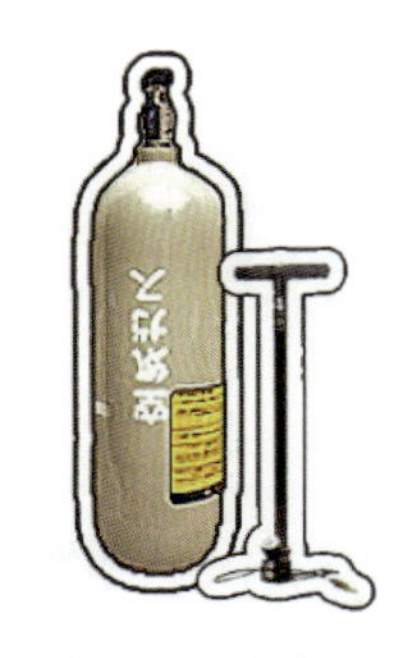

　ガスカートリッジ式の炭酸ガスとは異なり、空気を圧縮して発射します。空気の充填には自転車の空気入れのようなハンドポンプか、スキューバーダイビングに使用するエアタンクを利用します。

長所

　他のタイプに比べてパワーが高く、プレチャージ式に充填される空気はおよそ200気圧（200トン）、高性能の銃になると300気圧もの高圧が充填可能で、これは小口径ライフル（スモールボアライフル）に匹敵する威力を持っています。

　プレチャージ式もカートリッジ式のように残圧によって威力が変動しますが、**空気圧調整装置（エアレギュレーター）**などの先端技術が盛り込まれているため安定した射撃が可能です。

また、デザインが豊富な点も魅力の一つです。エアライフル銃は装薬銃よりも発射の衝撃が極めて低いため、シャープなデザインにする事ができます。またブルパップスタイルや、ハンドライフル銃のようにピストルグリップスタイルのものもあります。

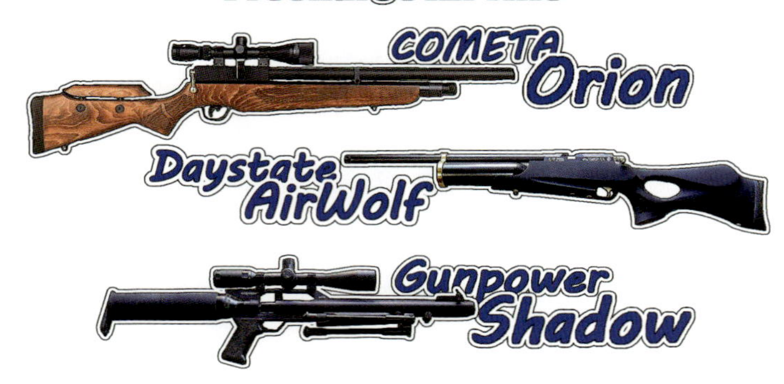

注意点

200気圧ものエアをハンドポンプでチャージするのは思った以上に大変な作業で、大の大人でも「ハァハァ」と息を切らしてポンピングをしなければなりません。エアタンクからチャージする方法は簡単ですが、200気圧約1500円と費用がかかります。また、ボンベを家に常設する場合、鋼製タンクは5年、FRPタンクは3年ごとの検査が必要になります。

また、他のタイプよりも樹脂製のパーツを多く使用しているため、定期的に交換をしないと重大な故障が発生する危険性があります。

最新のプレチャージ式は最新技術が詰め込まれている反面、メンテナンスには非常に気を使わなくてはなりません。エアライフル銃は機能性も見た目も素晴らしいプレチャージ式がおすすめですが、自身の狩猟スタイルや経済的な面を考慮して選択しましょう。

5.メンテナンス

狩猟や射撃が終わると、あなたの愛銃はガンロッカーの中で眠りにつきます。…と銃をしまうその前に、**メンテナンス**を忘れていませんか？

①清掃

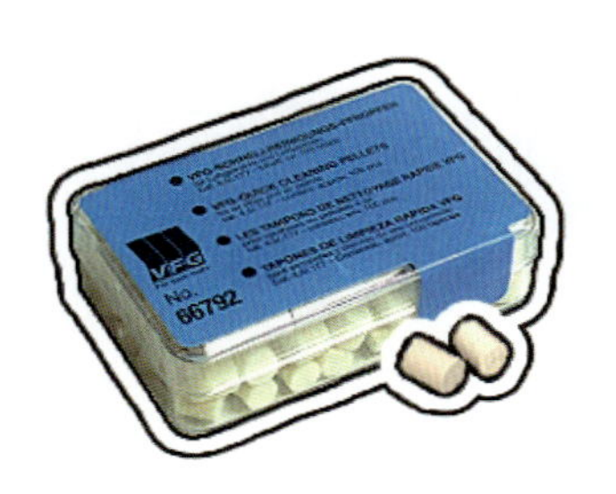

エアライフル銃は、まず**クリーニングペレット**をチャンバーに詰めて2, 3回発射して銃身にこびり付いた汚れを除去します。あまり神経質に取る必要はありませんが、気になるようであればピアノ用の潤滑剤（バリストール）を少し付けて掃除すると良いでしょう。汚れがひどい場合はクリーニングキットを使ってブラシで擦り洗いをします。

②グリス

プレチャージ式の場合は、各所の**Oリング（ゴムパッキン）**に劣化防止としてシリコングリスを薄く塗布しておきましょう。Oリングなどの樹脂素材は石油系溶剤に弱いため、必ず専用の物を使用しましょう。

金属材料が使用されている場合は、散弾銃やライフル銃と同じ用に**シンセティックオイル**を薄く塗布します。ごくまれに植物油を銃に塗る人がいますが、錆びや故障の原因になるので真似してはいけません。

③各部チェック

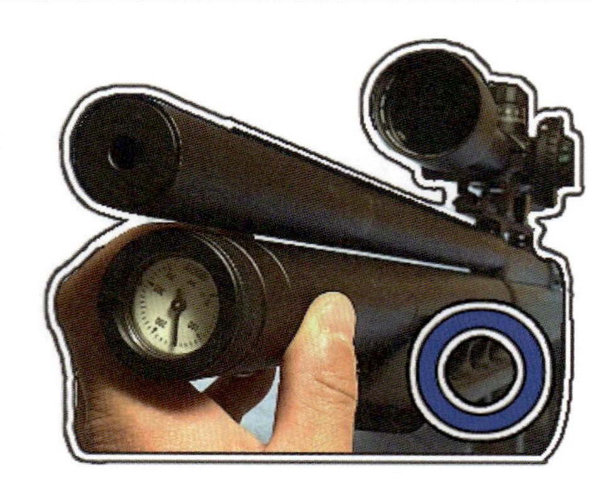

プレチャージ式のエアライフル銃はしまう前に残圧を確認しましょう。プレチャージ式は残圧が低い状態で長期保管するとOリングが固着してしまい故障の原因になります。また散弾銃、ライフル銃、スプリングピストン式は、ハンマーが上がったままだとバネが痛むので、引き金を落としておきましょう**(デコッキング)**。

④保管方法

エアライフル銃は銃身を下にして保管してはいけません。散弾銃やライフル銃は銃身が厚い金属でできているため問題ありませんが、エアライフル銃は細い金属の銃身にアルミのカバーが付いているだけなので、圧力がかかると簡単に変形します。また、ガンロッカーには錆び防止のため除湿剤を置いておきましょう。

⑤オーバーホール

射撃中に何か違和感を覚えた際は必ず銃砲店に相談してください。特に機関部に関する故障は暴発の危険性があるため注意しましょう。プレチャージ式のエアライフル銃の場合はオーバーホールメンテナンスを2年に1回は行いましょう。

また銃砲店には猟期中の急なトラブルに備えて予備パーツをストックしてもらうようにお願いしておきましょう。特に海外メーカーの部品は入荷に数カ月かかることがあり、銃器が故障してしまうとせっかくの猟期が台無しになります。散弾銃、ライフル銃の場合は予備の撃針を最低1本はストックしておく事をおすすめします。

身近に住む鳥を知ろう！

あなたは普段見かける鳥の名前をどのくらい知っていますか？「スズメとカラス」、もしかするとこのぐらいかもしれません。小型の鳥をターゲットにする場合は、なによりも鳥獣判別能力が必要になります。そのためには鳥の鳴き声、飛び方、食性などの習性をよく理解しておきましょう。

1. ヒヨドリ

「チュンチュン」が早朝の代名詞だった数十年前に対し、現代では「ピィー！」という**ヒヨドリ**のかん高い声が朝の音になりつつあります。

①その姿

ハトとスズメの中間ぐらいの大きさで声高になきわめくヒヨドリは、もともと10月ごろ日本全国に飛来し、4月ごろ北国に帰る**漂鳥**でした。しかし1970年頃から徐々に都市部で繁殖する姿が確認されるようになり、今では周年みかけることができる**留鳥**へと習性が変化してきました。

ヒヨドリを見分るポイントは、黒いくちばしと赤褐色の頬（ほう）です。ヒヨドリ科の鳥はアフリカ大陸、ユーラシア大陸南部、フィリピン、インドネシアなどの暖かい地方に多く分布しており、ヒヨドリの長いくちばしと鮮やかな色の頬は、花の蜜を吸うことに特化した南方系鳥類の特徴を示しています。よって冬場は氷点下になる日本でも生息できるヒヨドリは非常に珍しい種で、海外からやってくるバードウォッチャーには特に人気の鳥です。

②その食性

ヒヨドリは食欲旺盛で何でも食べてしまう雑食傾向の強い鳥です。
初春から初夏にかけて繁殖期を迎えたヒヨドリは、その長いくちばしを使ってウメやアンズなどの花の蜜を盛んに採取します。特にツバキ科の花を好む傾向が強く真冬にも花を咲かせるツバキ、サザンカが多く生息するポイントは絶好の猟場になります。

子育てが始まる初夏から夏にかけては、ヒナの体を作るために羽虫や幼虫などの動物性のエサをよく捕るようになります。ヒヨドリは一夫一妻でヒナの世話をするため、この季節は夫婦でエサを捕まえに飛び回る姿を観察することができます。

秋から冬になるとミカンなどの甘いかんきつ類を好んで食べるようになるためヒヨドリは果樹に対して甚大な食害をもたらすことがあります。そのためこの季節はハンターに猟圧をかけてもらいたいと思っている農家も多いため、ヒヨドリの猟場を探す際は果樹園農家を訪ねてまわるのも良いでしょう。特にエアライフル銃の場合は散弾銃とは違い木や果実を傷つけないため喜ばれます。

厳寒期に入り野生の果物が少なくなると、ヒヨドリは果樹園や民家周辺に集まるため猟場でみかけることは少なくなります。しかしこの時期のヒヨドリは最も脂がのっておいしくなる時期なので積極的に狙っていきたいターゲットです。そこでこの時期はナンキンハゼやセンダンなど堅い種子がなる木が群生している猟場を探しましょう。大食漢のヒヨドリは他の鳥があまり食べない堅い種子でも丸のみにして食べてしまうため、ライバルが少ないこのような樹木はヒヨドリだけが集まりやすく、絶好のポイントになります。

③その見分け方

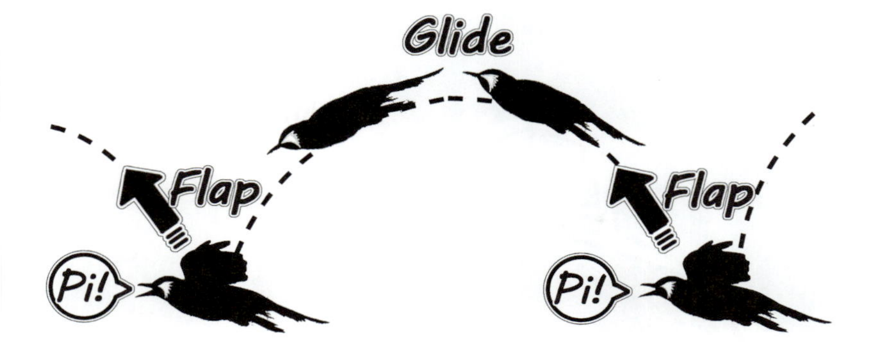

飛んでいるヒヨドリを識別する際は、その飛翔方法をよく観察しましょう。ヒヨドリは羽ばたきと滑空を繰り返す**波状飛行（バウンディングフライト）**を行う鳥で、波状飛行をおこなう鳥の中ではかなり大きいため容易に見分ける事ができます。

また波状飛行を行う鳥は、はばたく瞬間に鳴き声を上げる習性があるため、音を聞いているだけでどのような鳥が近くに飛んできたかがわかります。あなたが待ち猟をしている際、テントの外から「ピッ！ピッ！ピッ！」と聞こえてきたら、近くの木の枝にヒヨドリが止まっている可能性が高いので、そっとテントの外を観察して見ましょうこのように飛翔時の鳴き声を聞き分けることは鳥の種類と位置を探る重要なポイントになるので覚えておきましょう。

2.キジバト

朝もやの中、「ホーホー・ホッホー」と流れる不思議なメロディーは、少し不気味ながらもどこかノスタルジックな雰囲気をかもしだします。この声の主は**キジバト**です。

①その呼び名

キジバトは里山や農業地帯など人間界と自然界が適度に混じるような場所に多く生息する鳥です。人間界に生息する**カワラバト（ドバト）**と区別するためにヤマバトと呼ばれることもあります。また日本では羽が雄キジのような模様であることからキジバトという名前が付けられていますが、海外では亀の甲羅のような柄だとされ“Turtle dove（亀鳩）”と呼ばれています。

②その鳴き声

キジバトの特徴は何といっても『あの』鳴き声です。この鳴き声はオスが繁殖のためにメスを呼ぶ囀(さえず)りで、1分間に72拍という常に一定のテンポで鳴く習性があります。もちろん中には音痴なキジバトもおり、まだ若いオスの中には調子っぱずれの歌を奏でる者もいます。

キジバトの繁殖期は決まっていないため真冬であっても囀ることがあります。もし待ち猟をしていてこの鳴き声が聞こえた場合、キジバトはかなり油断をしているはずなので捕獲のチャンスになります。

③その警戒心

キジバトは非常に警戒心が強い鳥なので、こちらの存在を察知されると常に一定の距離を離してこちらの様子を監察してきます。この警戒時に取る距離は**フライトディスタンス**とよばれ動物によってだいたいの距離が決まっています。キジバトの場合は30～100mであり、散弾銃では難しい距離ですがエアライフル銃であれば狙撃しやすい距離になります。

④その猟法

キジバトの猟場を探す際ポイントになるのは、畑の近くに立つ裸木です。キジバトは早朝、田んぼや畑にエサを食べに集まってきますが、エサ場に下りる前に必ず一旦は近くの木に止まって周辺を警戒します。そこでこのような木から40mほど離れた地点に日の出前から隠れておき、飛んできたキジバトを発射音の小さいエアライフル銃で次々に狙撃していきます。なお隠れている場所に気がつかれると群れが散ってしまうため、回収作業は猟が終わった後に行います。

散弾銃の場合は2人以上のグループで猟場に入り一人がキジバトの注意を引きつけながら隠れている猟友の方へ追い込む作戦が良いでしょう。

⑤その仲間

ハトは仲間がいる場所を安全だと思って集まってくる習性があるため、キジバト猟では猟場の木にデコイを仕掛けておくと効果的です。

ただし人里近くにハトのデコイを仕掛けると、まれに非狩猟鳥のドバトが寄ってくることがあるので注意しましょう。両者は羽の色と首のストライプの有無で見分けることができるので覚えておきましょう。

なお、よく糞害などが問題になるドバトですが、ドバトの改良種である**伝書鳩**と見分けがまったくつかないため狩猟鳥に指定されていません。

3.ムクドリ

公園のベンチに座っていると、白い頭に黄色のくちばしをした灰色の小鳥が、足元をチョコマカと走りまわっている姿をよく見かけます。この小鳥は愛らしくもあり、厄介者でもある**ムクドリ**です。

①その生態

ムクドリは全長約25cmで、スズメとハトの中間ぐらいの大きさをもつ鳥です。人間に対してあまり警戒心を持っていないため、庭、公園、市街地など人間界の中で頻繁に観察することができます。

②その問題

1羽では愛らしいムクドリですが、夏の夕方ごろになると「ギャイギャイ」と大音量でわめき立てる騒音問題を発生させます。これは群れで寝床を作るムクドリの『夏ねぐら』とよばれる習性で、1つの木に数百から数万もの大群が押し寄せることがあります。騒音に加え糞害も酷いためムクドリ害が発生している地区では街路樹に目玉模様の風船やネットを張って対抗をしていますが、次から次へと留まる木を変えるため有効な対抗策は今のところ見つかっていません。

③その恩恵

厄介者扱いをされるムクドリですが、もともとは農業を守る**益鳥**として喜ばれていた時代もありました。

ムクドリは動物食に偏った雑食性で、主に羽虫や幼虫を好んで食べます。そのため大群のムクドリは農作物に被害を与えるヨモギエダシャクやニカメイチュウなどの害虫を一掃するので、農薬のない時代においては『農林鳥』とたたえられていました。しかし農業が発達して農業地帯に虫が少なくなると、街の明かりに群がる虫を狙ってムクドリも都心部へと生息地を移すようになっていきました。

④その付き合い

野生動物でありながらも人間界の中で生活を営む生物は**人類同調種（シナントロープ）**と呼ばれ、ムクドリのように人間と共生関係を築いていた種も多く存在していました。しかしここ100年で農林業や人間の生活環境が大きく変化してしまい、シナントロープ達との関係性にヒビが入るようになってきました。現在では、「いかに野生動物を人間界に寄せつけないか」という駆除や防除に論点が置かれがちですが、シナントロープとの関係を上手く組み込んだ天敵農法の普及など、野生動物達との新たなる関係構築が必要とされています。

⑤その狩猟方法

いつでもどこでも現れるムクドリですが、実を言うとメインターゲットにするのは難しい鳥です。ムクドリは特に決まったテリトリーを持たず、また、採餌する時間はまちまちです。よく見かける場所も大抵は発砲する事のできない市街地になるため、猟場で偶然見つけた時に捕獲するぐらいしか良い方法は無いでしょう。シナントロープたちは人間のそばにいることで、一番の天敵であるハンターから身を守っているのです。

4. スズメ

庭先を跳びまわってエサをつつく**スズメ**の姿に心癒された人も多いかと思います。しかし牧歌的な印象とは裏腹に、当の本人たちは生存を賭けた真剣勝負の真っ最中、彼らの「チュンチュン」は戦いのおたけびなのです。

①その亜種

現在の日本には古来より生息している**ニュウナイスズメ**（P.rutilans）と、弥生時代に水稲とともに移入して来た**スズメ**（P.montanus）の2亜種が生息しています。日本では水稲の普及が、水資源をかけて部族同士が対立する日本戦争史の幕開けと言われていますが、スズメの世界も同様に水稲の普及がニュウナイスズメVSスズメという、勢力をかけた戦争の始まりでした。

②その戦争史

可愛らしいイメージのスズメですが、彼らはエサ場に他の鳥が侵入すると体当たりや突っつきで追い払い行動をおこない、またツバメの巣に押しいりヒナを殺して巣を強奪するなど意外と獰猛（どうもう）な性格の鳥です。

稲作の普及とともに広がったスズメとニュウナイスズメの生存競争は、結果的に少し体が大きかったスズメの優勢で決着がつき、スズメは天敵が少なくエサも豊富な人里に住み付き、敗北したニュウナイスズメはエサが乏しく天敵も多い山野へと追いやられてしまいました。

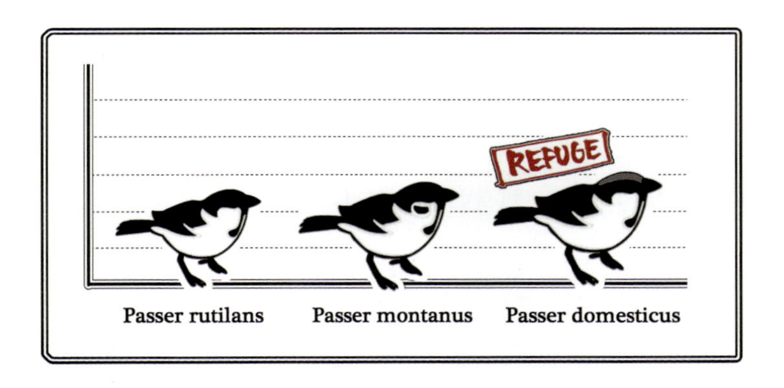

しかしそんなスズメの世界ですが近年、田畑の減少や農業機械の発達で稲作地帯からエサが少なくなり、また住宅状況が改善されて営巣のできる造りの家が激減したことから、ここ10年でスズメの数は半分以下に減少しており、スズメ陣営の勢力に暗雲がたちこめるようになりました。
対してニュウナイスズメ陣営は、手入れされていない里山が多くなったことで天敵から身を隠す場所やエサが多くなり、少しずつ勢力を回復してきているといわれています。

また近年、世界的に見て最大勢力の**イエスズメ**（P. domestius）が日本に侵入して来るようになってきたことなど、スズメ界は今まさに大乱世を迎えようとしています。

③その狩猟方法

とても世知辛いスズメの世界ですが、スズメ猟はほのぼのとした無双網猟がベストです。群れが通う田畑を探して、囮のスズメと無双網をセットしたら、日がなのんびりとスズメが飛んでくるまで待ちましょう。

銃猟をする場合はエアライフル銃の弾ではサイズが大きすぎるため、散弾銃の9号弾が良いでしょう。ただし小鳥は見分けるのが難しいので、非狩猟鳥のホオジロなどと間違いないように十分注意しましょう。

④その大きさ

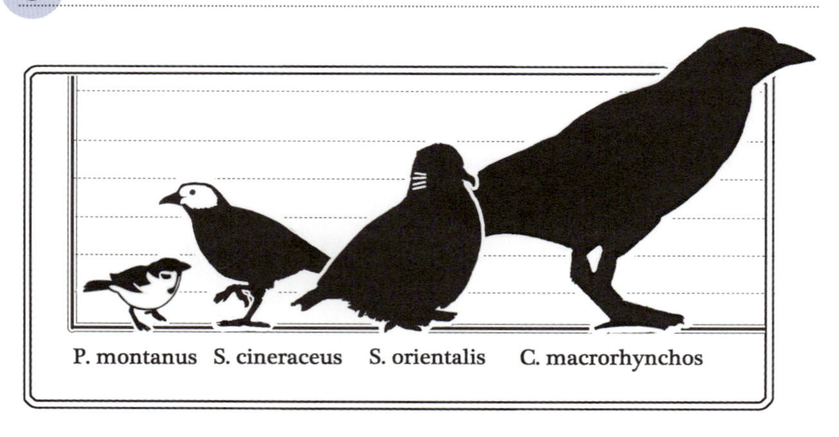

スズメは全長約15cmで狩猟鳥獣の中では最小なので鳥を判別する際の基準として覚えておきましょう。またムクドリ（約25cm）、キジバト（約33cm）、ハシブトガラス（約57cm）は、通称**『ものさし鳥』**と呼ばれ、身近な鳥類の大きさを言い表す際によく使用されます。

5. カラス

「あなたは**カラス**の事が好きですか？」この問いかけに、おそらくほとんどの人が「嫌い」と答えるでしょう。しかしそれはなぜでしょうか？もしかするとあなたはイメージだけで嫌っているのかもしれません。

①その種類

カラスは都心であってもその姿を観察できる代表的なシナントロープですが、日本で観察することができるカラスが全て人間界に住んでいるわけではありません。

国内で見られるカラスは大きく5種おり、都心部でよく見かける**ハシブトガラス**（Corvus macrorhynchos）、農耕地帯など人間界と自然が適度に入り混じった所に多く住む**ハシボソガラス**（C. corone）、越冬のために日本へ渡ってくる**ミヤマガラス**（C. frugilegus）、ミヤマガラスの

団体にまぎれてやってくる**コクマルガラス**（C. dauuricus）、そして近年、エゾジカの屍骸を求めて北海道に飛来するようになった**ワタリガラス**（C. corax）です。

この中でよく目にするカラスはハシブトガラスとハシボソガラスで、見た目はクチバシの形ぐらいしか違いがありませんが、ハシブトは澄んだ声で「カーカー」と鳴き、ハシボソはしゃがれた声で「ガァガァ」と鳴くため、鳴き声を聞き分けることで判別できます。

なお、日本では「カラス」とひとくくりにされていますが、欧米では最大種のワタリガラスは“Raven（レイヴン）”、中型種のハシブト、ハシボソガラスは“Crow（クロウ）”、小型種は“Rook（ルック）”、最小種のコクマルガラスは“Jackdaw（ジャックドォ）”と呼び分けがされています。

②その被害

カラスは町中でゴミを漁るだけではなく飼育牛を突いてケガをさせることや、ゴルフ場で貴金属類を盗み取るなどの問題行動を起こします。農業被害もイノシシ、シカに次いで多く、専用のオリ罠をしかけるなど様々な対抗策がこうじられていますが、カラスの観察能力は鳥類の中でもずば抜けて高く、どのような手段もなかなか思うように効果が上がっていないのが現状です。

③その恩恵

問題ばかりが注目されるカラスですが、太古の時代においては人間社会になくてはならない重要な動物でした。カラスは**スカベンジャー**と呼ばれる腐肉食性の動物で、人間の出す生ゴミを食べることで疫病を運ぶネズミの繁殖を防止する役割をもっていたといわれています。

ヨーロッパで黒死病（ペスト）が蔓延した時代では、医者がカラスのような長いくちばしを持ったマスクを着用して治療に当たったと言われています。なぜこのような恰好で治療を行っていたのかは諸説ありますが、カラスの威を借りて病魔を打ち払う呪術的な理由があったのかもしれません。

④その狩猟方法

カラスを狩猟する場合は、畑に下りている個体を遠くから狙撃する方法が最もよいでしょう。ただし仕留めたあとはすぐに回収せず、しばらく物陰から様子を見てください。カラスは仲間の死を知ると警戒声をあげながら集まってくる習性があります。大群で鳴きわめきながら飛び回る姿はかなり不気味ですが、落ち着いて地面におりたターゲットを次々に狙撃していきましょう。

⑤その神話

サッカー日本代表のエンブレムに登用されたことで有名になった八咫烏（やたがらす）ですが、この他にもケルト神話の女神モリガンや北欧神話の戦神オーディンなど、カラスは世界中で勝利を導く象徴とされることが多い動物です。

「死んだ動物の肉を食べるような縁起でもない鳥が、なぜ勝利の象徴なのか？」と疑問に思われた方がいるかもしれませんがその理由はいたって単純です。戦いの後で戦場を飛びかうカラスを見る事ができるのは、常に勝者として生きのびることができた者達だったからです。

野鳥料理を楽しもう！

「この世で最もおいしい『鳥』は何か？」、その答えは間違いなく『ニワトリ』です。ニワトリは人間の嗜好に最もあう鳥だったため世界中で養殖されるようになり、いつでもどこでもお金を払うだけで手に入れることができます。では、苦労に苦労を重ねて狩猟で小鳥を捕獲して食べる意義とは一体何なのでしょうか？

1.小鳥料理

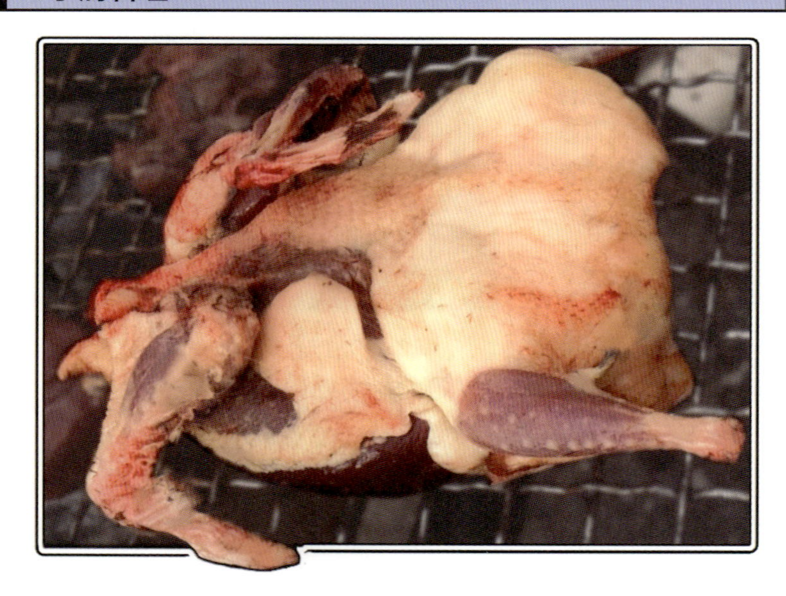

市販されている鶏肉と狩猟で獲る野鳥肉の大きな違いは、食材が持つ『ドラマ』です。現代日本において鶏肉を手に入れる事は何も難しくありません。あなたはただ近所のスーパーで店頭に並んだパックを手に取り、わずかな小銭をわたすだけで肉を手に入れることができます。鶏肉の値段が劇的に変化することはありませんし、季節によって食味が変わる事もありません。近所のスーパーへ出かける道すがらドラマチックな展開が起こ

る事もまずないでしょう。

しかし野鳥肉は違います。野鳥との出会いは偶然の連続であり、捕獲できるか否かはその動物との『縁（えん）』です。あなたはその縁を求めるために猟場を観察して出猟の計画を練り、日々射撃の腕を磨いてきたというドラマがあります。

また狩猟では生きている動物を自身の手で止めなければなりません。引き金を引く瞬間や、まだ息のある獲物の首をねじり折る瞬間に何を感じるかは人それぞれですが、少なくとも鶏肉を買い物カゴに入れる瞬間とは異なる気持ちの変化があるはずです。

ニワトリは人の口に合うように肉質が改善された動物なので野鳥よりも味が良いのは当然です。しかし、たった1羽の小鳥であっても自分自身で獲た肉には限りないドラマが含まれています。つまりジビエとは味の優劣を競うものではなく、その食肉の持つドラマと共に『楽しむ』料理だといえます。

ただし、本人にとってはドラマであってもそれを知らない他人にとってはただの肉でしかありません。一緒に食卓を囲む家族の中には、鶏肉は良くても野鳥肉は良しとしない方も当然いるはずです。その場合は庭に七輪を出して一人ジビエBBQを楽しみましょう。孤独なジビエ料理も意外と楽しいものです。

2.小鳥の解体

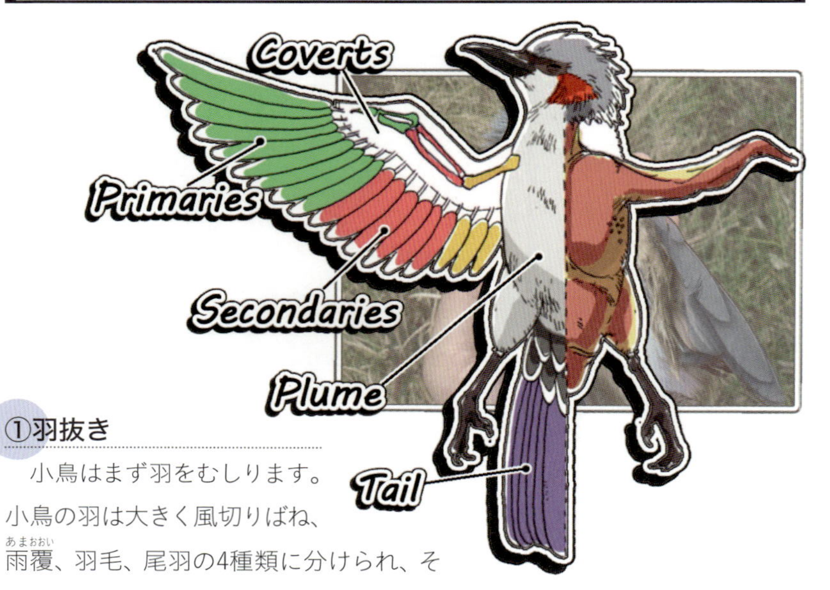

①羽抜き

小鳥はまず羽をむしります。小鳥の羽は大きく風切りばね、雨覆(あまおおい)、羽毛、尾羽の4種類に分けられ、それぞれ抜ける方向が決まっています。無理やりに剥がすと身が痛むので、羽が刺さっている方向に合わせてひっぱりましょう。

小鳥の皮は破れやすいので、羽毛は慎重に抜きます。特に脂の多い時期のヒヨドリは、体温が高い状態で抜くと羽毛ごと皮下脂肪が抜けてしまいます。冷えすぎても毛穴が縮んで抜けにくくなるため、猟獲後2時間ぐらい経ってから抜きましょう。

②内臓摘出

羽をむしったら、指先と足、首をカットして、肛門の真上から胸部中心に沿って切り開きます。

ナイフは小型のバードナイフでも良いですが、ハサミが意外と使いやすく重宝します。

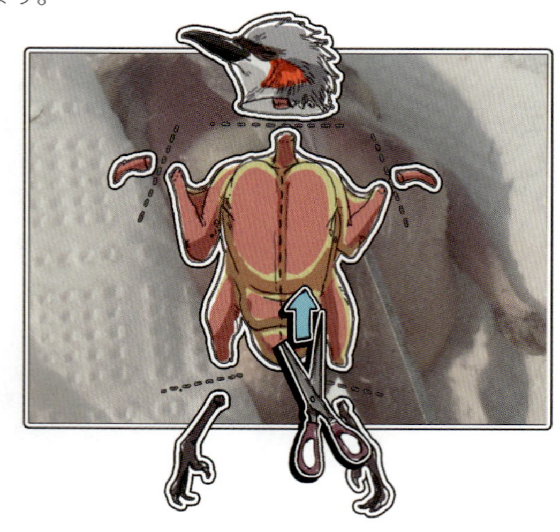

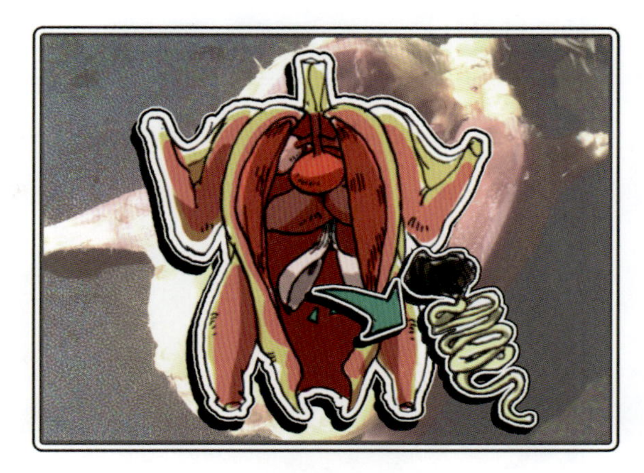

腹を開いたら肛門周りをカットして胸骨ごと胸を切り開き、背中にくっついている肺をナイフで突いて外しましょう。後は引っ張るだけで内臓を全て摘出する事ができます。

小鳥料理はよく内臓を付けたまま料理します。この場合**砂肝**を縦に割って中の黒い膜ごと消化器官を取り外します。

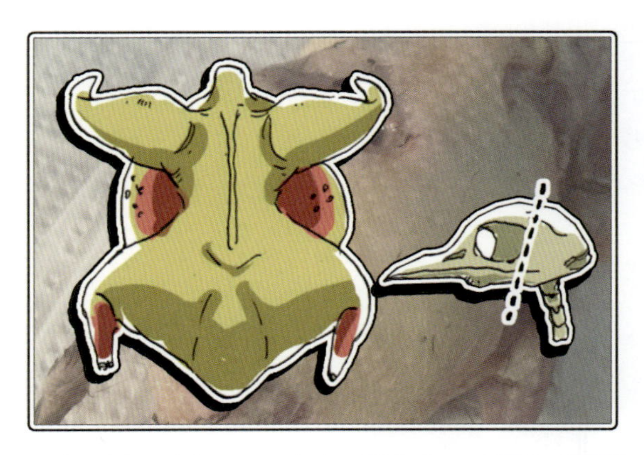

裏を向けたら押しつぶして、肩関節と股関節を外して一枚開きにします。ヒヨドリ以下のサイズの小鳥は骨ごと食べるのが一般的なので、骨を細かく砕いて川魚のようにじっくりと炙る料理が向いています。脳も食べる場合は眼球の後方にハサミを入れて硬いくちばしを取り除きます。

小鳥は皮が薄いため羽毛ごと剥ぎ取ってもかまいません。風切りばねをある程度抜いたら脇の部分の皮に切れ込みを入れて、そこから皮を剥いていきましょう。皮を剥くと産毛を焼く必要がなくなるため下処理は楽になりますが、脂が酸化しやすくなるためできる限り早めに料理しましょう。

3.ヒヨドリ飯

小鳥料理のバリエーションはあまり多くありません。野鳥がよく食べられていた江戸時代でも小鳥料理と言えば串焼き（焼き鳥）が主流でした。しかし脂がよく乗ったヒヨドリを捕獲する事ができたら、是非この炊き込みご飯を試してみてください。

材料

- ヒヨドリ....4羽
- お米...........3合
- ニンジン...1本
- しめじ.......1パック
- ゴボウ.......1/2本

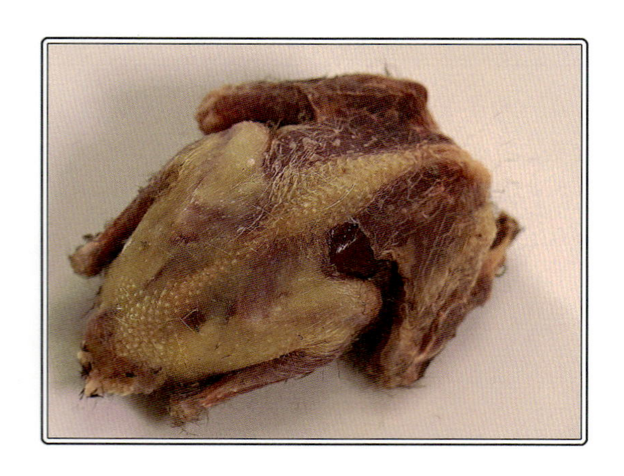

調味料

- 醤油.......大さじ2
- みりん...大さじ1
- 酒...........大さじ1

①ヒヨドリの産毛をバーナーで焼く（もしくは皮を剥ぐ）。
②沸騰したお湯にヒヨドリをくぐらせ湯通しする。
③下処理した野菜と調味料、ヒヨドリを炊飯器に入れて少な目の水で炊く。
④炊きあがったらヒヨドリを取りだし、身をほぐして混ぜ合わせたら完成。

ヒヨドリの脂は意外と米との相性が良く甘味のある油が米粒にしっとりと馴染み、また骨からも良い出汁がでます。

小鳥肉は熟成をさせる必要がないため、飯盒を使って猟場で炊き込みご飯を作るのも良いでしょう。

飯盒炊爨はコツが必要なので、事前にしっかりと予習しておきましょう。炊爨中は上手く炊けているか気になっても蓋を開けてはいけません。

4.キジバトのバターグリル

野鳥は羽を素早く動かせるように筋肉に鉄分を多く含むため、「クセが強くてレバーっぽい味」と敬遠する人もいます。しかしその評価も火加減一つで大きく変わります。

材料

- キジバト ...2羽
- バター 20g
- 付け合わせの野菜

調味料

- 乾燥バジル ...一つまみ
- 塩...................少々
- ニンニク 1かけ
- 醤油...............かくし味程度

①バターを極弱火で熱しながら、つぶしたニンニクと調味料を温める。
②キジバトは冷蔵庫に入れていた場合は室温に戻しておく。
③ ①を一枚開きにしたキジバトに塗りつける。産毛が残っている場合は焼いて処理をする。
④付け合わせの野菜と一緒にアルミホイルに包み160℃のオーブンで焼く。
⑤20分ごとにモモの関節に金串を刺してみて、肉汁が溢れないようになったらオーブンから出し15分ほど予熱で温めて完成。

肉料理全般に言える事ですが、特にジビエは強火で焼いてはいけません。肉の表面を急速に熱すると内部にアクと臭みが閉じ込められ**エグ味**が残ります。ウシ、ブタ、ニワトリなどの畜産物はあらかじめエグ味が少なくなるように肉質を調整されていますが、野生肉は当然そのような調整などされていないので、熱の入れ方一つで食味がまったく変わってくるのです。

ジビエ料理のコツは肉が『火傷をしない』温度でジックリと熱を加えることで、特にストーブでの調理が向いています。

「ストーブの上でジックリと焼かれるキジバトの香りを感じながら、バーボンをちびちび飲み、銃の手入れをする」。
…このぐらいのんびりとしたムードがジビエ料理に適したスピードです。

5.カラスのパイ包み焼き

“Eating crow”（カラスを食べる）は「屈辱を味わう」という慣用句ですが、烏肉（からすにく）の味は決して悪くはありません。ただし、あなたに『あの』先入観がなければより良いのですが…。

材料

- カラス胸肉 2羽
- 冷凍パイシート...2枚
- 玉ねぎ 1/2
- シイタケ 2つ
- トマトジュース ...2缶
- バター 20ｇ

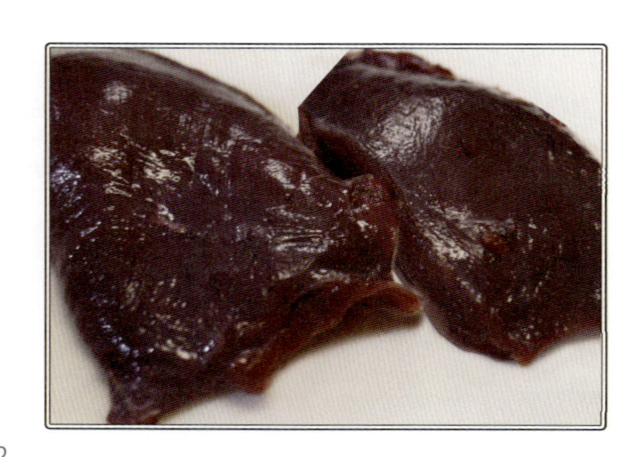

調味料

- 砂糖.............. おおさじ2
- コンソメ.......1つ
- 塩コショウ...少々
- タイム、オレガノ（できればフレッシュ）...1つまみ

①材料を細かく切って、カラスの胸肉は半ミンチにする。
②フライパンにバターを引いて、材料を焼く。
③トマトジュースと調味料を入れて、15分ほど煮込む。
④ ③の熱を取っている間にパイ生地を伸ばしてバターを塗った型に入れる。

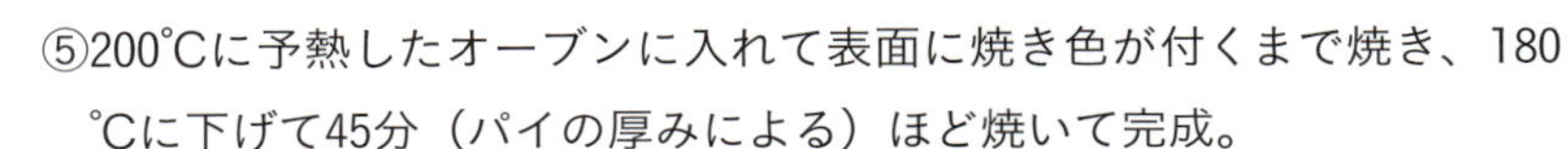

⑤200℃に予熱したオーブンに入れて表面に焼き色が付くまで焼き、180℃に下げて45分（パイの厚みによる）ほど焼いて完成。

烏肉は脂肪が少なく鹿肉のロースに似た旨味がありますが、ほのかに『ゴミ捨て場』の臭いがします。ただしこの臭いは生臭さや腐敗臭ではなくカラスが羽に塗る尾脂特有の臭いであり、この臭いがゴミ捨て場だと感じるのは過去にゴミ捨て場に群れるカラスの臭いを嗅いだ記憶による先入観によるものです。つまりもしあなたが今までゴミ捨て場のカラスを見た事がなければ、おそらく何も気にせず烏肉を食べる事ができるはずです。もしカラス臭が気になる場合はフレッシュハーブをふんだんに使って打ち消すとよいでしょう。

ところで巷では「都心で生ゴミを漁るハシブトガラスは臭く、山野で木の実を食べるハシボソガラスは臭くない」と噂されていますが、どちらのカラスも同様にカラス臭がします。また、この世で最も栄養価の高い人間の食べ物を食べる都心のハシブトガラスの方が、山野で貧相な食事をしているハシボソガラスよりも肉質は良かったりします。しかし、『新宿産のハシブトガラス』と『大自然で育ったハシボソガラス』だと、あなたはどっちらが美味しそうに感じるでしょうか？　食に対する先入観というものは、理屈ではわかっていても簡単には変える事ができない難しい問題です。

Chapter 3

ライフル猟

Rifleman

ライフル猟の世界へようこそ！

狩猟と聞いてあなたはどのような世界を想像されましたか？
「遠くに揺れる影」、「スコープに映る獲物の姿」、「呼吸を殺して引き金を引く」。このように「スナイパーの世界」を想像された方には『ライフル猟』がお奨めです。

1.スナイパー

鋭い爪も牙も持たないヒト（ホモサピエンス）が襲い来る猛獣に対抗しえる手段は、手に持った木の枝を振り回す事ぐらいでした。しかし時は流れ、手にしていた木の枝が、どのような猛獣の牙にも勝る『銃』へと進化すると、ヒトは動物界最強の存在となりました。

①銃という名の『牙』

ライフル猟は銃を扱う技術を極限にまで突き詰める狩猟法です。

この世界では獲物に近づく術や動物の習性は些末（さまつ）な話でしかありません。このスタイルにおける唯一無二のテーマ、それは**狙撃（スナイピング）**を極めることです。

世の中には銃で動物を仕留める事に対して否定的な意見を持つ人達も少なくありません。しかし野生界において銃を持っていないヒトは、ひ弱な毛無し猿でしかありません。ヒトは『銃という名の牙』を持って初めて野生動物と対等以上の存在になりえるのです。

②まずはハーフライフル銃から

さて、スナイピングを極めるにあたり最も適した銃器は**ライフル銃**です。ライフル銃は散弾銃やエアライフル銃に比べ格段に射程距離が長く、獲物がこちらを警戒する遥か彼方から狙撃する事が可能です。

ただしライフル銃を狩猟目的で所持するためには装薬銃を10年以上所持し続ける必要があるので、初心者は所持する事ができません。

そこで、まず散弾銃と同じ基準で所持許可が下りる**ハーフライフル銃（サボット銃）**から始めましょう。

ハーフライフル銃は散弾銃の銃身に半分までライフリングが刻まれた銃で、サボットと呼ばれる特殊なワッズを弾頭ごとライフル弾のように回転させて発射する事ができます。さすがにライフル銃の精密性には届きませんが、日本国内の猟場では十二分の精密射撃を行う事が可能です。

③スナイパーの心得

スナイピングを極めるためには、銃の性能以上に射撃の姿勢、息遣い、精神の集中など、心身を研ぎ澄ますことが必要になります。ほかの狩猟スタイルに比べ運動量はほとんどありませんが、自身の持っている心技体のすべてを、引き金を引く一瞬に込めなければならないシビアな世界は、あなたにこれまで感じたことのない静寂と興奮を与えることになるでしょう。

0.01秒が全てを決する、ライフル猟の世界へようこそ！

2.ライフル猟の装備

ライフル猟は木々が生い茂る山を飛び回る散弾銃猟とは異なり、比較的視界の開けた稜線などを静かに移動しながら獲物を探す、いわゆる本来の意味での渉猟がメインスタイルになります。そのため服装や靴は軽登山を行う恰好で構いません。ただし、できればオレンジ単色よりも迷彩調のパターンが入った服装が良いでしょう。

①大型獣の視力

ライフル猟の獲物であるクマ、ニホンジカ、イノシシは、近くの物体を感知する場合は嗅覚・聴覚に頼るため、近くを見る能力（近視力）はあまり発達していません。しかし、遠くを見る能力（遠視力）は人並み程度に持っているため、近くのハンターよりも遠くのハンターの方が視認されやすくなります。

また、霊長類以外のほとんどの哺乳類は網膜の中に2種類の錐体細胞しか持たないため、大型獣類は赤系統の色を判別する能力（**弁色力**）は劣ります。ただし光の強さを感じる**桿体**細胞の数が人間に比べて遥かに多いため、明度の差を判別する能力（**コントラスト視力**）は優れています。

つまり散弾銃猟の巻き狩りのように待ち伏せをする場合は、獲物との距離が近く視認される可能性が低いため、オレンジ単色のベストであっても問題はありません。しかし獲物との距離が遠くなるライフル猟では、背景と明度の異なる単色ウェアはコントラストの差で輪郭が強調されるため、視認される可能性が高くなります。

②ハンター迷彩

　そこでライフル猟で着用するウェアは、背景とのコントラストを抑えることができる**ハンター迷彩**と呼ばれる柄をおすすめします。

　ブレイズオレンジ（ハンターオレンジ）を基調としたこの迷彩パターンは、遠くにいるほど背景との親和性が強くなり、輪郭抽出による視認性が低下します。ただしオレンジ色は人の目には認識できる色なので、遠くの人間からは色でその存在を認識させる事ができます。

　もちろんこのようなウェアが必須と言うわけではありません。50mも離れていれば獲物から発見されたとしても逃げられることはありませんし、そもそも50mで逃げられたのなら100m、100mで逃げられるのなら150mから狙撃する腕があればよいのです。

　言いかえると、ライフル猟においてウェアにこだわらなければならないということは、狙撃の腕がまだまだ未熟であるということです。

③スリング

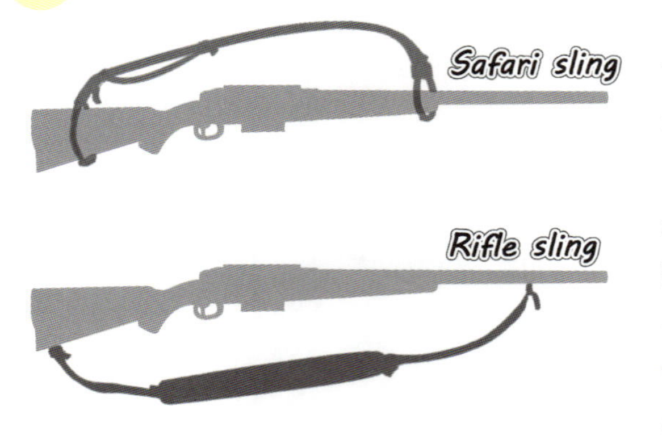

渉猟をするためライフル銃には**負革（スリング）**を取り付けます。

スリングにはいくつかの種類がありますが、狩猟用のライフル銃には**ライフルスリング**や**サファリスリング**と呼ばれるタイプが良く使用されます。

なお、散弾銃も持ち運びがしやすいようにスリングを装着しますが、素早い動きが必要とされる鳥猟では外しておく事が一般的です。

④大雪原へ

ライフル猟といえば北海道のエゾジカハンティングのように、フィールドサインが確実にわかる雪上と相性が良い狩猟スタイルです。雪上で狩猟をする場合は、スキーやかんじき、アイゼン、スノーモービルなどの雪山装備が必要になります。

また、靴には**脚絆**（きゃはん）（ゲートル）を巻いて雪の侵入を防ぎましょう。靴下が濡れて保温効果が失われると急速に体温が奪われて足の指が凍傷を起こします。替えの靴下も準備しておき、濡れたらすぐに交換するようにしましょう。雪山は足元の冷えが厳しいため使い捨てカイロを靴に張っておくと楽になります。

3.ロングレンジスナイピング

ライフル猟の核心は一撃必中の**遠距離射撃（ロングレンジスナイピング）**を決める事です。狙いが外れた場合、獲物は銃声に驚いてすぐさま走りだすため、2射目、3射目は基本的に無いと考えましょう。

なお、散弾銃のスラグ弾でも遠距離射撃ができないわけではありません。この場合は、弾の径が大きくなるほど空気抵抗は大きくなるため、12番よりも20番口径の散弾銃の方が精密射撃に向きます。散弾銃の種類は上下二連や自動銃よりもスラッグ専用散弾銃『ボルトアクション式ミロクMSS-20』がおすすめです。

①探索

獲物を発見する方法は車や徒歩で山道を移動しながら獲物を探す流し猟のスタイルと、見晴らしの良い山頂付近から獲物を探す探索猟のスタイルがあります。どちらの方法でも**双眼鏡**を覗きながら遠くの獲物を探す必要があります。

しかし広大な山の中から獲物を探し出すのは簡単な話ではありません。天然の迷彩服に身を包んだ動物を、生い茂った木々の隙間から見つけ出すのはベテランの猟師ですら難しい事です。

そこで近年よく使用されるのが**サーマルビジョン**です。サーマルビジョンは物体から放射される赤外線の強弱をボロメーターと呼ばれるセンサーで読み取り、その信号をディスプレイに表示する電子機器です。

冬山では動物の体温が最も高い場所なので、このサーマルビジョンを使用すれば獲物を簡単に発見する事ができます。非常に高価な製品でしたが、近年手頃な物も発売されています。

②観測

獲物を発見したら**レンジファインダー**を使用して距離を測定します。時速900kmで飛翔するライフル弾は直進をするように思えますが実際は弾に重力がかかるので、発射直後から毎秒9.8mという速度で落下を始めます。よって遠くの獲物を狙うときは銃口を上に向けて弾が孤を描くように発射しなければなりません。そこで射撃に入る前にどのくらい上を狙うかを調べるために、レンジファインダーを使ってターゲットまでの正確な距離を調べます。

弾がどのくらいのスピードで打ち出され、どれくらいの空気抵抗を受けるかはライフルカートリッジによって変わるため、メーカーから提供される弾道特性表**（バリスティックチャート）**を使って弾道計算を行います。

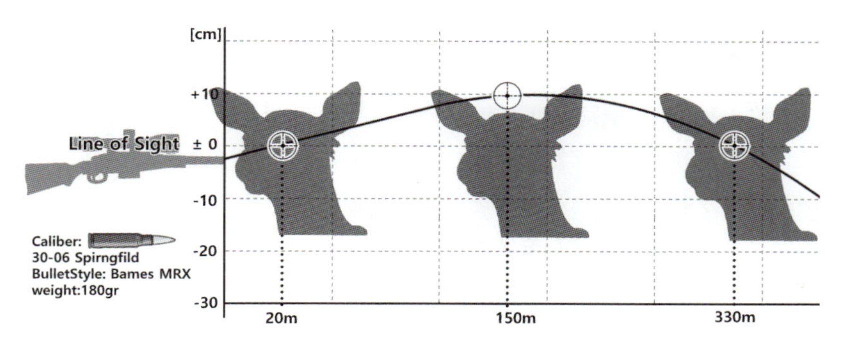

なお、風も弾道に大きく影響を与えるので**風速計**も用意しておきます。厳密には気温や自転の慣性力（コリオリ力）も弾道に影響を与えますが、300m以下の射撃においては照準に補正をかけるほどの影響はありません。

③射撃姿勢

距離と風速を測定して照準の修正ポイントを割りだしたら、射撃姿勢を決めます。

散弾銃の射撃は体のひねりを使って銃をスイングさせながら撃つため、立って撃つ**立射（スタンディング）**がほとんどです。しかしライフル射撃では銃をより確実に安定させるために様々な射撃姿勢が取られます。

まず、最も安定する射撃姿勢が**伏射（ふくしゃ）（プローン）**です。伏射は腹から下を地面に付けるため体重による体のブレが起こらず命中精度の高い射撃が可能です。ただし、猟場では地面の凹凸や草が邪魔になるため射撃体勢が取れるシチュエーションは限定されます。

伏射では銃をより安定させるために**フィールドポッド**と呼ばれる道具を取りつける事があり、一つ足の物を**モノポッド**、二つ足の物を**バイポット**と呼びます。

伏射にはうつ伏せと**仰臥位（ぎょうがい）（スパイン）**の姿勢があります。

仰臥位は足で銃を支える事ができるためポッドがなくても銃を安定させることができ、射撃競技の黎明期から存在する歴史のある射撃姿勢です。急斜面から撃ち下ろす場合はこの姿勢が最も安定します。

猟場において最も一般的な姿勢が**座射（シッティング）**です。

座り撃ちには足を広げる姿勢と、胡坐をかくような姿勢の2種類があります。どちらのスタイルも安定性には違いは無く、射手の好みに応じて使い分けられます。

座射では銃をより安定させるために**三脚（トリポッド）**を使用する場合があります。三脚を持ち歩かない場合でも、木の股や岩の上に銃の先端を乗せる事でより安定した射撃を行う事ができます。

Kneeling position

膝射（しっしゃ）（ニーリング）という射撃姿勢では立てた膝の上に腕を置くだけなので、素早く姿勢を整えることができます。ただし足の震えが腕に伝わるため座り撃ちよりも精度は落ちます。獲物と急に出会った場合の緊急的な射撃姿勢としては非常に有用です。

④トリガー

射撃姿勢が定まったら、いよいよ**引き金（トリガー）**に指をかけます。

トリガーを引く一瞬はあなたの持っている全ての射撃技術が集約される瞬間であり、約0.01秒後にはその結果がスコープの中に映し出されます。

弾はトリガーが引かれた瞬間に発射されるのではなく時間差を生じます。

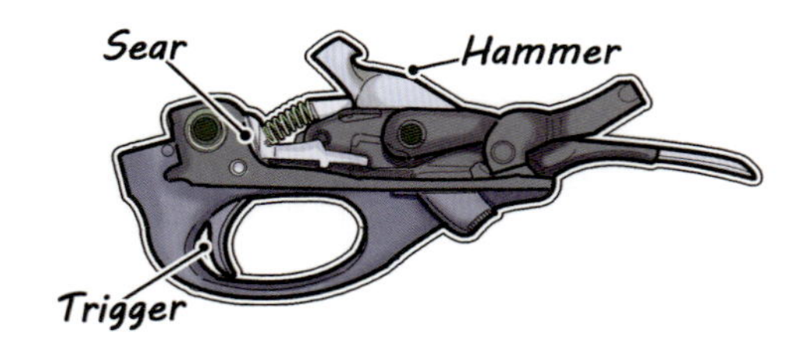

例えば、半自動式、ポンプ式の激発は、次のような流れで行われます。

①トリガーが引かれると、噛みあっている**逆鉤**（げきこう）**（シアー）**が押されてわずかに浮き上がる。
②シアーは**撃鉄（ハンマー）**と噛みあっており、浮き上がる事によってハンマーとの噛みあいが外れる。
③ハンマーは押しばねでエネルギーが蓄えられた状態（コック）になっており、噛みあいがはずれると前方に跳ね上がる。
④跳ね上がったハンマーは前方の**撃針（ファアリングピン）**を叩く。
⑤撃針は前方に設置されたカートリッジの雷管を叩いて発火させる。

この①～⑤の工程はわずか0.01秒程度ですが、この間獲物が照準から10cmでも動けば急所を外す事になります。獲物がゆっくりと動いている場合は、このタイムラグも考慮して照準を決めなければなりません。

ライフル銃の引き金をロボットが引くとしたら、必ず全ての弾は照準通りに着弾します。しかし人間の場合は全く同じ姿勢・環境下であっても、生理的な理由によって照準がブレてしまいます。

ライフル銃の射撃は非常に強い**反動（リコイル）**が生じるため、撃った瞬間に体が後ろに倒れそうになります。この強い反動を記憶している体は引き金が引かれる瞬間に体重を前に移動させ衝撃に備える防御姿勢を『無意識的』にとってしまいます。すると体が前方に倒れるため照準が大きくズレる原因になります。

一見するとそれほど大きなズレが起こるようには思えませんが、もし照準が0.01度でも狂うと100m先では着弾点に1mの違いが出てしまい、標的には全く当たりません。このような現象は**ガク引き（スナッチング）**と呼ばれ、物が急に飛んできた時に目をつむるような生理的な反射なので意識的に止める事はできません。

唯一ガク引きを抑える方法は、「銃を撃つ」という意識を完全に消失させることです。スナイパーの世界が『自分との闘い』と表現されるのも、一つにこの精神コントロールが非常に重要であるためです。

射撃競技を始めたばかりのシューターは良い成績を残しやすいと言う、いわゆる『ビギナーズラック』と呼ばれる現象がありますが、この理由はまだ射撃に体が馴れていないためガク引きが起こらずに自然体な射撃ができるからだと言われています。もちろん経験を積むごとに体は無意識的な防御反応を取るようになるので、次第に当たりづらくなっていきます。

4.ゼロイン

綿密な環境の測定、安定した姿勢、そして磨かれた精神によって成功する遠距離狙撃ですが、使用する照準器にズレが生じていたら元も子もありません。そこで照準器は定期的に調整する必要があります。

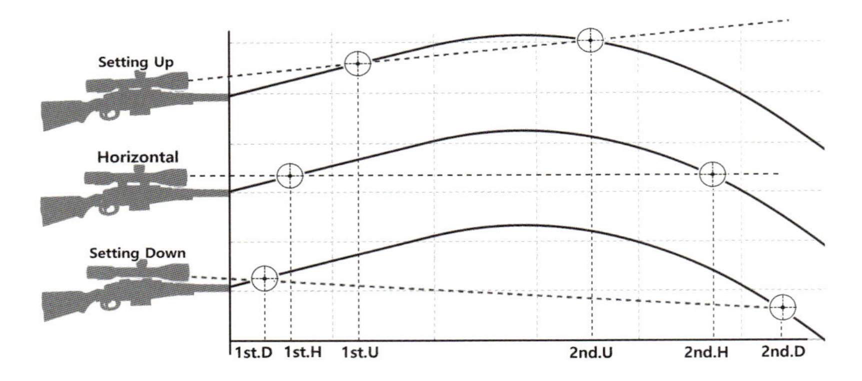

ライフル弾は弧を描くように撃ち出すため、弾道はスコープの中心を2回通ることになります。この照準と弾道の交点は**ゼロイン**と呼ばれ、照準器を上げると第1ゼロインは遠くに、第2ゼロインは近くに調整する事ができます。逆に照準器を下げると第1ゼロインは近くに、第2ゼロインは遠くに調整されます。

ゼロインを何メートルに設定するかには決まりはありませんが、国内で照準器の調整のための射撃ができる場所はライフル射撃場しかないため、50m、100m、150m、300mに限られます。

ゼロイン調整は、まず設定したい距離の標的台に**標紙**を張ります。

標紙はどのような物でもかまいませんが、一般的には射撃場にて1枚200円程度で販売されている物を使用します。

射台に付いたら**ガンレスト**と呼ばれるバイス台に挟んで、銃がぶれないようにしっかりと固定します。準備が完了したら、スコープの中心を標的の中心に合わせて引き金を引きます。

ゼロイン調整は射撃競技ではないので、体のブレで照準が狂わないように、なるべく銃に触れてはいけません。

なお、ライフル射撃場は風の影響を抑えるために塹壕のような構造になっており、発射音が激しく反響します。クレー射撃場とは比較にならないほどの轟音なので、イヤーマフは必ず装備しておきましょう。

数発撃ったら、照準器よりも倍率が高い**スポットスコープ**を覗いて弾痕の集まり具合（**グルーピング**）を確認します。正確に弾痕が中心に集まっているようであればゼロイン調整終了です。

どちらかにズレがある場合はスコープのネジを回して高さを調整します。

スコープの仕様によって異なりますが、『1目盛り○インチ上げ・下げ・左・右』が決まっており、スポットで覗いた弾痕の様子を見ながら4方向に修正します。

2，3セット繰り返して中心に弾痕が集まるように調整します。もし弾痕が収束しないようであればスコープ以外の問題を考えなければなりません。ガンレストと台の締め付けが問題ないようであれば、銃が故障している可能性もあるので銃砲店へ相談しましょう。

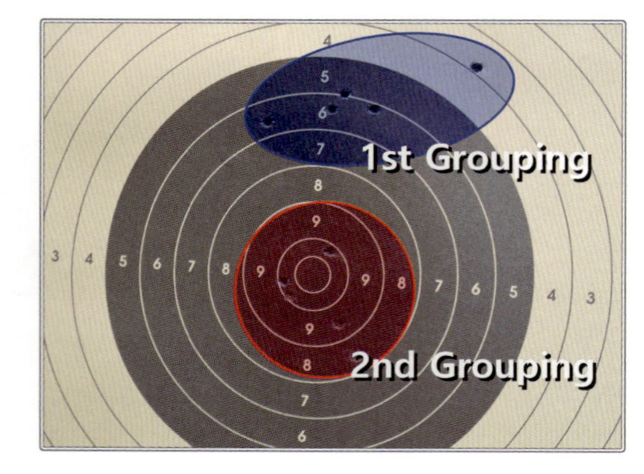

5.ビームライフル

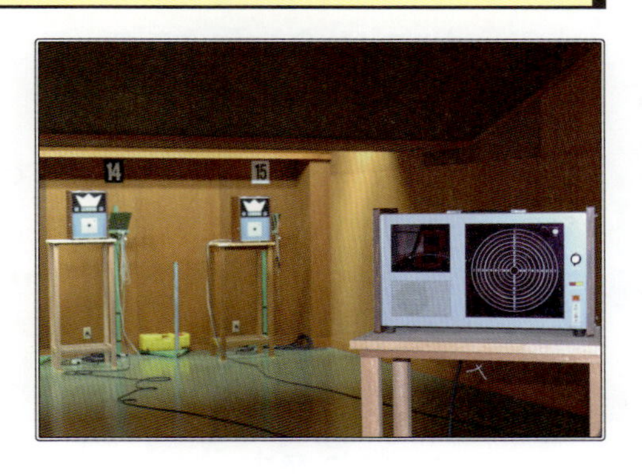

映画や漫画の話だと思っていたスナイパーの世界は、ライフル銃を所持するだけで誰でもその門戸をくぐる事ができます。

しかしライフル銃の所持には、まず散弾銃を所持する事から始まり、そこから10年も待たなければなりません。

「もっと気軽にスナイパー気分を体験してみたい！」

そのようなご要望にお応えするのが**ビームライフル射撃**です。これはライフル銃を模した光線銃を使った射撃競技で、実弾を発射しないため所持許可や資格は必要ありません。競技内容はエアライフル競技とほぼ同様で10m先の的を狙って引き金を引き、ビームの着弾結果は前面のモニターに表示されます。

玩具と思われがちのビームライフル銃ですが、造りはかなりしっかりしており実際のライフル銃とほぼ同じ重さで、1時間プレイで200円程度とリーズナブルです。また、小さい子供用の銃を備えている射撃場もあるため家族連れでも楽しめます。もしかするとこの英才教育で、あなたのお子様は将来『伝説のスナイパー』と呼ばれる存在になるかもしれません。

ライフル銃を知ろう！

ライフル銃がどのような銃器かご存知ですか？ ライフル銃は散弾銃のような汎用性も、エアライフル銃のような隠密性もありません。ただひとつ、ライフル銃が進化の過程で極め続けたのが、『いかに正確に命中させるか』という精密性です。

1.ライフル銃の歴史

ライフル銃は、ライフリングと呼ばれる銃身内に弾丸を回転させるためのらせん状の溝が掘られた銃の総称です。ただし、拳銃や長距離砲などにもライフリングが彫られている銃があるため、定義としては少々あいまいです。

①ミニエー銃

ライフル銃の歴史を紐解いた時、最初に登場するのが**ミニエー銃**です。これは1849年にフランスの軍人ミニエー大尉によって発明された**前装式マスケット銃**で、従来のマスケット銃と比較して射程距離が5倍以上も長くなる銃器でした。

「発射時に弾を銃身の溝に噛ませて回転を与える」というライフリングの原理自体は15世紀の終わりごろには既に知られていましたが、銃口から弾を詰めるマスケット銃では、溝に密着するような径のベアリング弾を詰めるのは非常に骨の折れる作業だったため、とても実用性のある銃器とは言えませんでした。

この弾丸の問題をミニエー銃ではドングリ型の弾丸を使用する事で解決しました。この形状は従来の球状よりも銃口から詰めやすく、かつ火薬の爆発力で弾丸後部が膨らみ銃身の溝に密着してスムーズに回転させることができました。現在一般的に『弾丸状』と呼ばれる形状は、この**ミニエー弾**から誕生しました。

②ライフル銃の誕生

ライフリングの実用性が証明されるとその研究は、緊迫するヨーロッパ情勢と共に加速され、プロイセン王国が開発していた雷管式の**ドライゼ銃**と組み合わさる事で近代的なボルトアクション式ライフル銃へと進化しました。

ライフル銃の進歩は戦争の歴史と共に歩んでいきます。そのためライフル銃（小銃）は、正確かつ大量に弾をばらまき、より多くの敵兵を『負傷させる』ことを目的として進化していきます。この進化の流れは獲物を確実に死亡させなければならない狩猟の用途とは相反するため、日本では全てのライフル銃は狩猟に使用できません。ただし『例外』としてツキノワグマ、ヒグマ、ニホンジカ、イノシシといった大型獣を狩猟する場合に限り、高威力のライフル銃（俗にスナイパーライフルと呼ばれる狙撃銃）の使用が認められています。

2.ライフル弾

15世紀にはすでに発明されていたライフリングですが、当時の前装式マスケット銃では溝を切った銃身に弾を詰めることが難しかったため、お蔵入りの技術になっていました。しかし19世紀に火薬の熱で弾頭を膨張させて銃身に密着させるミニエー弾と、雷管、火薬、弾丸をワンセットにした実包（カートリッジ）が発明されたため、ライフリングの技術は銃器をさらに進化させる発明として再評価されるようになりました。すなわち、ライフル銃の主役は銃本体のライフリングではなく、その『弾』にあるのです。

①ジャイロ効果

物体に回転が加わると姿勢が安定する事は古くから知られており、紀元前1500年のエジプトではすでにその現象を応用した玩具『コマ』が誕生しています。ライフリングの原理は**ジャイロ効果**と呼ばれる物理現象で説明できますが、いうなれば『回転するコマは倒れない』現象と全く同じです。

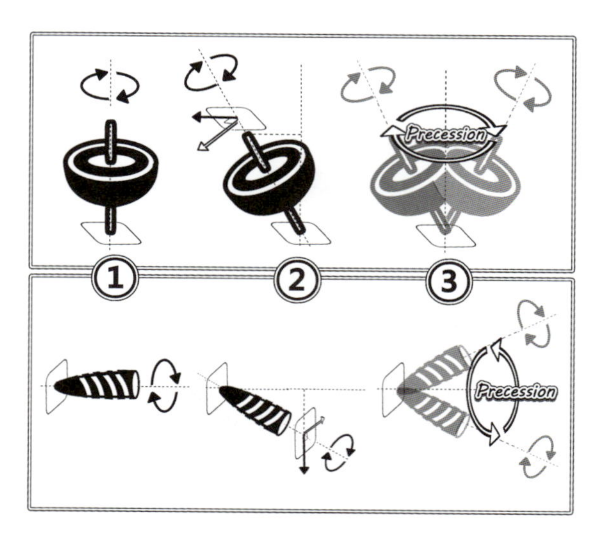

①回転中のコマは軸を変えないように回転を続ける（回転軸保存則）。
②接地面の微小な凹凸により徐々に軸が傾く。

③軸がずれるとコマは元の軸に戻ろうとする力が働き、頭部を回転させて軸を保とうとする（歳差運動）。

回転を受けたライフル弾はコマを90°横にした状態と同じで、『接地点の凹凸による抵抗⇒空気抵抗』と読み替えるだけで同じように説明ができます。

②ライフル弾の射程距離

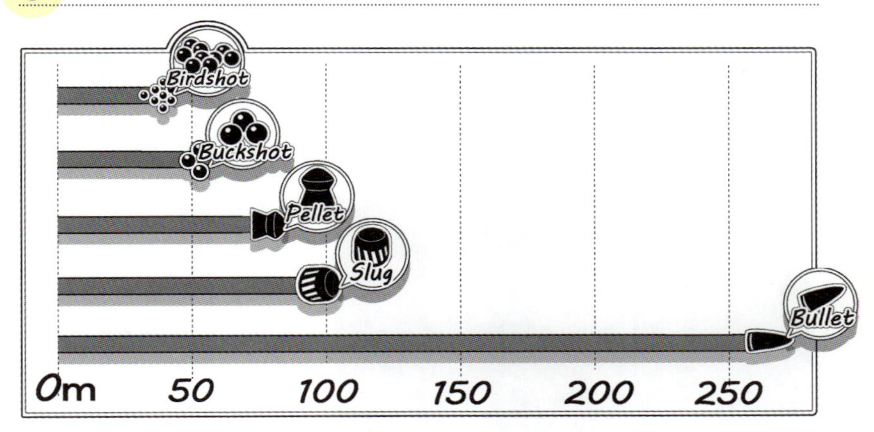

ライフル弾はより精密性を高めるために、極限まで空気抵抗をおさえた弾頭の作りになっています。よって散弾銃のスラグ弾と比べて射程距離（**有効射程**）は3倍以上長くなり、また条件によっては3km以上も滑空します。なお、ライフル弾の射程距離は弾頭の形状だけでなく、重さや火薬の量によって大きく変化します。

③弾頭

ライフル弾頭は精密性を突き詰める進化の中で、空気抵抗を受けにくくするために小さく・軽くなっていきました。この流れは必然的に**威力（ストッピングパワー）**が低下する問題を含んでいましたが、戦場では敵兵を死亡させるよりも負傷させた方が敵兵力は減る（死亡させた場合減るのは1兵力だが、怪我をさせた場合救護で2〜3兵力割かれる）ため、兵器として見れば良い進化でした。

しかし狩猟の世界では、威力が低いという事は半矢になる確率が高まるだけなので大きな短所になります。そこで狩猟に使用されるライフル弾頭には対象に命中した際、持っていた運動エネルギーを全て衝突エネルギーに変換するように『潰れやすい』仕組みが施されています。

戦場でよく使用されている弾頭は**フルメタルジャケット弾頭**と呼ばれる真鍮でコーティングされた弾で、貫通力を高めて敵兵の死亡率を低くする工夫が施されています。対して狩猟では、この真鍮コーティングを一部（もしくは全部）剥いだ**ソフトポイント弾頭**が良く使用されます。また、より弾頭が潰れやすいように先端にくぼみを持たせた**ホローポイント弾頭**もよく使用されます。

④鉛中毒

弾頭の素材は戦場で使う弾と同じく鉛が使用されますが、狩猟では野生鳥獣に対する鉛中毒の被害が深刻化してきているため、近年は**非鉛弾**の使用が推奨されています。

野生動物の鉛中毒は狩猟で使用された鉛弾を野生動物が誤飲する事に

より発生する問題で、消化器不全や神経障害など誤飲した動物へ致命的なダメージを与えます。このような問題を防止するために弾頭は銅製や鉄製、タングステンポリマー製などへの移行が進められています。

⑤ハンドローディング

ライフル弾は、弾頭、火薬、ケース、雷管を組み合わせて自由に作る（**ハンドローディング**）事ができます。（※ただし1日に100個まで）。

ハンドローディングを行う利点は使用する銃、調整したスコープ、想定される獲物との距離などに応じて火薬の量を調整できる事です。例えばよく行く猟場は森林が多く獲物と遭遇する距離が近くなる場合、一般的に製造（**ファクトリーロード**）されたライフル弾では威力が強すぎて扱いづらい場合があります。そこで自分で火薬量を抑えた『弱装弾』を作る事で自分の狩猟スタイルに合った射撃を行う事ができます。なお、規定よりも火薬量を増やしたものは『強装弾（＋Ｐ）』と呼ばれます。

ハンドローディングをするもう一つの長所はコストが安くなる事です。ライフル弾のケースは真鍮製なので、洗浄して整形しなおすと再利用する事ができます。もちろん手間を考えると買いなおした方が安い場合もありますが、特殊なケースの場合ハンドロードをする事でコストを1/4まで下げることができます。なおプラスチックケースの散弾薬莢でもハンドローディングは可能ですが、コストはあまり変わらないうえライフル弾に比べて火薬の詰めかたが難しいため、現在ではあまりみられなくなりました。

⑥ライフル弾の薬莢

ライフル弾は弾道学を追及する上で、実に様々な**薬莢（ケース）**が開発されてきました。その種類は優に数百を超え、種類と性能をまとめただけでも何冊もの本ができ上がるほど奥深い世界です。

そこで本書では現在日本で出回っている中でもよく使用されている5種類を厳選して簡単にご紹介します。

①30-06スプリングフィールド弾薬莢

1906年にアメリカ陸軍によって開発された30口径（0.308インチ）のケースです。戦前に設計されたライフル銃の多くがこの弾を使用します。初期軍用ライフルの弾なので威力が高く猟用としては今もなお普遍的な存在です。

②30-30ウィンチェスター弾薬莢

アメリカの銃器メーカーウィンチェスター社が1895年に発売したカートリッジで、馬上で使用する騎兵銃（カービン）によく使用されていました。弾頭が軽く威力は劣りますが、高い命中精度を誇ります。

③.308ウィンチェスター弾薬莢

1952年に開発され、現在の日本では競技用、狩猟用の両方でよく使用されています。①を短縮した形状で軽量かつ同等の威力を発揮します。NATO軍に採用された事から7.62mm NATO弾とも呼ばれます。

④.243ウィンチェスター弾薬莢

③のケースサイズのままで、弾頭の口径をしぼめた（**ネックダウン**）ケースです。火薬量は変えずに弾頭を細くする事ができるため命中精度が向上します。ただし威力は落ちるので日本では主に鹿撃ちに使用されます。

⑤.300ウィンチェスターマグナム弾薬莢

①を延長して火薬を多く詰められるように改良した**マグナム**と呼ばれるケースです。高威力高反動のため軍用に使われることはありませんが、ツキノワグマ、ヒグマの狩猟用としてよく使用されています。

3.照準器

精度を極めるライフル射撃においては、銃や弾の性能以上に**照準器（サイト）**が重要になります。照準器の種類は銃身に直付けする**アイアンサイト**と、光学機器を取り付ける**オプティカルサイト**の2種類に大きくわけられます。

①オープンサイト（アイアンサイト）

アイアンサイトの中で最も一般的なのが、**オープンサイト**です。

オープンサイトは銃の手前に**照門（リアサイト）**、銃の先端に**照星（フロントサイト）**と呼ばれるパーツが付けられており、照門からターゲットをのぞき込んで照星を合わせる事で狙いを付ける事ができます。

照準器の中では最も単純な構造なので故障することはまずありません。また視野が広くとれるため、動く標的を狙うことにも向いています。ただし、正確に狙いを付けるのは難しく、遠距離射撃には向いていません。

ライフル銃というよりも拳銃の照準器としてのイメージが強いオープンサイトですが、日本の山野はどこも高低差が激しく獲物と出会う距離は近くなるため、すぐに構えて狙いを付けられるこのサイトが意外と使い勝手が良かったりします。

②ピープサイト（アイアンサイト）

ピープサイトは照門がリング状になっているサイトです。

人間の目は円状の物を覗きこむ（ピープ）と、自然に円の中心に視点が移動する特性をもっているため照準が付けやすくなります。

中距離射撃を行う軍用ライフル（アサルトライフル）によく取り付けられています。

③ゴーストリングサイト（アイアンサイト）

ゴーストリングサイトはピープサイトの照門の円を大きくしたサイトで、ピープサイトに比べて照準の正確性は下がりますが、視野が広くなるため近距離射撃において効果を発揮します。

照星に焦点を合わせると、照門の円（リング）が幽霊（ゴースト）のようにぼやけて見えるためこのような名前が付けられました。

④マイクロサイト（アイアンサイト）

マイクロサイトはゴーストリングサイトとは逆にピープサイトの照門を小さくしたサイトです。照星と獲物の両方に焦点を合わせる事ができるため、より精密な射撃を行う事ができます。

人間の目は小さな穴を覗くと、目に入って来る光の量（情報量）が減少します。すると網膜に映る物体の像が重ならなくなるため、近くの物と遠くの物の両方を一緒に視認する事ができるようになります。この原理は目を細めると遠くの物が見えやすくなる原理と同じです。

マイクロサイトは目に入る光が減るため視界が暗く、視野が極端に狭くなるため狩猟用としては実用性に欠けます。しかし狙いは格段に付けやすくなるため競技用のエアライフル銃には良く使用されています。

ピープサイト、ゴーストリングサイト、マイクロサイト等、照門がリング状になっているサイトは総称して**アパーチャーサイト**と呼ばれます。

⑤テレスコープサイト（オプティカルサイト）

テレスコープサイトは標的を拡大する機能を持つサイトで、単にスコープと呼ばれます。

スコープの原理は望遠鏡などと同じで対物レンズと接眼レンズによる光の屈折を利用して標的を拡大視する事ができます。またスコープのレンズには**レティクル**と呼ばれる十字やT字の線が入っており、照準を付ける際の印になります。

ライフル銃の照準器ではもっともメジャーなタイプですが、狩猟において必ずしも有用であるかはわかりません。例えば、高低差のある山の中で獲物を追いかける場合、スコープは草木に引っかかりやすく移動の邪魔になります。またスコープは平面視なので立体視が必要になる動きの速い標的には不向きです。高倍率のスコープを取り付けても、日本の里山では獲物との距離が近くなるためオープンサイトのほうが格段に狙いが付けやすかったりします。

よってスコープは必ず猟場の事を考慮して取り付けましょう。なお、北海道以外の猟場では2倍率程度のスコープが良く使用されています。

⑥ドットサイト（オプティカルサイト）

ドットサイトは内部のレンズに照準となる光点を浮かび上がらせるサイトです。

照門、照星を合わせなければならないアイアンサイトとは異なり、ドットサイトの光点は常に射線をさしているため、光点が獲物と重なった瞬間に引き金を引くことができます。

正確かつ高速に射撃ができる事や、視界が広く動いている対象を狙いやすいため、散弾銃に搭載する事もあるサイトです。近年ではソフトエアガン用のレプリカ品も出回っていますが、耐ショック性に難があるのでおすすめはできません。

似た性質のサイトに**ホロサイト**があります。これはレンズにLED等から出る光を写すドットサイトとは違い、レーザー光で前方の像（ホログラム）を映し出すサイトです。ドットサイトに比べレンズの傷や汚れに強いという長所がありますが、かなり高価な品なので狩猟用にはややオーバースペックです。

⑦レーザーサイト（オプティカルサイト）

レーザーサイトは高出力のレーザー光を標的に照射して照準を得るサイトです。

ドットサイトに似たイメージがありますが、ドットサイトは内部に光点を作るだけで対象に照射はしません。

レーザーサイトは照準器を覗く必要がないためどのような姿勢からでも射撃が可能です。しかし不安定な姿勢で射撃を行う事は禁止されているため狩猟に適しているというわけではありません。

レーザーサイトはライフル銃よりも、散弾銃やエアライフル銃の補助的なサイトとして、しばしば利用され、薄暗い谷合やうっそうとした森など、照準が付けにくい場所で効果を発揮します。

日本国内において強力なレーザー光を発する物は販売されていませんが、個人的に海外から輸入する事はできます。高威力のレーザーは失明の危険性もあるため取り扱いは十分に注意しましょう。

4. ライフル銃の種類

あなたが初めてライフル銃を購入しに銃砲店を訪れた時、すでにあなたはその店の常連になっているはずです。

初めて散弾銃を所持してから10年、長年お世話になった店長さんは、今日もいつものように美味しいコーヒーをいれてくれるでしょう。

コーヒーをすすりながら、店を訪れた顔なじみの常連さんと今年の予定について話を咲かせます。常連さんに念願だったエゾシカ猟に行く事を伝えると、「遂に聖地へ行く日が来たんだな！」と共に喜んでくれることでしょう。

ライフル銃の種類は大きく3種類です。もちろんライフル銃を購入するころには、ここで説明する内容以上の知識はすでにご存じのはずです。

しかし、もしあなたがこれから狩猟を始めようとする人なのであれば、10年後に手にするライフル銃の事を今から知っておいても無駄ではありません。

①ボルトアクション式

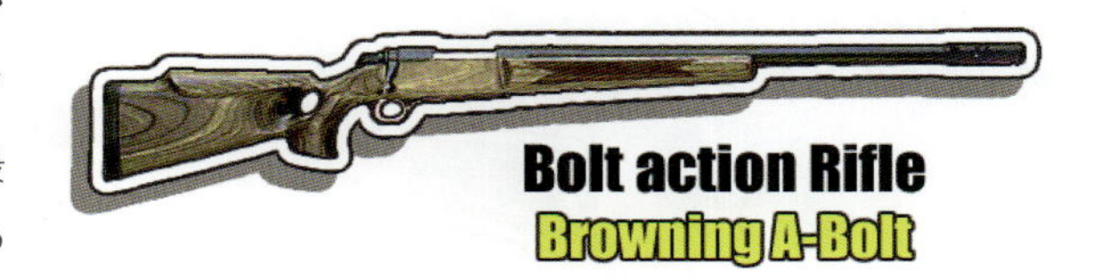

ボルトアクション式は、最古のライフル銃でありながら、最高の精密性を持つタイプです。

構造

遊底に取りつけられているハンドルを握り、後方へスライドさせる事で薬室を開放します。同様に弾を込め前方にスライドさせる事で閉鎖します。

長所

銃底と先台が固定されており分離する事ができません。そのため発射時にパーツ間のガタつきがおきないため極めて精度の高い射撃を行う事ができます。またシンプルな構造で故障が少なく高い耐久性を持ちます。

ボルトアクション式はスラッグ専用の散弾銃にも使用されており、普通の散弾銃に比べて高い命中精度を誇ります。大物猟を主体に行うのであれば、このタイプがおすすめです。

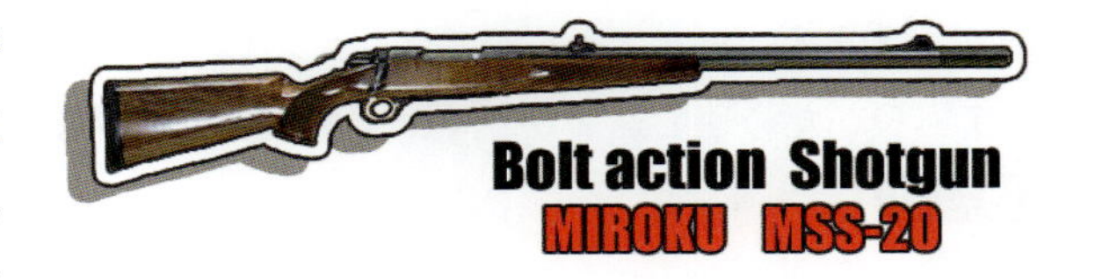

注意点

射撃毎に手動で薬室を開放・閉鎖しなければならないため連射力に劣ります。またグリップから手を離してボルトを操作するため狙いがブレます。

しかしライフル猟はそもそも連射するような場面が少ないため、結果的に短所は目立たず狩猟に最適なライフル銃と言えます。

②レバーアクション式

レバーアクション式はボルトアクション式の連射性を向上させたタイプです。この銃を選んだ人は大の西部劇ファンで間違いないでしょう。

構造

グリップを握る際、用心がねに付いているレバーに中指、薬指、小指を通しておき、発射後にレバーを押し下げて薬室を開放します。続いてレバーを引き上げて次弾を装填します。

長所

ボルトアクション式と同様に堅牢な作りで故障が少なく、精度の良い射撃が行えます。また、ボルトアクション式と違いグリップから手を離さなくても良いため連射速度が速く、照準のブレも少なくなります。

注意点

レバーを押し下げる、もしくは押し上げる力が弱いと薬莢がかみ合い閉鎖不良（ジャム）が起きる事があります。

この方式はオートマチックライフル銃の登場で兵器として使われることはなくなり、またボルトアクション式よりも動作の安定性に難があったため、狩猟に使用されることもほとんどなくなりました。

余談

しかしこのレバーアクション式は西部劇によく登場するスタイルで、巧みにレバーを操作する姿は凄腕ガンマンのようでかっこ良く、映画の中で見たあの銃を実際にこの手で扱える事はロマンです。

もし、あなたがこのレバーアクション式を手に取った時、多くの人は呆れたまなざしを向ける事でしょう。しかし狩猟はあくまでも趣味の世界です。周囲に迷惑をかけないのであればロマンを追いかける事は何も悪い事ではありません。

③セミオートマチック式

セミオートマチック式は自動で排莢、装填を行う方式です。

構造

散弾銃とほぼ同じで、ガス圧を利用した装填方式と、反動を利用した方式の2種類が存在します。詳細は散弾銃の項目をご確認ください。

長所

装弾数の上限が散弾銃は２発（＋薬室に1発）だったのに対し、ライフル銃は5発（＋薬室に1発）まで装填可能です。着脱式の弾倉（ボックスマガジン）が採用さている銃は取り替えるだけで装填が完了するため、すばやく連射することができます。

注意点

散弾銃においては初心者から上級者までお勧めできるセミオートマチック式ですが、ライフル銃に限っては少し問題があり、散弾とは異なり滑空距離の長いライフル弾を連発することは流れ弾を発生させる危険性が高まります。

余談

ライフル銃には**騎兵銃（カービン）**と呼ばれるタイプがあります。このタイプは、もともと馬上で取り回しが良いように軽量かつ短銃身長に作られており、射程が短いカービン弾が使用されます。よってカービン銃は山野を歩き回る勢子用のライフル銃としてよく使用されています。

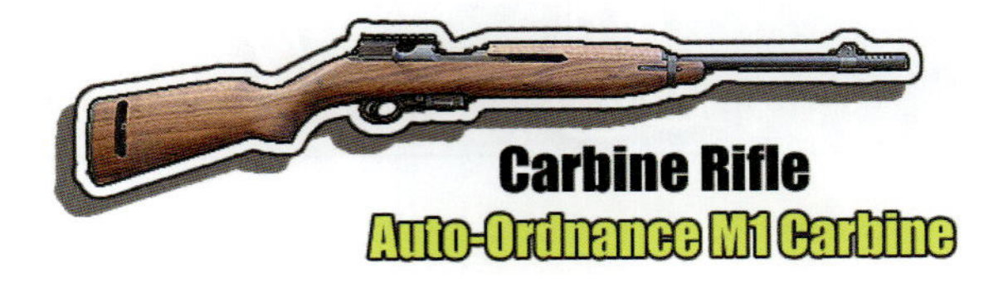

日本文化を代表する動物を知ろう！

稲作が国家の屋台骨となった弥生時代以降、食糧を確保する目的での狩猟は次第に重要性を失っていきました。しかしそのような中でも鹿と熊は日本文化に深くかかわる動物として別格の扱いを受けていました。

1.ホンシュウジカ（ニホンジカ）

太古の時代、日本では山から獲られる2種類の動物を「ゐ」と「か」と呼んでおり、時代が進むと食肉の意味を持つ「しし（宍）」という言葉が合わさり、前者は「ゐのしし」、後者は「かのしし」になりました。**ニホンジカ**はイノシシと共に古くから恵みの象徴だったのです。

①その日本文化

ニホンジカはその名の通り北海道から沖縄まで日本国内に広く生息しているシカ科の動物ですが、意外にも日本の固有種というわけではありません。学名に付いている“nippon”という単語も、「学名を付けた学者が日本で見かけたから」という単純な理由で特別な意味はなく、北はロシアのウラジオストック周辺から南はベトナム北部まで広く分布しています。

このように東アジア各地で見られるニホンジカですが、文化的価値から見るとやはり日本文化に最もなじみが深く、英語でも“Sika”と呼ばれます。

ニホンジカが日本文化に重要な役割を持っていたことを示す文献として有名なのが、奈良時代に書かれた万葉集のこの一篇です。

―万葉集巻十六　乞食者詠二首－
・・・(前略) 足引乃　此片山尓　二立　伊智比何本尓　梓弓　八多婆佐弥　比米加夫良　八多婆左弥　完待跡　吾居時尓　佐男鹿乃　来立嘆久　頓尓　吾可死　王尓　吾仕牟　吾角者　御笠乃波夜詩　吾耳者　御墨坩　吾目良波　真墨乃鏡　吾爪者　御弓之弓波受　吾毛等者　御筆波夜斯　吾皮者　御箱皮尓　吾完者　御奈麻須 波夜志　吾伎毛母　御奈麻須波夜之　吾美義波　御塩乃波夜之　耆矣奴　吾身一尓　七重花佐久　八重花生跡　白賞尼　白賞尼

(要約) ―旅芸人の唄―
初夏のある日、盛大に催された薬猟（鹿の若角を獲る行事）で私は弓を引き絞り鹿が通るのを待ち構えていると、1匹の老いたオス鹿がやって来てこう言いました。「どうぞ私を殺してください。私の角は笠の材料に、私の耳は墨壺に、私の目は透き通る鏡に、私の爪は弓弭(ゆはず)に、私の毛は筆先に、私の皮は箱の皮張りに、私の肉と肝は膾に、私の胃袋は塩漬けに、老いぼれたこの身でこれほどの品物ができるのであれば、私は喜んでこの命を捧げましょう。

万葉集にも詠われているように、1頭のニホンジカがもたらす恵みは肉だけでなく、膠、角、内臓と全ての部位が利用されており、特にしなやかで丈夫なニホンジカのなめし革は、鎧、馬鞍、弓などの武具を作るうえで欠かせない素材でした。また、なめし革は武具や生活道具に使用される白革だけではなく、紫革、緋革(あけがわ)、纐革(ゆはたがわ)、洗革(あらいがわ)など様々な色に染められ美術工芸品にも多く利用されていました。

②その稲作文化

縄文時代以前の氏族社会において一族の苗字にあたる象徴（トーテム）には、多産や繁栄を意味するイノシシがよく使用されていました。しかし弥生時代以降、日本に稲作を中心とした文化が芽生えると、それまで見られなかったニホンジカをトーテムとする氏族が増えてきました。

これは季節によって伸びるニホンジカの角が稲の豊作を連想させる姿だったからだとされており、稲作に必要な暦を管理していた皇室のまわりにはニホンジカをトーテムとしていた氏族が多く存在しました。その代表的な藤原氏を祀る春日大社・奈良公園では、現在でもニホンジカが神鹿(しんろく)として特別な扱いを受けています。

③その被害

ニホンジカを語るうえで外せないのが林業被害です。ニホンジカは草食性の動物で主にクマザサやスズタケなどのササ類を捕食します。しかしニホンジカの食性は生息地の植生によって大きく異なり、冬季にエサとなる植物が少ない場所ではスギや

ヒノキの皮を捕食するため林業に壊滅的な被害をもたらします。またニホンジカは林業被害だけではなく、近年は農業被害もイノシシを上回っており、水稲や大豆、白菜、大根などへ深刻な食害を与えています。

④その個体数管理

農林業被害防止のために積極的な狩猟と駆除活動が求められていますが、ニホンジカは歴史的に見て非常に増減の激しい動物として知られています。

1895年（明治28年）に日本で初めて制定された狩猟に関する法律では、それまで一年中狩れたニホンジカに猟期（10/15～3/15）と1歳以下の捕獲禁止が定められました。その3年後にオスジカの猟期（12/1～9/30)、メスジカの猟期（7/16～9/30）へと大幅に緩和されますが1918年（大正7年）の改正では12/10～2/末に再び縮小、1947年（昭和22年）の改正ではメスが狩猟禁止となり、現在ではメス狩猟禁止の規制は外され都道府県によって猟期が延長されるなど大幅な緩和方針になっています。

このように狩猟規制が目まぐるしく変化している理由は、ニホンジカの繁殖能力が高いことと、環境収容力に達した時に大量の餓死（個体群崩壊）が発生しやすいためであり、従来の調査管理手法ではニホンジカの個体数を適正値に維持できていないことを示しています。日本人がこれからも長く安定してその恵みを享受できるように、適切なニホンジカの保護管理方法の確立が求められています。

2. エゾシカ（ニホンジカ）

現在、北海道で爆発的に増加して、深刻な農林業被害を出している**エゾシカ**。その駆除事業に多額の血税が投じられている一方で、『大地の恵み』として見直そうという取り組みも進められています。

①その亜種

日本国内には、北海道のエゾシカ（約120kg）、本州のホンシュウジカとキュウシュウジカ(約85kg)、対馬、屋久島、馬毛島（まげしま）のツシマジカ、ヤクシカ、マゲシカ（約40kg）、そして沖縄慶良間諸島のケラマジカ（約30kg）が生息しています。体重だけで比べると全く異なる種に見えますが実はすべて同じニホンジカであり、遺伝子的には亜種レベルの違いしかありません。このように同じ種類の動物でも寒い地域に住むほど体が大きくなる傾向は**ベルクマンの法則**と呼ばれます。

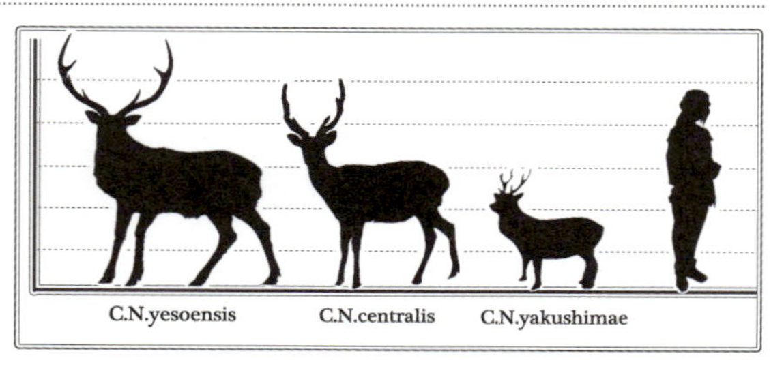

②その地域文化

19世紀後半の北海道開拓時代においてエゾジカは重要な食糧資源として盛んに狩猟されていましたが、度重なる個体群崩壊や農作物の品種改良により食糧自給率が改善したことで、徐々にその重要性を失っていきました。しかし現在、エゾジカは再び北海道の重要な資源として注目を浴びるようになってきました。

北海道西興部村のNPO法人西興部猟区管理協会では、エゾジカを地域の資源として利活用する取り組みを行っています。これは近年駆除されたエゾジカのほとんどが廃棄されている中、エゾジカをもう一度『大地からの恵み』として感謝しなおそうという取り組みでもあります。

またエゾジカは食糧資源のみならず、ハンティングガイドや新人ハンターのためのセミナー、自然体験教室（グリーンツーリズム）といった観光資源にも利用され、そこで得られた利益は地域環境維持などに還元されています。今後このような野生動物の保護管理と地域経済を結びつける取り組みは、持続的な地方創生の取り組みとして注目されています。

3. ニホンツキノワグマ

もしあなたがクマに対して『獰猛で凶暴な肉食獣』というイメージを持たれているとしたら、日本の豊かな森林文化を築き上げてきた**ツキノワグマ**の名誉のためにも改める必要があるでしょう。

①その生息地

ニホンツキノワグマは東アジアに広く生息するツキノワグマの固有亜種で、本州と四国の一部に生息しています。東アジアでは別亜種のアジアクロクマが中央アジアから極東地域に分布しています。

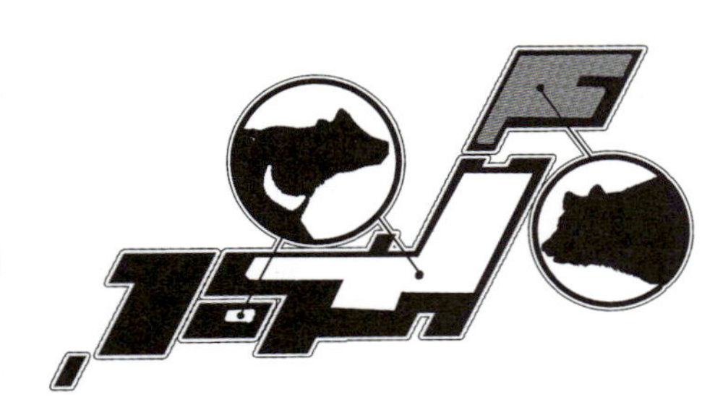

かつては九州地方にも生息していましたが、1941年以降目撃例がないことから絶滅したと考えられており、また海外では乱獲の影響で生息数が激減しています。そのようななか、比較的多くツキノワグマが生息しており、合法的に狩猟が可能な日本は非常に恵まれたクマ資源を有しているといえます。

②そのマタギ文化

ツキノワグマと切っても切れない関係にあるのがマタギ文化です。マタギは東北地方に伝わる伝統的な狩猟文化を持つ集団で、冬から春にかけての狩猟を生計の一部としていました。このマタギたちが「山の神の贈り物」として畏怖の念を抱いていたツキノワグマは、肉もさることながら毛皮、爪、牙、内臓、特に胆嚢は万病に効く生薬として金と同等の値段で取引をされ、収入源の少ない山村に大きな恵みをもたらしていました。

このようにマタギ文化にとって重要な存在であったツキノワグマは、狩猟された際『ケボカイの神事』と呼ばれる独特な祈祷で迎えられ、日本古来の自然崇拝（アニミズム）文化の一つとして現代にも継承されています。

③その森林文化

ツキノワグマは樹上のエサを取るためにケヤキやブナの枝を折り、皮をめくって木を枯らす原因を作ります。このような習性は森林を破壊するとして問題視されることがありますが、実はこのような行為は森林を維持するために重要な意味を持っています。

ケヤキやブナなどの大木となる樹木から構成される森は、やがてうっそうとした森林になります。このような大木の多い森は地面に光が届かないため、新たな植物が成長せず植生が偏った森になってしまいます。このような中でツキノワグマの枝打ち行為は森の風通しを良くし、古い木に死をもたらすことで森林の更新を高めているのです。

ツキノワグマは里山を破壊する害獣として駆除されるケースが増えてきていますが、人間の手入れが行われずに荒廃した里山にとっては『森の管理人』ともいえるツキノワグマの存在が必要だという見方もあります。人間が使用できなくなった山は自然界へ返し、野生動物との住み分けが上手く進むような取り組みが今後必要になってきます。

4. エゾヒグマ

日本国内に生息する最大の動物が北海道に生息する**エゾヒグマ**です。彼らは時として人間に多くの恵みをもたらす山の神であり、また時として人間に牙を向く猛獣でもあります。

①その大きさ

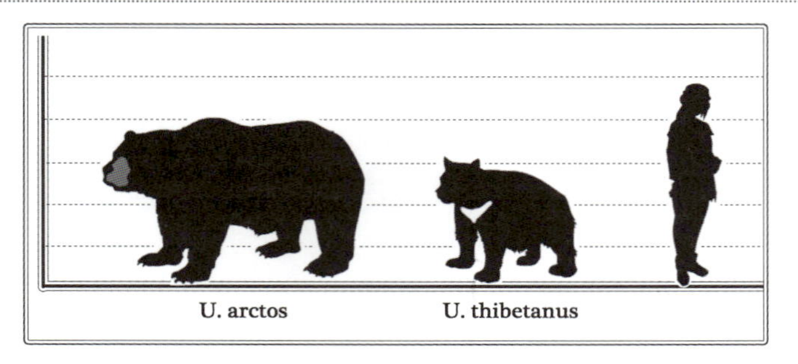

ヒグマは北アメリカ、ユーラシア大陸に広く分布するクマ科の哺乳類で、北海道に生息するエゾヒグマはヒグマの固有亜種です。体重600kgを超すコディアックヒグマや、450kgのハイイログマ（グリズリー）と比べ、エゾヒグマは体長2.3m、体重250kgと小型のヒグマですが、日本国内では群を抜いて巨大な動物です。

②そのアイヌ文化

様々な野生動物を『カムイ（神)』として祀る独特な宗教観を持つアイヌ文化の中でもとりわけ特別な存在とされていたのが、『キムンカムイ（山神)』と呼ばれるエゾヒグマです。アイヌの宗教観においてエゾヒグマは神が人間に会うために変身した姿であり、肉や毛皮は天界からもってきた人間への土産物だとされています。そのためエゾヒグマを捕獲した際には村をあげて盛大な『イオマンテ（神帰しの祭)』が行われ、再び神が人間界を訪れ豊かな恵みを届けてくれるように祈りをささげていました。このようなアイヌの宗教観は縄文文化の系譜を組むものであり、日本人の持つ独特な生命観を形作るものなのではないかと考えられています。

③その獰猛さ

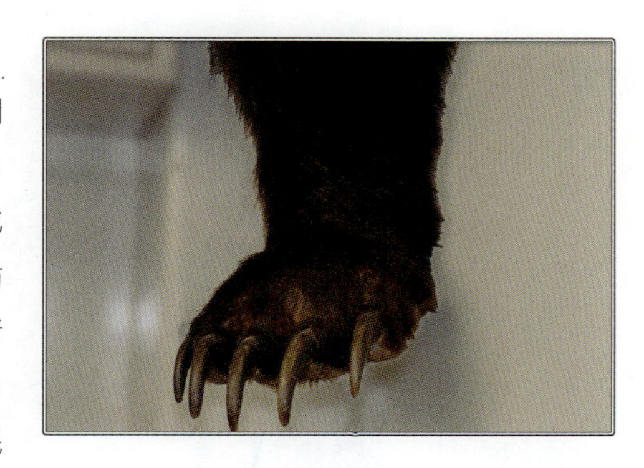

アイヌ文化において人間を殺したエゾヒグマは『ウェンカムイ（悪しき神)』の化身として、再びに人間界を訪れないようにイオマンテは行われませんでした。このように深い関係にあったアイヌ民族でも恐怖感をもっていたエゾヒグマは実際に人間を襲うこともある猛獣で、現在でも悲惨な羆（ひぐま）事故が起きています。

ただし事故の大半は人間がクマの習性を知らなかった事が原因だといわれており、もしクマと出会った場合は

①背中を向けて逃げないこと、
②クマに奪われた荷物は取り返さないこと、
③人間慣れの原因をつくる餌付けなどの行為はおこなわないこと、

の3つを必ず守るようにしましょう。また傷を受けたクマは凶暴化する事があるため、クマ猟には『必ず仕留める』熟練の技が必要とされています。

シカ料理を楽しもう！

「脂ののった」という言葉は「おいしい」を表す代名詞になっていますが、脂の力を一切借りずに『肉』本来の旨味だけでおいしい料理が作れるのは鹿肉をおいて他にはありません。

1.鹿肉

鹿肉はすべての肉食動物にとって最高のご馳走です。サバンナの肉食獣は積極的にシカ科の動物を狩りますし、400万年前にアフリカ大陸を出た人類はシカ科の動物を追って世界中に広がったと言われています。

そのような鹿肉の魅力は言葉だけで表現できるものではありません。鹿肉に犬歯を突き立てるたびに喉をうるおす肉汁は、現代人が長く忘れていた『食の喜び』という原始的な欲求を満足させる味であり、不思議と「ごちそうさま」という言葉が漏れる美味しさを秘めています。

①『臭い』のメカニズム

鹿肉はしばしば「臭い」と言われることがありますが、捕獲後速やかに冷却することで不快臭の大半を抑えることができます。

通常動物の筋肉内は無菌ですが、銃弾やナイフなどで外傷受けるとそこから雑菌が侵入します。死亡直後のニホンジカは40℃前後とまだ体温が高く細菌の繁殖を抑えることができますが、免疫機能が低下する35℃以下になると細菌は血液を媒介して増殖を始め、ものの数時間で全身に広がります。このような細菌に汚染された肉は精肉された後でも細菌の繁殖が続き、スカトールや硫化水素、アンモニアなどの不快臭を発生する臭い肉（グリーンミート）になります。

ジビエは畜産物とは違い死亡から解体までどうしても数時間のタイムラグが発生します。そこで細菌が繁殖しやすい35～20℃の温度帯を速やかに抜けるように、捕殺後すぐに獲物の体内に雪を詰めたり、川や湖に沈めたりして冷却を行います。雪や川の水で冷却することは逆に細菌を付着させるように思えますが、冷却をせずに放置しておくよりかははるかに衛生的です。もちろん、速やかに枝肉（骨付き肉）の状態まで解体できるのであれば、わざわざ冷却をする必要はありません。

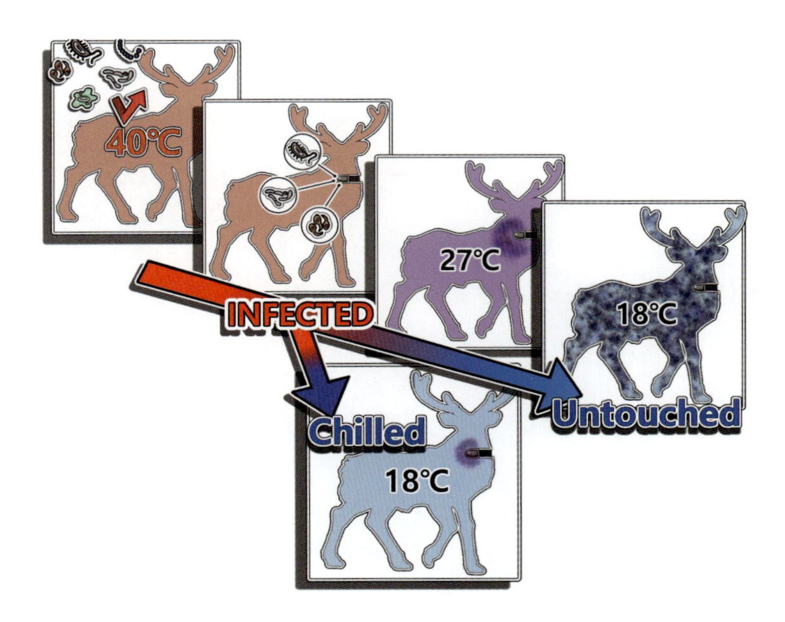

②血抜きの誤解

臭みの原因はよく**血抜き**ができていないからと言われますが、先に述べたように臭みの原因は細菌感染による腐敗であり、血液自体が臭いわけではありません。

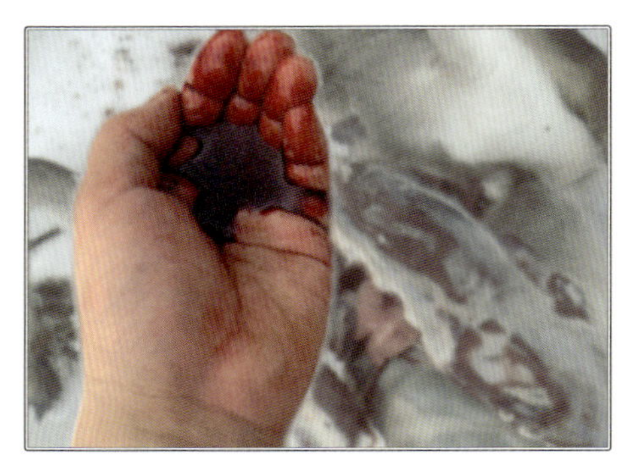

日本人にはあまり馴染みがありませんが、血はソース（シヴェ・ソース）やソーセージ（ブラッドソーセージ）などに使用される一般的な食材で、臭みはありません。特にニホンジカの血はとても甘く、牧草のような良い香りがします。

ただし血液にはブドウ糖が豊富に含まれているため、血液中の細菌は適温下（35〜20℃）で猛烈に増殖して腐敗します。すなわち血抜きは細菌の拡散を遅らせるという点で効果的であり、肉の臭みを抑える補助的な対策として有効です。もちろん、臭みを抑える根本的な対策は温度をおさえることなので、血抜きをしても冷却をしなければ意味がありません。

③野外解体

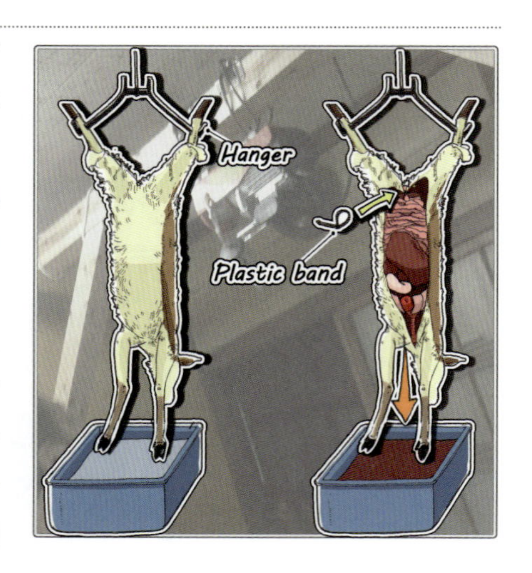

集団猟では獲物を山から担ぎ出して解体場に運搬することが一般的ですが、ライフル猟のような単独の場合はその場で**野外解体（フィールドドレッシング）**することもあります。この際、地面に寝かせて解体すると肉に泥がつくため、鋼鉄製のハンガーを後ろ足の腱と骨の間にとおして木に引っ掛けます。寝かせて解体する場合は喉から切り開

いていきますが、吊るしている場合は肛門から開いて内臓を落とします。

冬場のニホンジカは脂がほとんどないため皮を剥ぐのはイノシシよりも簡単です。野外解体ではニホンジカの皮を後ろ足から剥いでいき、半分まできたら車に端をくくり付けて引っ張ると、一気に剥ぐことができます。

単独の場合は獲物を引き上げに苦労するので、車のバッテリーで動かす**ウィンチ**を用意しておきましょう。

④ハンターシェフ

鹿肉はしばしば生食が好まれ、万葉集にも宍膾（ししなます）という名称で鹿肉を刺身で食べていた記録が残っており、また世界的にみても鹿肉のタタールステーキやルイベ、カルパッチョなどの生肉料理が見受けられるように、鹿肉の生食はとてもおいしい食べ方です。

しかし野生動物の体内には住肉胞子虫（じゅうにくほうしちゅう）、肺吸虫、旋毛虫（せんもうちゅう）（トリヒナ）などの寄生虫や、E型肝炎ウイルス、また腹部に弾が命中した場合は病原性大腸菌やサルモネラなどの細菌が付着している可能性があり、鹿肉の生食はリスクが非常に高い食べ方でもあります（詳細は厚生労働省の通知等を参照）。

生食は鹿肉本来の美味さを味わう至高の料理ですが、熱を通した安全な料理でも十分に楽しむ事ができます。ただし、生肉の旨味を保持した状態で肉を上手に焼くのは料理の腕が必要であり、ジビエの本場フランス料理界にはロティスール(ロースト職人)と呼ばれる専門家がいるほどです。

特に鹿肉は、年齢や性別、獲れた時期、生息地、冷却の速さ、血抜きのよしあしで肉質がまったく変わるため、熱の通し方も変わります。よって『その』鹿肉の最高の焼き加減がわかるのは、『その』シカを狩ったハンター本人だけなのです。

2. シカロースト　バルサミコソース

鹿肉料理のコツは『対話する』ことであり、一流のロティスールはその鹿肉が獲れた時期、性別、年齢、生息していた環境などを考慮して最適な火加減を決定するといわれます。

材料

- シカのもも肉...100g

調味料

- 赤ワイン 100cc
- バルサミコ酢...30cc
- はちみつ 大さじ2
- バター 10g

①鹿肉を冷蔵庫から取り出し、常温に戻す。
②フライパンに薄く油を引き、表面が軽いキツネ色になるまでまわしながら焼く。
③アルミホイルに包んだ鹿肉を予熱したオーブンに入れて、数分間焼く。
④オーブンから取り出し、キッチン温度計で内部の温度が75℃程度になっている事を確認したら15分ほど休ませる。
⑤鹿肉を焼いたフライパンに、赤ワインを入れて熱をかける。沸騰する寸前にバルサミコ酢、はちみつを入れて弱火で数分間煮詰める。バターを加え、ソースに照りを加えたら完成。

鹿肉をローストするうえで重要なのは、熱がムラなく通るように室温にもどしておく事と、肉が『火傷をしないように』熱を加えることとされており、肉質が毎回まったく異なる鹿肉の最適な温度と焼き時間を見極めるには、料理人の目とハンターの目の両方が必要になります。

また鹿肉は大きなブロックで調理するほど肉汁の流出が少ないのでジューシーさが増しますが、火の通し加減は格段に難しくなります。しかし、難しいからこそ鹿肉のローストは一生楽しめる料理なのです。

3. シカケバブ

ローストは確かに奥が深く面白い料理ですが、家庭ではもっと手軽に鹿肉を楽しみたいものです。それならば、調味料を変えて様々な味のバリエーションが楽しめる串焼きが一番です。

材料

- 鹿肉（部位はどこでも）
- ヨーグルト…300g

調味料

- ガーリックパウダー
- ターメリック
- はちみつ
- 塩
- 他、好みの香辛料

①シカのブロックに満遍なく塩をすり込み20分ほど置く。
②表面に浮いて来た水分を拭い5cm角ほどの大きさに切る。
③ヨーグルトに香辛料と鹿肉を入れてよく混ぜ、常温で半日以上漬け込む。
④金串に刺して魚焼き器いれて、弱火で焼いて完成。

鹿肉は脂分をまったく使わなくても肉本来の味だけで素晴らしい料理ができますが、バターやヨーグルトといった乳脂肪分と合わせるとまるで高級和牛のような味わいに変化します。

鹿肉をヨーグルトに漬けこむと乳酸菌の働きで肉が柔らかくなるだけでなく、臭みを抑える効果もあるためどのような肉質の鹿肉でも合わせることができます。

なお、生息していた環境によっては皮下脂肪が乗ったニホンジカが獲れることがありますが、シカの脂はイノシシの脂に比べて旨味が少なく、融点が高いため消化が良くありません。古くはシカの脂は食用ではなく、蝋や断熱材などに使用されていました。

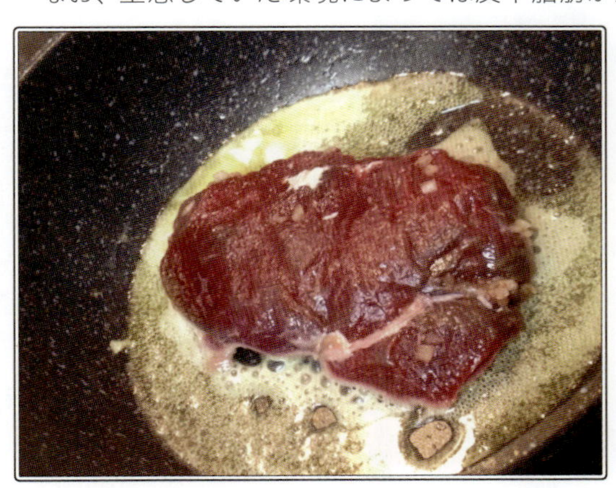

4. シカジャーキー

ロースト、串焼き、ハンバーグなど、バリエーション豊かな鹿肉料理ですが、中でもおすすめなのがジャーキーです。たかが干し肉と思われるかもしれませんが、この鹿肉ジャーキーを噛みしめた時、あなたは今まで食べてきた牛肉ジャーキーがただのプラスチック板だったと思うはずです。

材料

- 鹿肉　もも肉
- 燻製チップ（桜など）

ソミュール

- 水...........1000cc
- 岩塩.......150g
- 三温糖...75g
- ガーリックパウダー
- 黒コショウ等、お好みで

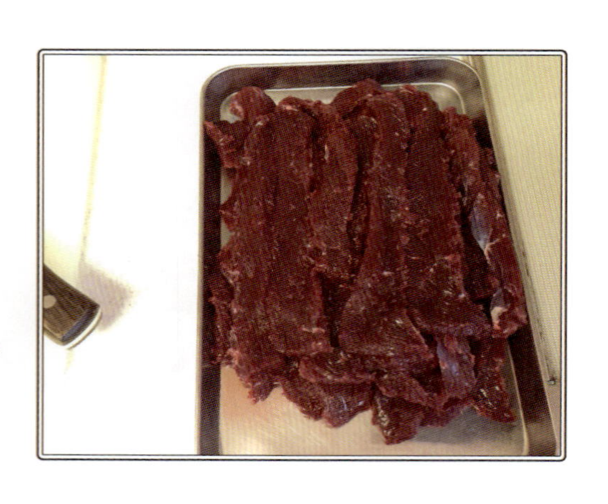

①沸騰させた水に塩、三温糖、香辛料を加えてよく溶かす。
②鹿肉を筋繊維に沿って5mmほどにスライスする。柔らかいジャーキーが好みなら筋繊維を垂直に切る。
③①に鹿肉を漬けて2昼夜冷蔵庫で漬け込む。
④①よりも少し濃度の低い塩水（迎え塩）に鹿肉を浸して3時間ほど塩抜きをする
⑤風通しの良い場所に広げて日中乾燥させる（冷蔵庫の中でも良い）。
⑥燻製器にチップを入れて3時間ほどスモークして完成。
⑦強い燻香が好みであれば、⑤から繰り返す。

鹿肉の旨味は肉汁に含まれていますが、鹿肉の細胞は変質が激しく肉汁が流れ落ちやすいため非常に料理が難しい食材です。しかし燻製は肉汁の水分を排除して旨味成分を肉内に固定する事ができるため、噛むごとに凝縮された旨味が染み出す素晴らしい料理を作ることができます。

家庭でジャーキーを作る場合一番のネックになる燻製器ですが、ダンボールと七輪で簡単に作る事ができます。チップや香辛料を変える事で無限のバリエーションを作ることができるため、あなただけのオリジナルジャーキーを作ってみましょう。

Chapter

Chapter 4

罠猟

Trapper

罠猟の世界へようこそ！

狩猟と聞いて、あなたはどのような世界を想像されましたか？「山に伸びる獣道」、「わずかな獲物の痕跡」、「見えない獲物の姿を追う」このように、「獲物を追跡する世界」を想像された方には、野生動物を観察して推理する『罠猟』がお奨めです。

1.追跡者

かつて私たち現生人類（ホモ・サピエンス・サピエンス）にはネアンデルタール人（ホモ・ネアンデルターレンシス）、北京原人（ホモ・エレクトス・ペキネンシス）、ハイデルベルク人（ホモ・ハイデルベルゲンシス）など、多くの『親戚』がいました。彼らの多くは平均身長180㎝、体重100㎏を超す体格を持ち、小柄な現生人類よりもはるかに上手に投槍（アトラトル）などを駆使して狩猟を行っていました。しかし現在、ヒト属の動物は私たち現生人類だけを残して全て絶滅しています。一体なぜ、狩猟のスペシャリストだった彼らが滅んで、私たちだけが生き残る事ができたのでしょうか？

①罠のスペシャリスト

罠猟は私たち現生人類が最も得意としていた狩猟スタイルです。この狩猟方法には獲物を追いかけまわす足の速さも、獲物を引きずり倒す腕っぷしの強さも必要ありません。唯一必要なのは、動物を『観察』する能力です。

約1万年前に最終氷期が終わると、マンモスやナウマンゾウ、オオツノジカなどの超大型動物は絶滅し、代わりにイノシシやシカ、ウサギといった中小型動物が増え、それまで運動量が多い狩猟活動をしていたヒト属は、コストに見合うリターンを得ることができずに次第に衰退していきました。しかしその中で、卓越した『観察力』で動物を追い、効率よく罠を仕掛けて中小動物を捕獲して生き延びることができたのが、私たち現生人類だったのです。

罠猟では獲物の姿を直接目にする事はできないので、まずは獲物の**痕跡（サイン）**を探し出し、見えない獲物を観察することから始めます。

サインの種類は足跡、糞、食痕、生活跡などがあり、そこから獲物の種類、大きさ、習性、群れか単体かなどを調べ、次にどこへ現れるのかを予想して罠を設置します。

「獲物の痕跡を観察する」と聞くと、なんだか難しく感じるかもしれませんが、実際は簡単な『推理ゲーム』です。

例えば、『大きな2つの蹄の足跡』を見つけたら、その形からニホンジカだということが分かります。また『大量の足跡で地面がグチャグチャになっている』のなら、おそらくそのシカは餌を食べるためにウロウロしていたのでしょう。さらに『周辺の葉っぱに新旧様々な食痕がある』なら、おそらくこの鹿は、この葉っぱを常食していると推理できます。故に、この木の周辺に罠を仕掛けておけば、高確率でニホンジカを捕獲することができます。

このように、罠猟には体力は一切必要ありません。重要なのはサインを見つけ出す観察力と、見えない獲物を想像する推理力です。

山の探偵となって獲物を追う、罠猟の世界へようこそ！

2.罠猟の装備

罠猟は**散弾銃猟**のように山中を激しく動き回る事はありませんが、長時間屈んで罠設置作業が行えるような、ゆとりのある恰好が良いでしょう。

服の素材はナイロン製で撥水処理が施されている物がおすすめです。藪の中は湿っぽく、特に霜が降りるような日は山中を歩いているだけでも服がびしょびしょになります。そこで撥水性の高い登山用アウターか、雨が降っていなくてもレインコートを着用すると良いでしょう。

銃猟ハンターとの遭遇が懸念される場所では、必ずハンターオレンジの帽子、ジャケットを着用しましょう。

①マダニ

獲物の痕跡を探して山の中を歩き回る罠猟で、特に注意しておきたいのが**マダニ**です。

マダニは体長1cmほどの大型のダニで、世界中の山野に広く生息しています。普段は葉っぱの裏に潜んでいますが、体温を持った動物が触れると、一瞬の隙をついて乗り移ってきます。

マダニの吸血は蚊のように一瞬ではなく、皮膚に食らい付くと、およそ1週間寄生し続けます。吸血中は痛みや痒みは無いので、「かさぶた」だと思っていたら実はマダニだったという話もよく聞きます。

マダニの恐ろしさは寄生後に訪れる痒みではなく感染症のリスクです。例えば、インフルエンザのような症状に加え、重症になると酷い関節炎や筋肉炎を起こす**ライム病**や、3, 4日間の発熱が繰り返し起こる**回帰熱**、現在有効なワクチンが無く高齢者の死亡例が多い**重症性血小板減少症候群（SFTS）**など、マダニは様々な病気を保有している危険性があります。

この恐ろしいマダニ対策のためにも、足元は履き口を縛る事ができるゴム製の長靴が良いでしょう。履き口を縛る事で足元からのマダニの侵入を予防し、また明るい色ならマダニが登ってきても発見しやすくなります。

より安全性を高めるために、山に入る前と後には服と靴に殺虫剤をかけておきましょう。ただし殺虫剤は蚊やゴキブリなどのタイプは効果がありません。ダニはクモに近い仲間なので、クモに効くタイプか専用のタイプを使用しましょう。

マダニに刺されている所を発見した場合は無理やり引きはがしてはいけません。無理に剥がすと頭部だけが残ってしまい逆に体液を送り込まれる危険性が高まります。マダニに寄生されているのを見つけたら、皮膚科で切除してもらいましょう。もしどうしても病院に行けない場合は、ワセリンやグリセリンなどを塗ってマダニの呼吸器を塞ぎ自然脱落するまで様子を見ます。

②バックパック

罠猟では、罠に加えて設置するための工具や撒き餌なども持ち運ばなければならないため、装備が非常に多くなります。手さげ荷物にしてもよいですが、足元の不安定な山中はとっさの時に手が使えないと危険なので、大型のバックパックを用意しましょう。

バックパックには、**背負子（フレームバックパック）**がおすすめです。罠猟で使用する装備は土で汚れてドロドロになります。汚れた道具を山のなかで一つ一つ掃除するのは大変なので、丸洗いもできる背負子が便利です。小さな獲物であれば米袋や麻袋に詰めて背負う事もできます。

③罠猟三種の神器

罠を設置するために、まず必要な工具が**シャベル**です。埋めるタイプの罠にはもちろん、箱罠のような設置するタイプにも土の馴らしや撒き餌の処理などに使用します。

大きなシャベルは持ち運びが不便ですが、全長60cmほどで折り畳みタイプの物が持ち運びもしやすくおすすめです。細い木の根を切るのにも利用するため、スコップ型よりもシャベル型が良いでしょう。

ノコギリは大きな木の根を切る場合や、罠周辺を整地するのに使用します。これもスコップと同じく大きな物は持ち運びに不便なので、折り畳みタイプが良いでしょう。スコップと一体となったスコップソーという道具もありますが、安物はどっちつかずになりがちなので注意しましょう。

玄能（げんのう）（頭の両端に尖った部分の無い金槌）も必要なアイテムです。叩くだけならその辺りに落ちている石でも代用ができそうですが、意外と適当な石が見つからずに苦労します。山中で壊れた罠の修理やワイヤーの矯正などにも使用するため、必ず装備しておきましょう。

罠の設置は「掘る、切る、打つ」に使用する、シャベル、ノコギリ、ハンマーが必須です。工具類は取り出しやすいようにバックパックに掛けておくか、タクティカルベストに収納しておくとよいでしょう。

3. フィールドワーク

あなたは普段の生活の中で野生動物を目にする事はまずないと思います。それもそのはず、野生動物達は人間の目に入らないように用心しながら生活しているからです。しかし、彼らがどんなに上手に隠れようとも、必ずなんらかの**痕跡（サイン）**を残していきます。罠猟はまず、動物の痕跡を観察する**見切り（フィールドワーク）**から始まります。

①足跡の新旧

動物の痕跡の中で最も一般的なのが**足跡（プリント）**です。足跡からはその動物の種類はもちろん、足跡の大きさから動物のサイズ、沈み込んでいる深さからは重さ、また足跡が続いている方角から、どこから来てどこへ向かったのかを知る事ができます。

足跡を調べるうえで、一番初めに確認したいのが足跡の新旧です。例え足跡を発見できたとしても、それが1カ月前に残された物ではあまり意味がありません。

特に**集団猟**においては、『その日獲物が寝ている山』を特定する事が重要なので、足跡の新旧を読む技術はしっかりと身に着けておきましょう。難しそうな話に聞こえますが、足跡には直接法と間接法と呼ばれる2種類の読み方があります。

直接法は、『足跡の状態』から時間経過を推定する方法です。

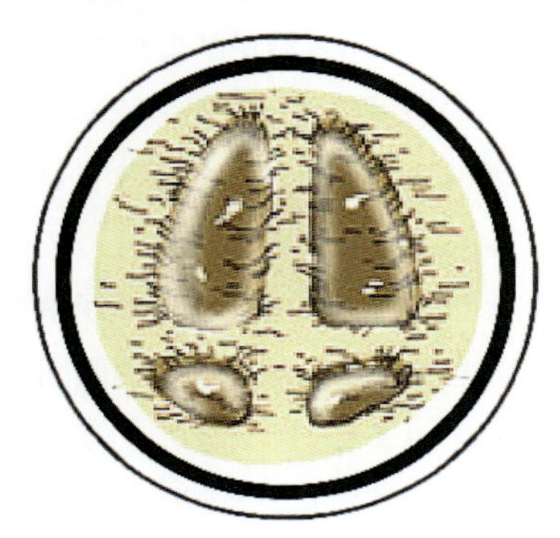

①ある程度地面に湿り気がある土の場合、真新しい足跡は表面に光沢を持ちます。特に足跡の境界線が滑らかな物は新しいと考えてよいでしょう。『滑らかさ』の基準は、実際に地面を踏んで比較してみましょう。今、あなたが踏み付けた跡が最も新しい足跡の形です。

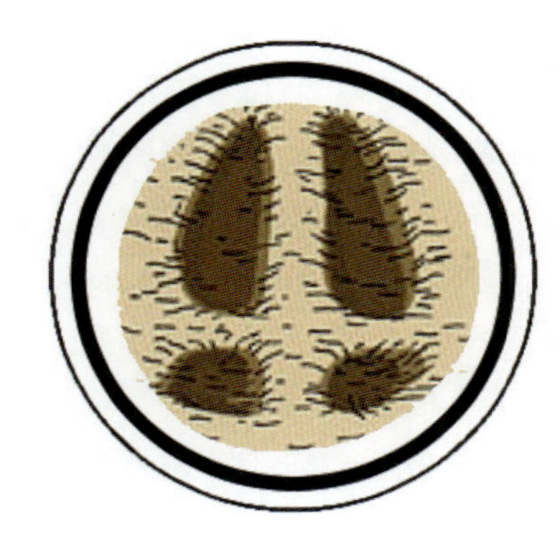

②周りの地面が乾燥している場合、水分が飛んで表面に土の粒が浮いて来ます。境界線のエッジが欠け、全体的に起伏の無い形状になっている場合は、半日以上時間が空いていると考えてよいでしょう。

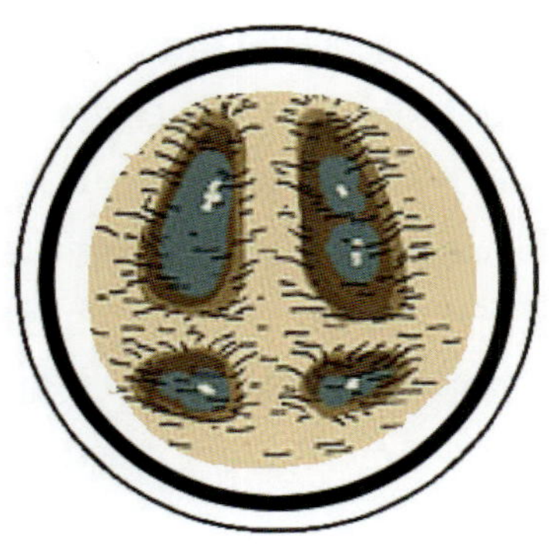

③足跡に水たまりができて乾燥具合がわからない場合は、その水の濁り具合を確認しましょう。付いたばかりの足跡は濁りが残り、足跡の境界線からチラチラと水が滴り落ちます。雨水がたまっている場合は、当然ながら雨が降る前に付けられた足跡になります。

足跡の大きさは獲物の大きさに比例します。また獲物の体重は、自分の足で地面を踏んだ時にかける体重でおおよそ判断する事ができます。獲物の体重は罠が起動する感度を調整するために必要な情報になります。

間接法は、『足跡の周囲』に残された痕跡から推定する方法です。

①例えば、落ち葉が踏まれている場合、その表面に残った泥の乾燥具合を確かめましょう。まだ湿っているようなら、それほど時間は経っていないと推測できます。また草が踏まれてちぎれている場合、草の断面を確認してみましょう。まだ切り口に潤いがあれば新しいと判断できます。潤いの基準は実際に葉っぱを千切って比較してみましょう。

②踏まれた草は、ある程度水分があるところでは数日で立ちあがります。足跡の中に草が立っているようなら少なくとも2, 3、日は経過した足跡だと推測できます。

③足跡の上に葉っぱや木の枝が乗っかっている場合は、当然葉っぱが落ちる前に足跡が付いていたと言えます。直上の木が同じ葉っぱを持っていないようなら、強風にあおられてどこからか飛んできたと推測できるので、近隣に聞き込みを行い、ここ最近風の強い日はなかったか、天気はどうだったかを調査してみましょう。

狩猟では近隣からの情報は重要です。もしかすると、「最近畑を荒らされて困っている」や「朝、そこで獲物を見たよ。」といった有益情報が聞けるかもしれません。山に入る前は挨拶をかねて、近隣に聞き込み調査をしてみましょう。

②足跡の形

足跡の形を見ればその動物の種類がわかります。動物の『足の形』は大きく3種類に分けられるため、コツを掴めば見分けるのは決して難しいことではありません。

蹄行性(ていこうせい)は、『蹄』を持つ動物で、日本国内の野生動物にはイノシシ、ニホンジカ、ニホンカモシカ、キョンがいます。

イノシシとニホンジカの足跡は副蹄の有無で判別します。副蹄は傾斜のある道を歩く際にストッパーとなる蹄で、人間でいう所の人差し指と小指に当たります。イノシシではこの副蹄の跡がVの字状に付きますが、ニホンジカの副蹄はイノシシよりも高い位置にあるため副蹄の跡が付きません。柔らかい土の上で副蹄の跡が残っていたとしても、ニホンジカの副蹄は主蹄と平行に付くため見分けることができます。

ニホンジカとニホンカモシカの足跡はニホンカモシカの方が若干大きいぐらいで、ほとんど区別が付きません。他の痕跡と合わせて分析しましょう。

指行性(しこうせい)は、キツネ、タヌキ、ネコ、イヌなど指骨部だけを地面に付けて歩く動物で、いわゆる『肉球』を持つ動物です。肉球はありませんが全ての鳥類はこの指行性

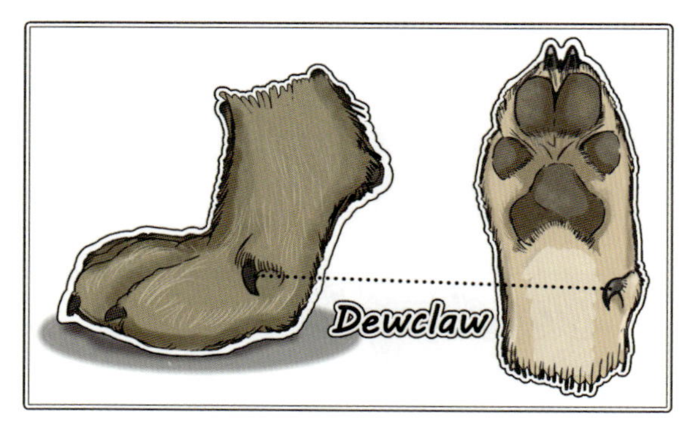

に分類されます。

この足跡の特徴は指の跡が4本残る事で、第一指（狼爪）は退化して高く離れた位置にあるため、足跡には残りません。

タヌキ、キツネ、イヌ、ネコの足跡を見分けるのはコツがいります。

まずネコの特徴は爪の跡が残らないことです。イヌ、キツネ、タヌキは掌球の形で判断でき、イヌは三角形、キツネは横長の四角形、タヌキはやや丸形になります。また、タヌキとキツネの指球は掌球よりも前方に付く特徴があります。

蹠行性（しょこうせい）は、アナグマ、ハクビシン、ニホンザル、ツキノワグマ、ヒグマなどで、ヒトもこれに分類されます。

特徴としては、手の平までをべったりと付けた歩き方で、5本の指と手根球（人間でいう手首）の跡が残ります。

また、歩行中の足跡が前足と後ろ足で違うのも特徴です。これは実際に四足で歩いてみるとわかりますが、前方に体重をかけて歩いた場合、足

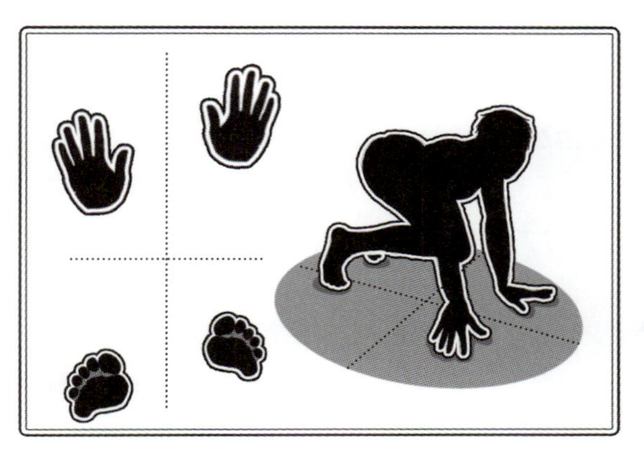

のかかとが浮いて、前足は蹠行性、後ろ足は指行性の足跡になります。1つだけの足跡で判断すると、指行性と間違える可能性があるため、複数の足跡を探し出して総合的に判断できるようにしましょう。

この3つの歩き方はそれぞれ、蹄行性は『走行速度』、指行性は『隠密性能』、蹠行性は『物をつかむ事』に特化した進化で、蹠行性動物は木に登ったり、泳いだり、地面を掘ったり、後ろ足で地面をつかんだり（立ちあがる）することができます。

③足跡の付き方

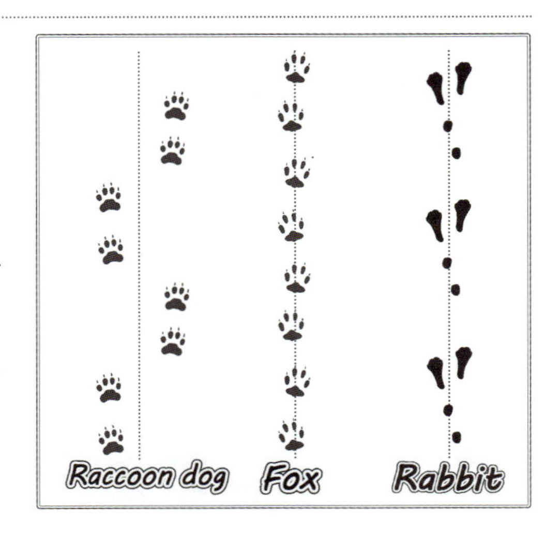

足跡を見る場合は新旧、形に加えて『付き方』にも注目しましょう。

動物の歩き方には色々なタイプがあり、例えばキツネは**ハンター歩き**と呼ばれる、一直線になる足跡を付けます。タヌキの足跡は横に広がって付くため、足跡の形では見分けがつかなくても両者を判別することができます。

またノウサギの場合は、左右の前足を時間差で付くため足跡が「Y」の字状に残るという特徴があります。

足跡の間隔を見ると、その動物の心理状況を推測することができます。例えば、足跡の感覚が広く付いている場合は『逃げている』可能性があります。行ったり来たりの足跡が付いている場合は、何かを『注意深く観察している』可能性があります。罠の見回りをする際はこのような足跡の付き方を観察して、『罠に気付かれていないか』を確認しましょう。

余談ですが人間の歩き方には、頭頂を軸にして足と腕を互い違いに出す一軸歩き（西洋歩行）と、両肩を軸にして足と腕が同時に前に出る**二軸歩き（古式歩行）**という2つの歩き方があります。

普段私たちは一軸で歩きますが、腰をひねらずに体重移動だけでモモの上げ下げができる二軸歩きは、足腰への負担が少なく重い荷物を背負って山を歩く場合に向います。狩猟の世界には、ゆらゆらと揺れながら凄いスピードで山を登る、通称『天狗爺さん』と呼ばれるご年配のハンターがいますが、このような人は古式歩行で歩いていることが多いようです。

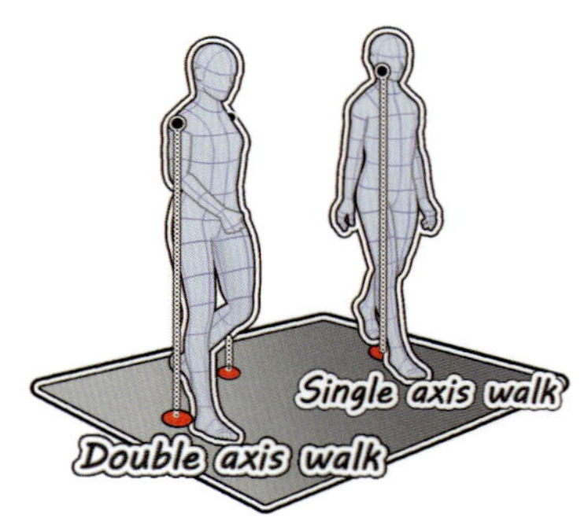

なお古式歩行は近年、トレイルランニングやクロスカントリーなどのスポーツでも注目を集めています。

④糞

フィールドワークにおいて、ハンターが飛びあがって喜ぶほどうれしいサインがあります。それは動物の**糞**です。

糞は、その色、形、大きさ、内容物などから、動物の姿をありのままに映しだす貴重なサインです。特に見切りで重要な『時間経過』は糞の臭いと乾燥具合を見れば簡単に割りだせます。

糞の形状は大きく分けて4種類あります。ここではそれぞれの特徴について解説します。

俵型は、ニホンジカ、ニホンカモシカの糞です。ニホンジカは歩いたまま糞をする事が多いため、進行方向に沿って長さ1cm程度の糞をパラパラと落とします。色は通常、新鮮な物ほど光沢のある緑色をしており、半日ほどたつと光沢が消え黒くなっていきます。

ニホンジカの糞は特徴的で見分けが付きやすく、沢山糞が落ちている獣道ほど通りが良い事を示しています。集団猟で待ち伏せをする場合は、糞が多く残る獣道を探してみましょう。

ニホンカモシカの糞はニホンジカに比べて先が丸くピーナッツ型をしています。見分けるのは難しいですがニホンジカとは異なり、ため糞の習性があります。

球型は、ノウサギの糞です。完全草食性のウサギの糞は、消化できなかった植物の繊維が圧縮されて固まっています。

ノウサギもペットのカイウサギ（アナウサギ）と同様に、**硬糞**と**柔糞**の2種類の糞をしますが、まだ消化しきれていない栄養が含まれた柔糞は再度食べる（食糞）ため、猟場には硬くて丸い糞しか残りません。

ちなみに、マタギ文化にはウサギの腸内から未消化の糞を取りだして食材に使う『スカ料理』という伝統食があります。これは植物性の食糧が少ない冬山でビタミン類を補給する知恵でした。

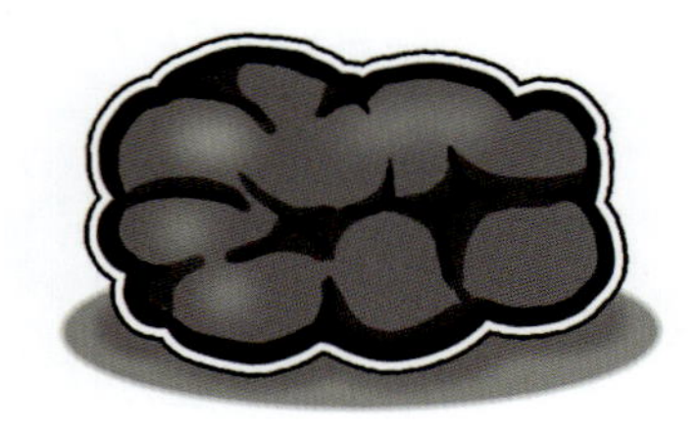

塊型は、イノシシ、クマ、ハクビシンなど草食寄りの雑食性動物に多い糞の形状です。季節と食性によってはニホンジカの糞もばらけずに塊状態になる事もあります

が、塊型は大きさが不均一な糞が寄せ集まっているため見分ける事が可能です。クマやハクビシンの消化器官は草食動物のように発達してないため糞は臭くなく、果物を多く食べた個体の糞はフルーティーな香りがします。

棒型は、イヌ、ネコ、キツネ、タヌキ、イタチなど、肉食寄りの雑食性動物に多い形状です。草食とは違い捕食できる餌にばらつきがあるため、色や形は安定せず見分けるのが難しい糞です。

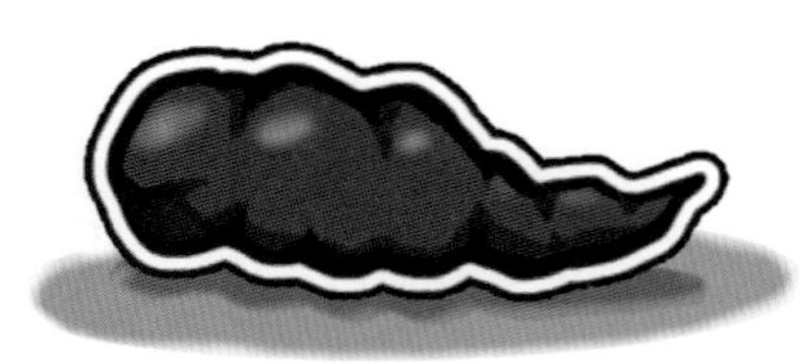

この糞を見る場合は、色、形だけでなく、その環境も合わせて考えましょう。例えば、タヌキやアナグマには糞を一か所に集める**ため糞**を行う習性があるため、他の動物と区別を付ける事ができます。また、水辺に残されている場合はイタチのように泳ぎの上手な動物だと推測できます

糞は内容物も観察してみましょう。

もし鳥の羽や小動物の骨が入っていた場合は、キツネやイタチなどの肉食系動物の糞の可能性が高くなります。

糞の内容物と同じものを罠の撒き餌に使用すると誘引効果が高くなります。また下痢便などを見つけた場合は、野生動物の間に感染症が蔓延している危険性を知ることができます。

③食痕

野生動物がエサを食べた**食痕**は、獲物の存在を知る重要な情報源です。

例えばイノシシの場合は、その長い鼻で地面を掘り返します。側溝の土がドブ掃除をしたかのように掻き出されている場合は、イノシシがミミズを食べた跡だと考えられます。なお、同じように穴を掘って採食するアナグマは、イノシシのように直線的な掘り方はせず、お椀状の穴を開けるだけなので区別することができます。

ニホンジカが葉っぱを食べた食痕は、断面が歪で繊維が残ります。これはニホンジカの上あごには歯が無く、葉っぱを口で挟んで引っぱるようにして採食するためです。なお、ノウサギやげっ歯類の動物は上あごと下あごに歯があるため、食痕はハサミで切り取ったように鋭利な断面になります。

ニホンジカの食痕でもう一つ特徴的なのが、スギ、ヒノキの皮剥ぎです。ニホンジカはエサの少ない時期に木の皮を剥いで食べます。

ツキノワグマも木の皮を剥いで食べますが季節的には春先から初夏にかけて行われ、食痕もニホンジカは細かな樹皮が散乱するのに対して、ツキノワグマはバナナの皮を剥いだように残ります。またニホンジカの食痕は木に歯型が残らないか、細かな傷が縦横に走るのが特徴です。

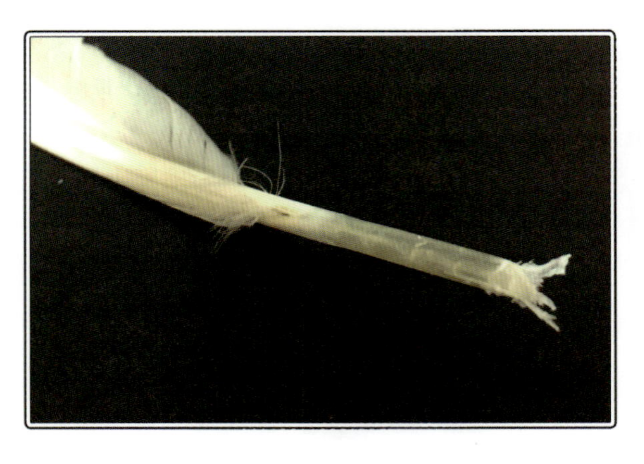

キツネやイタチなどの肉食性の動物は、食痕を残す事はあまりありません。

一点、残された鳥の羽を見て、根本に噛まれたような跡があれば肉食動物の食痕と言えます。猛禽類は嘴で引き抜くため、羽は綺麗に抜けています。

④生活跡

イノシシの痕跡を探る場合、特に押さえておきたいポイントが**ヌタ場**です。

ヌタ場はイノシシのお風呂のような場所で、地面に転げまわって体に付着したダニを落とします。ヌタ場の場所はある程度決まっており、最近使用された形跡が残っている場合は、また戻ってくる可能性が高いので罠を仕掛ける絶好のポイントになります。

ヌタ場を探す際は、まず木に泥の跡が無いか探してみましょう。体に泥を付けたイノシシは、木に体を擦り付けながら移動するため、この泥の跡を追って行けばヌタ場を発見する事ができます。また、泥の高さからどのぐらいの大きさのイノシシが通ったのかを判定する事ができます。

なおニホンジカもヌタ打ちを行います。木の幹に残る泥の跡がイノシシよりもかなり高めになるため判別ができます。

⑤トレイルカメラ

フィールドワークは決して難しくはありませんが、それでも完璧に観察するのは長年の経験と勘が必要です。しかし、**トレイルカメラ**があれば、より簡単に、より正確に獲物の姿を観察することができます。

トレイルカメラは動物の動きを赤外線センサーで感知し、自動で撮影する事ができます。従来、トレイルカメラと言うと非常に高価で手の届かない代物でしたが、最近では動画を撮影できるタイプでも1万5千円程度で販売されています。

撮影したデーターは獲物の存在を確実にするだけではなく、フィールドワークの『答え合わせ』ができるため非常に有益です。また何日も罠が発動しない日が続くと見回りに行くのが辛くなりますが、「トレイルカメラのデーターを回収する」という目的があれば、モチベーションが上がります。

4. 罠設置

フィールドワークによって獲物の痕跡を集めた後は、その動物の視点に立って次は『どこに現れるか』を推理しましょう。そして、あなたが考えた『ここぞ！』という場所に罠を設置します。

罠は一人につき30個まで仕掛ける事ができますが、この数はあくまでも上限で、実際に仕掛けることができるのは『あなたが管理できる数』だけです。罠は原則として1日1回見回りを行わなければなりません（代理でも可）。そのため、あちこちの山に罠を仕掛けてまわる事はまず不可能です。また罠は適当に仕掛けて「あ、掛かってた。」ではなく、観察と推理の結果「やっぱり掛かったっ！」といえるように仕掛けましょう。

①使用する罠

使用する罠は「くくり罠」と「箱罠」と呼ばれる２種類がよく使用されます。それぞれ得意とする状況と獲物が違うため使い分けましょう。
罠の詳細な説明は次節でご紹介します。

②獣道

罠を仕掛ける場所は山の中のどこでもいいというわけではありません。野生動物たちは山の中を縦横無尽に走り回っているように見えますが、実際は**獣道**と呼ばれる道路を通行しています。このため罠は獣道の上か獣道から近い位置に設置します。

獣道はまず、タヌキなどの動物が毎年同じ場所に生える植物や果物を食べに同じルートを通うことで作られていきます（**タヌキ道**）。タヌキたちが行きかって草がなぎ倒されると、イノシシなどが昆虫や幼虫を食べに地面を掘り返します。掘り返されて地面が通りやすくなると、ニホンジカなどの動物が多く通るようになり地面が踏み固められて、**本通し**と呼ばれる綺麗な道になっていきます。

このように、獣道は発展レベルによって通る動物が異なります。もしタヌキなどの中動物を捕獲したい場合はできて間もない獣道に、ニホンジカを捕獲したい場合はしっかりと整地された本通しに仕掛けるようにしましょう。

③撒き餌

罠には撒き餌を使用するのが効果的です。撒き餌のレシピは色々とありますが、主に米ぬかをベースとして、野菜くずや果物くずを混ぜて作ります。よくイノシシには『酒粕』、アナグマには『キャラメルのお菓子』、タヌキには『天ぷら』、アライグマには『煮干し』が使用されますが、動物の嗜好は地域の食性によっても全く変わるため参考程度に覚えておきましょう。

撒き餌を使う場合は、初めから罠を張っていては警戒心の強い獲物を仕留めることはできません。そこで罠を仕掛ける数日前から餌を撒いて、警

戒心の弱い小動物から誘引し、地面の足跡をよく読んで目当ての獲物が餌を食べるようになったら罠を仕掛けましょう。

なお、果樹園や田畑が近い場所で撒き餌を使うと、食害の原因になる危険性があるため控えましょう。逆に農業被害を出している個体を捕獲する場合、その農作物と同じ物を撒き餌を使えば誘引効果は高くなります。

④罠にまつわる噂話

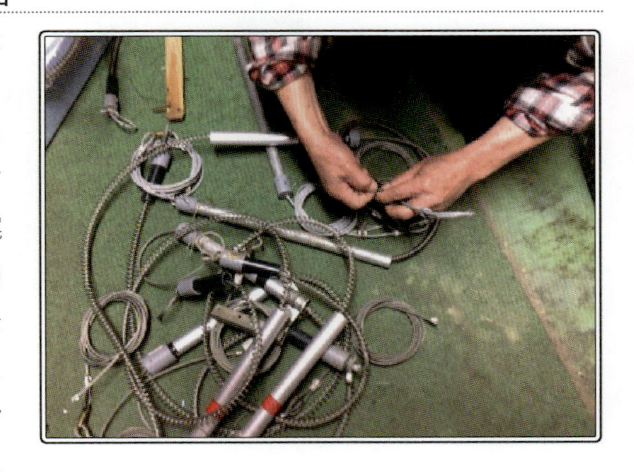

罠の世界には実に様々な噂話があります。例えば「山に入る前の日は体を洗ってはいけない。」や「罠に使用する道具は3日間鍋で煮て油臭さを取らなければダメ」、「獣道の横に青いハンカチを下げておくと獲物の注意を引いて罠にかかりやすい。」などなど、中には呪いじみた噂話もあります。では、このような話は何が正解で、何が不正解なのでしょうか？

その答えは『全て正解』です。例えば人里近くに住むイノシシは普段から人間の臭いを嗅いでいるため、山の中にその臭いがあったとしてもあまり気にする事は無いでしょう。しかし普段人が入らない奥山に住むイノシシは、少しでも得体の知らない臭いを感じたら警戒心が増すはずです。

エサが少ない場所と多い場所で比べた場合、当然エサが少ない場所の方が撒き餌に誘引される可能性は高くなります。例え少々金属臭が漂っていたとしても、空腹で倒れるよりはマシだと罠に飛び込んでくる事もあるはずです。

ただしこれらの噂話は「その時、その場所、その獲物」で正解であって、『金言』というわけではありません。野生動物も人間と同じく1匹1匹にまったく違った個性を持っているので、ゲームのような『攻略法』を作ることはできません。

罠を仕掛ける際は、まず獲物と同じ目線になって周りを確認してみましょう。目線を下げて動物たちと同じ光景を見て、ワイヤーが張ってあったら目立つような場所や、通り抜けやすそうな隙間はないか確認してみましょう。

また四足で歩いてみるのも良いでしょう。あなたは地面に手を乗っけるのならゴツゴツした固い石の上や滑りやすい木の根よりも、柔らかい土の上の方が良いと感じるはずです。つまり、あなたが手を乗せて体重をかけても安定していると感じる場所こそが、罠を仕掛ける絶好のポイントになります。

先輩ハンターから聞いた色々な噂話は一つのアイデアとして頭のツールボックスに入れておき、真に必要なアイデアは自分の体で確認するように心がけましょう。

5. 止刺し

罠猟は激しい運動を必要としないため、高齢者や女性でも行うことができます。フィールドワークや罠設置の時はトレッキング気分で山に入るのも良いでしょう。

ただし獲物が罠にかかって**止刺し**を行う時は緊張してのぞまなければなりません。罠にかけられて興奮した野生動物は私たちが想像する以上に恐ろしい存在です。

①怒る動物の恐ろしさ

特に怒り狂うイノシシの恐ろしさは並大抵ではありません。

イノシシには上下に牙が生えており、口を閉じるたびに擦れて鋭く砥がれています。オスイノシシは相手を攻撃する際、この牙を突撃槍のように正面に構えて、最大時速30kmものスピードで突進して、しゃくりあげます。これは２本の鋭いナイフを突き刺して真上に引きあげるような動きなので、人間であれば太ももから股間にかけてバッサリと切り裂かれて致命傷を負います。またメスのイノシシはイヌのように咬み付いてくる事が多く、咬み付いた後に頭を振る癖があるため肉が引きちぎられて治りの遅い深手を負わされます。

大人しいイメージがあるニホンジカであっても、罠にかかって興奮している場合は反撃を仕掛けてきます。特にオスジカの角は鋭利になっており、振った角が体に刺さる事故も起きています。またメスであっても後ろ足のキックは強烈です。

安全そうに見える箱罠であっても突き破られる可能性はあります。特に野外に放置する大型の箱罠は、ねじ止め部が錆びている事も多く、ここにイノシシの一撃が加われば容易に破壊されます。またタヌキやアナグマなどの中動物あっても、怒れる野生動物は獰猛になり、その鋭い牙で噛みつこうとしてきます。

罠にかかった野生動物は死にもの狂いで暴れ、自分を殺そうとしている相手に一矢報いようと全力を出します。お金を差し出して謝罪すれば許してくれる『優しい動物』は人間しかいないことをよく心して、止刺しにのぞみましょう。

②銃止め（箱罠、くくり罠）

止刺しの方法で最も安全かつ確実なのは銃です。距離を取る事ができ、正確にバイタルポイントを狙え、無用な苦痛を与えないため、止刺しは銃の使用が推奨されています。

あなたが銃猟の登録をしていない場合は無理をせず、銃猟登録を行っているハンターに止刺しを依頼しましょう。

③電気止め（箱罠）

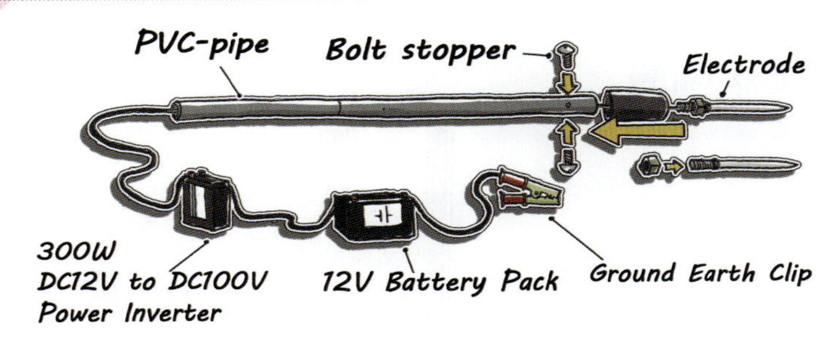

銃を使用できない場所（民家が近い場所や特定猟具使用禁止区域）では**電殺器（電気スタナー）**が有効です。

電殺は家畜のと殺にも使用されている方法で、一瞬で気絶させることができるため安全性が高く、また獲物に無駄な苦痛を与えません。

電殺器はバイク用の12Vバッテリーと100V・300W昇圧器を組み合わせて自作することもできますが、大型動物を一撃で心停止させる道具を素人が自作するのは大変危険です。専門の業者から購入して、漏電対策（ゴム手袋着用、メガーチェックなど）は確実に行いましょう。

④電殺器（くくり罠）

箱罠で電殺器を使用する場合は、アースを檻に噛ませますが、くくり罠の場合は電極を両側に付けて挟むようにして電気を流します。イノシシの場合はアース側を咬み付かせて、その隙に心臓付近へ電極を刺します。

近年、電殺による止刺しを推奨する自治体も増えてきていますが、いまだにその使用に関して評価が分かれており一定の基準がありません。今後規制の強化やガイドラインが発表される可能性があるので、電殺器を使用する場合は県猟友会に確認してください。

⑤刺し止め（箱罠）

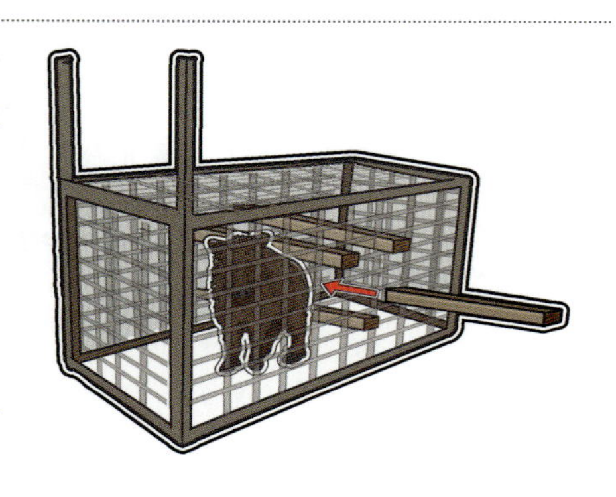

箱罠で電殺器を使用しない場合はナイフや槍で刺して失血死させます。

まず獲物の動きを封じるために、メッシュの隙間に木を差し込んでいきます。この際、木を脇に挟んでいると、獲物が突進してきた際に反動であばら骨を骨折することがあるので、差し木は手にもって突進された場合はすぐに手を放すように気を付けましょう。

差し木が無い場合は、天井からくくり輪（**スネア**）をぶら下げて、鼻や首に引っ掛けて吊り上げます。また檻の外から猟犬をけしかけて、ひるんでいる隙に足にスネアをかけて動きを封じる方法もあります。

獲物の動きを固定できたら、刃物で前足の間を正面から、もしくは前足の付け根をやや正面に向かって刺します。一般的には心臓を直接狙いますが、手早く血抜きを行うために大動脈を切断することもあります。急所に入っていれば大量の血が流れ出し、1分ほどで死に至ります。

ナイフの刃渡りは10㎝ほどで急所に届きますが、安全性を考えて20㎝程度の物を用意しておきましょう。ナイフは**ブラッドグルーブ**（血抜き溝）の付いた物が止刺しに向いています。

槍を使用する場合は、刃渡り5.5㎝以下の**トライスパイク（三角槍）**がおすすめです。**フクロナガサ**のように槍先にもなるナイフでも構いません。

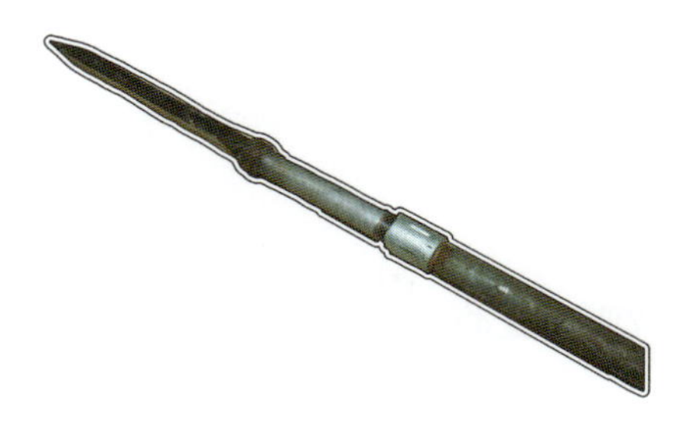

⑥刺し止め（くくり罠）

くくり罠の場合はアンカーを使って獲物の動きを封じます。

使用するアンカーは、丈夫な金属製でワイヤーに引っかかる形状であればどのような物でも構いません。船の錨でもよいでしょう。

まずアンカーをワイヤーに投げて引っ掛けます。上手くひっかかったら、ワイヤーとアンカーが直線になるように手繰り寄せます。獲物が動けなく

なったら、アンカーを木に巻き付けて槍かナイフで急所を刺しましょう。大きな獲物の場合は引き負ける事があるため、ウィンチを使うか無理せず応援を呼びましょう。

⑦叩き止め（くくり罠）

アンカーが無い場合は、向かってきた獲物を鈍器で殴って脳震盪を起こさせ、気絶している隙に刃物で止めをさします。

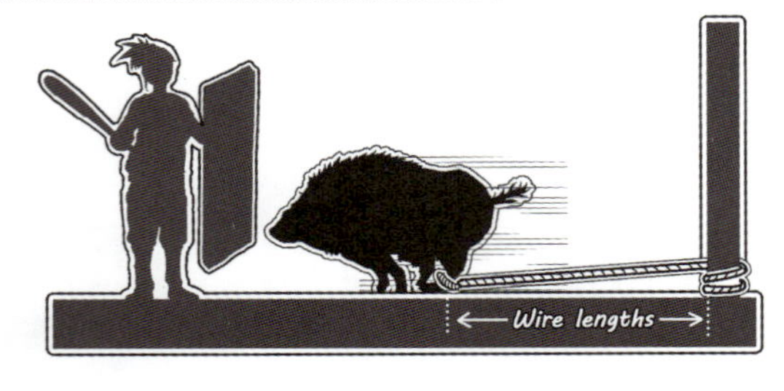

万が一ワイヤーが外れる事を考えて、盾のようなものを持っておくと安全です。盾は突進を受け止めるのではなく、受け流すように斜めに構えておきましょう

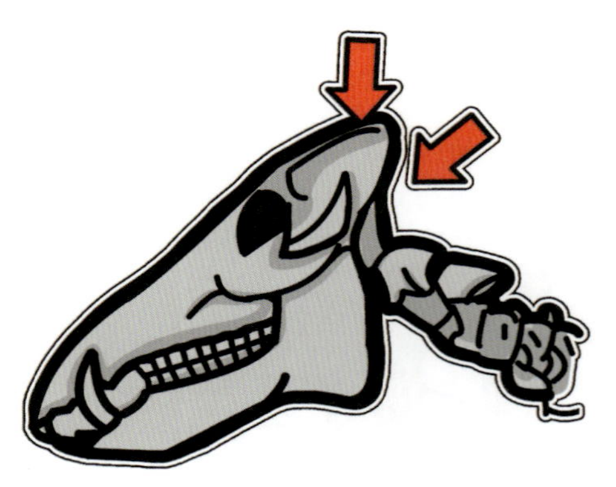

鈍器で気絶させる場合は、耳の間に位置する脳を狙います。特にイノシシの顔面の鼻骨は硬いので、鼻先を叩いても効果はありません。鈍器は直上から振り下ろすか、耳の後ろの頭骨が薄くなっている場所を狙って叩きましょう。

鈍器はバットなどを用いますが、初心者や力の弱い女性は遠心力で高い破壊力を出せる**フレイル**や鎖分銅が良いでしょう。棍棒は空振りをすると、地面を強くたたいて腕を痛める危険性があります。

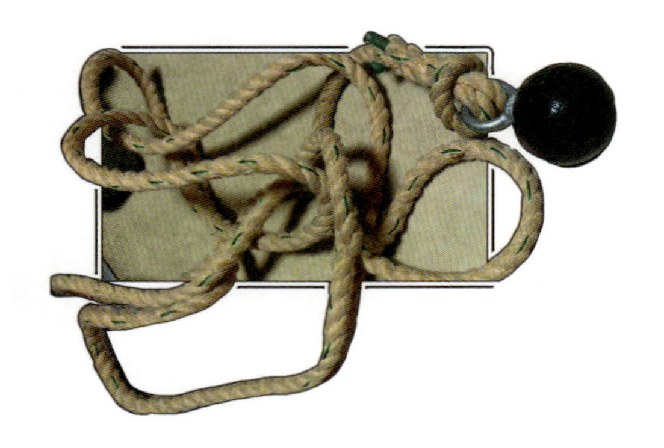

⑧獲物への近づき方

箱罠の止刺しを行う場合は、箱罠で最も強度の高い溶接面（対角線上）から近づくようにします。獲物の助走が付けられる方向から近づくと破られる可能性が高まるため注意しましょう。

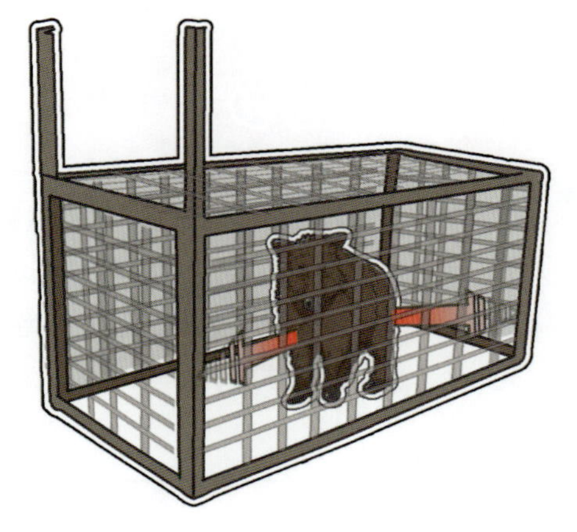

くくり罠で止刺しを行う場合は、高いところから近づくようにします。もし罠が外れて突進して来た場合でも、坂の上ならば威力を抑える事ができます。くくり罠は止刺しの時の事も考えて、『地の利』を活かせる場所を選んで仕掛けましょう。

止刺しでは何よりも安全性を優先しましょう。過去に何人ものハンターが獲物から復讐を受けて大けがを負わされており、死亡事故も発生しています。

止め刺しで一番安全性の高い方法は『銃器』です。もしほかの方法でのぞむのであれば、必ず2名以上で行動するようにしましょう。

罠を知ろう！

初心者のころは誰もが求める『一番獲物がかかる罠』。しかしそんなものは絶対に存在しません。罠は猟場によって大きさも仕組みもまったく変わるため『その猟場で一番獲物がかかる罠』は自分で作り上げるしかありません。

1.罠の歴史

罠は人類有史以前からすでに使用されていたと言われており、トリポリエ文化（紀元前5500～2750年：ルーマニア）などの古代遺跡からは、現代でも使用されている仕組みの罠が多数発見されています。

①落とし穴

罠の歴史をひもといた時、最初に登場するのは**落とし穴**です。落とし穴は、上を通った獲物を中に落とすという簡単な仕掛けですが、間違いなく人類最強の罠です。

落とし穴の長所は『単純な仕掛け』だという点で、単純だからこそ簡単に大量に作る事ができ、獲物に気が付かれることも少なく、壊れにくく、穴の中に逆茂木（さかもぎ）を立てる事で殺傷能力をもたせるなどの応用性を持ちます。罠は落とし穴のように単純であればあるほど強力であり、罠を作る際はいかにシンプルにしていくかが重要なポイントになります。

②押し罠

落とし穴と同様に太古からある罠で**押し罠**と呼ばれるものがあります。これは重い岩を棒で支え、端に付けられたエサに触れると支えが外れて重しが倒れる仕組みの罠で、主に小動物を捕獲するために使用されていました。

この罠の肝は獲物が興味を持つエサを仕掛ける事であり、動物の習性や食性を観察することに長けていた現生人類が得意としていた罠だと考えられています。

③とらばさみ

バネは人類が発明した『力を保存』する道具で、この発明以降、より強力かつ効率的な罠がいくつも誕生しました。しかし、**とらばさみ**のように高度に発達した罠は無差別に動物を捕獲する錯誤捕獲という問題を引き起こす事になり、現在では日本を含む多くの国で『発達しすぎた罠』の使用は禁止されています。

④狩猟以外での罠

野生動物に対してはこれ以上発展する事はないであろう罠ですが、人間に向けられる兵器としては今もなお進化が進んでいます。その強力かつ高性能な罠は民間人に被害がおよぶ事もあり、その扱い方について問題の声が上がっています。

2.罠の規制

狩猟で使用される罠は、乱獲や錯誤捕獲、事故を防止するために様々な規制（**レギュレーション**）が設けられています。この規制に違反した場合は鳥獣保護管理法違反として1年以下の懲役又は100万円以下の罰金に処せられる可能性があるので、正しい知識を身に着けておきましょう。

なお、本節で述べる規制は平成28年4月時点での野生鳥獣保護管理法に準拠する内容です。最新の情報は環境省ＨＰ等でご確認ください。

①他人の生命、身体に重大な危害を及ぼす恐れのある罠の使用禁止

落とし穴、押し罠、とらばさみ、毒薬、爆発物、銃器を自動発射するような罠など、間違って人間がかかった場合、致命傷を負う危険性のある罠は使用禁止です。また、イノシシやニホンジカを宙づりにするような強力な罠も禁止されています。ただし足が3本地面に付いている場合はくくり罠の一種として許可されています。

②同時に31個以上使用する罠の禁止

1人のハンターが設置できる罠は30個までです。ただし、この数はあくまでも上限であり、設置する罠は原則として毎日見回りができる数（代理見回り可能）にしなければなりません。また、仕掛けた数と場所は必ず記録して、猟期が終わり次第解体しましょう。なお、大型の箱罠などは非稼働状態にしておけば常設しておいてもかまいません。

③罠による鳥類の捕獲禁止

小動物用の箱罠に鳥類が間違ってかかった場合は必ずリリースしましょう。

公園などで見かける事があるカラスの箱罠は、有害鳥獣捕獲用として県知事から認可を受けた罠であり、狩猟で使用する事はできません。

④罠によるクマの捕獲禁止、直径12cmを超えるくくり罠の使用禁止

罠にかけられたクマは凶暴化して大変危険なので、罠による捕獲は有害鳥獣駆除として特別に許可を受けた場合を除き禁止されています。

また、クマの錯誤捕獲を防止するために、くくり罠で使用する輪の直径は12cm以下と決められています。ただしクマが生息していない（もしくは生息密度が低い）都道府県では特別条例として12cm以下の規制が緩和されている場合があるので、事前に県猟友会に問い合わせましょう。

⑤ワイヤーの直径が4㎜未満のくくり罠（イノシシ、シカ）の使用禁止

くくり罠に使用するワイヤーは、細ければ細いほど摩擦抵抗が少なくなるため掛かりが良くなります。しかし、イノシシ・ニホンジカを捕獲するワイヤーに細すぎる物を使用すると、止刺しの際に切れる可能性が高くなり非常に危険です。イノシシ・ニホンジカ用のくくり罠には、直径4㎜以上で作りの柔らかいワイヤーを選びましょう。

⑥よりもどしの付いていないくくり罠(イノシシ、シカ)の使用禁止

よりもどし(スイベル)とは、ワイヤーの折れ、ねじれ、潰れなど、元の形状に戻りにくくなる**変形(キンク)**を回避する小道具です。

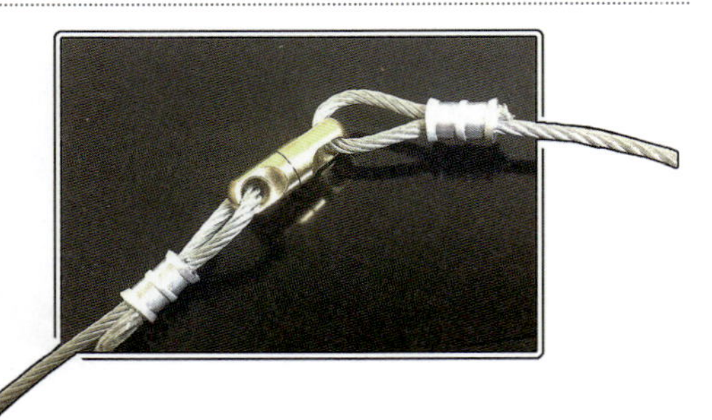

キンクしたワイヤーは強度が極端に低下するため切れやすくなります。そこでイノシシ・ニホンジカ用のくくり罠にはキンクを防止するよりもどしが必要になります。なお、一度キンクが発生したワイヤーは元に戻らないので再利用はできません。

⑦締め付け防止金具の付いていないくくり罠の使用禁止

締め付け防止金具はワイヤーが締まった際、バネの力が加わり続ける事を防止する小道具で、錯誤捕獲が起こった場合、すみやかに輪を広げて放獣するために必要です。この金具はイノシシ、ニホンジカに限らず全ての動物を対象としたくくり罠に必要です。

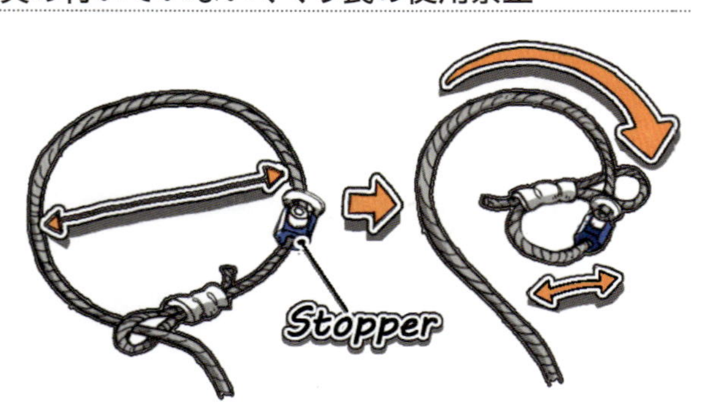

3.拘束部

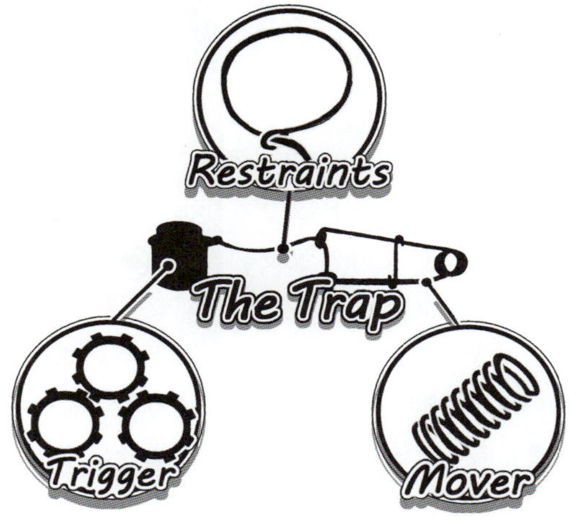

一見すると複雑そうに見える罠の構造ですが、実際はどのような種類の罠も、獲物の動きを抑えるための**拘束部**、拘束部を動かすための**駆動部**、駆動部を起動させるための**トリガー部**という3つの要素で構成されています。

罠猟で重要なのは獲物の気持ちになって、「次はどこへ向かうか？」、「どの場所を踏むか？」を考える事なので、罠は獲物と猟場に応じてカスタマイズしなければなりません。

①ワイヤーロープ

ワイヤーロープは、くくり罠の拘束部である、**くくり輪**（**スネア**）の材料としてよく使用されている材料で、芯線を中心に複数の金属ワイヤーの束（**ストランド**）が巻き付けられているため、1本の金属ワイヤーよりもはるかに高い強度を持っています。

ワイヤーロープは同じ直径であっても、ストランド数、素線数で性質が変化します。
まずストランド数は3～9本のものがあり、多くなるほど強度が増して切れにくくなりますが、柔軟性は下がります。

またストランドを構成する**素線数**は、多くなるほど素線1本1本が細くなるためワイヤーロープ全体の柔軟性が向上します。ただし同ストランド数の物と比べて1.5倍ほど値段は高くなります。

ワイヤーロープは柔らかいほど獲物をくくる動きが速くなるので、スネアから逃げられる（**カラ弾き**）の可能性が低くなり、また獲物への負担が小さくなるので足が千切れるようなトラブルも少なくなります。どのようなワイヤーロープを使うかは獲物と猟場によって変わりますが、イノシシ・ニホンジカを捕獲する場合はリード用に6×19（ストランド数6本、ワイヤー数19線）、スネア用に6×24がおすすめです。

くくり罠で使用するワイヤーロープの素材は**亜鉛メッキ鋼**と**ステンレス鋼**の2種類あります。

ステンレス鋼は亜鉛メッキ鋼に比べて粘度が高く、長く猟場に放置していても腐食しないことが特徴です。ただし、同径、同ストランド数、素線数の亜鉛メッキワイヤーロープに比べて値段が3倍以上も高くなります。

スネアのワイヤーロープは1度獲物が掛かったら取り替える必要があるため、安い亜鉛メッキ製がよく使用されますが、安全性を最優先に考えてステンレス製の使用を強くおすすめします。罠猟ではワイヤーロープが切れて、獲物に復讐される事故が過去に何度も起きています。罠の安全性にコストを惜しむのは、バンジージャンプの命綱に安さを求めるようなものです。何よりも安全第一に考えましょう。

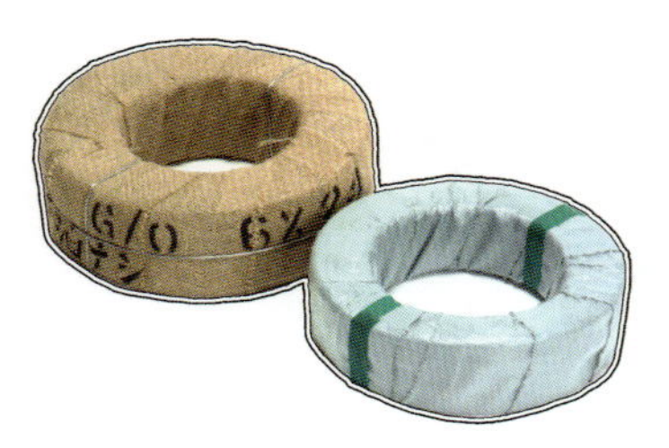

ワイヤーロープは猟場によって使用する長さが変わるので、計り売りよりもロールで購入した方が歩留まりはよくなります。一般的な使い方であれば100m巻きで2年目の猟期まで持ちます。

②くくり輪

くくり罠ではワイヤーロープを、スネアとリードの2種類に加工します。

切り出すワイヤーロープの長さは猟場によって変わりますが、スネアは1.5ヒロ（約2m)、リードは2ヒロ（約3m）を基準に考えると良いでしょう。

①ワイヤーロープに駆動部を入れ、片側にワイヤーストッパー、両側にスリーブ、もう片側によりもどしの順番で入れる。
②両端をループにしてスリーブの中に入れて、かしめ工具でつぶす。
③ワイヤーにスリーブを入れ、片側をよりもどしに通してかしめる。
④リードを木に巻き付けてシャックルなどで固定する。

①

②

ワイヤーロープの加工には**ワイヤーカッター**と、**かしめ具（スウェージャー）**が必要です。

また、ワイヤーロープは地中を通した方が獲物に気が付かれにくくなるので、フックとなる工具を使用します。専用の物は売られていないのでスネークフックのようなものを自作する必要があります。ワイヤーロープを土の中に通さない場合は木の葉を被せて隠ぺいするとよいでしょう。

③檻

ワイヤーロープと同様に良く使用される拘束部に**檻**(おり)**(ケージ)**があります。

檻はワイヤーロープよりも頑丈で安全性が高く、錯誤捕獲の際も容易に**放獣(リリース)**する事ができます。ただし、檻は獲物から視認されやすいので警戒心が増し、大型の物は持ち運びが不便で容易に移動させることができません。

檻には、**片開きタイプ**と**両開きタイプ**の2種類があります。

片開きタイプは獲物が中を覗いた時に行き止まりになっている事がわかるため、中に入らせるにはエサで誘引する必要があります。対して両開きタイプは獲物に奥を通過できると思わせることができるため、通り道に仕掛けておくだけでも捕獲する事ができます。

ただし、両開きタイプは扉が落ちた瞬間に走り抜けて逃げられることがあり、例えばイノシシの場合は扉が落ちる一瞬でも1m以上走ることができます。対して、四足動物は後退する事が苦手なので、片開きタイプは少しでも檻に入らせることができれば確実に捕獲できます。どちらを使用するかは好みによります。

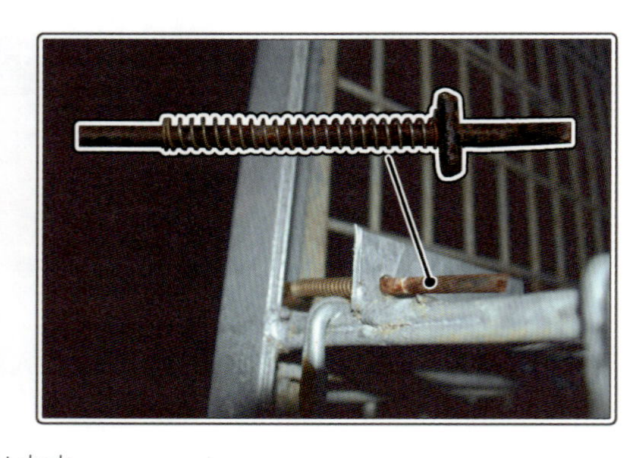

檻には、扉が持ちあがらないようなストッパーを取り付ける必要があります。特にイノシシは、落ちた扉を鼻で持ち上げる『知性と力』があるため必須です。また突進の衝撃で扉が破壊されないように補強を入れる必要もあります。

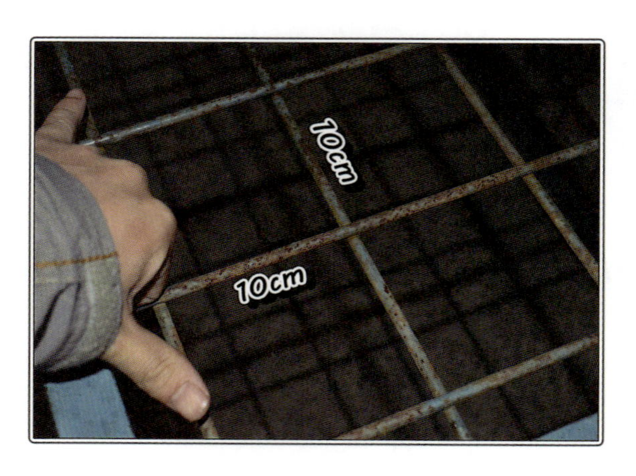

檻のマスは網目が粗くなるほど、誘引しやすくなります。ただし、子供のイノシシ（ウリボウ）やタヌキ、キツネ、アナグマなどの動物は、10cm×10cm程度の隙間があれば容易にすり抜けることができるので、檻の下方だけは檻の目が小さくなるように補強をいれておきましょう。

4. 駆動部

罠の駆動部には重力式とばね式の2種類があります。重力式を用いた主な罠は、中大型の箱罠、箱落とし罠（※押し罠とはことなる）、囲い罠など、ばね式はくくり罠、ハバハート式トラップ、シャーマントラップ、ネズミ捕り（ビクター式）などがあります。

①重力式

重力式で最も利用されているのが**落とし戸（ギロチンドア）**です。

長所

この方式は、ばね式に比べて錆やゴミの詰まり、凍結に強く、安定して駆動させることができます。また、どんなに大きな扉でも駆動(落とす）ことができるため、罠を大型化することができます。

短所

扉は下方向にしか力が掛からないため、正常に駆動させるには平らな場所に設置しなければなりません。中小型の落とし戸の場合は機構を工夫して山の斜面などにもかける事ができますが、機構が複雑になるほどトラブルが起こる可能性が高くなります。

②押しばね式

押しばね（圧縮ばね）は『押し込まれた力』を弾性エネルギーとして保存するタイプのバネです。『ビックリ箱』のバネを想像してもらえるとわかりやすいでしょう。

押しばねをくくり罠に使用する場合は、ワイヤーロープを中に通して輪を押し上げます。

強力な押しばねほどワイヤーを押し上げる力が大きくなるので、太くて硬いワイヤーには強い押しばねを使用します。ただし値段は高くなるのでコストと性能の兼ね合いを考えましょう。

押しばねが押し上げることができる輪の直径は、バネの全長と圧縮された長さで決まります。この値以上に大きな輪を作ると締め付けが不十分になり、足からすっぽ抜ける可能性が高まるので注意しましょう。

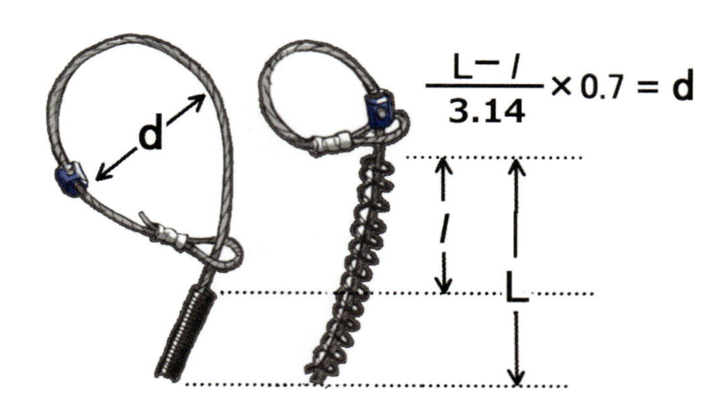

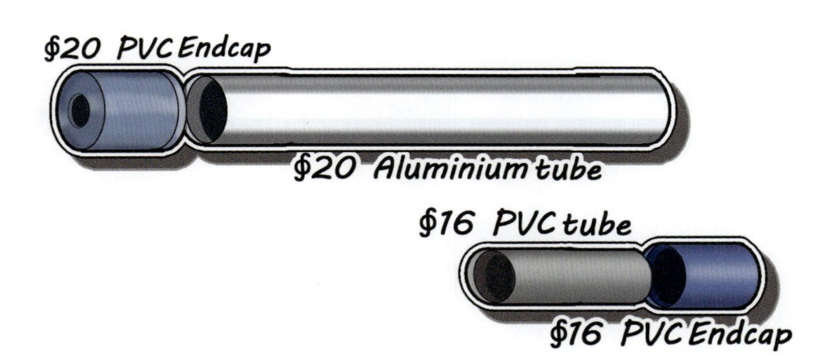

押しばねは一般的に筒状のケースに詰めて使用します。筒はホームセンターで売られている水道管用の塩化ビニール製のパイプ、もしくはアルミチューブに、穴をあけたパイプエンドキャップを接着剤で固定します。

長所

罠の設置面積が小さいため、狭いスペースに何個も仕掛ける事ができます。また安全ロックをかけておけば、セッティングした状態で保持できるため、一度に沢山の罠を持ち運ぶ事ができます。

短所

イノシシ・ニホンジカ用の強力な押しばねを筒に押し入れるのには、かなりの力が必要です。リードを柱に固定して全体重をかけて引っ張るか、車で引いてもらう必要があります。

また罠にかかったイノシシは、スネアを噛み切ろうと押しばねも一緒にグチャグチャにするため、再利用はできません。

②引きばね式

引きばねは、押しばねとは逆に『引っ張られた力』を弾性エネルギーとして保存するタイプのバネです。

このバネがなかった時代は、木を引っ張った時に戻ろうとする弾性力を利用して罠を作っていました。

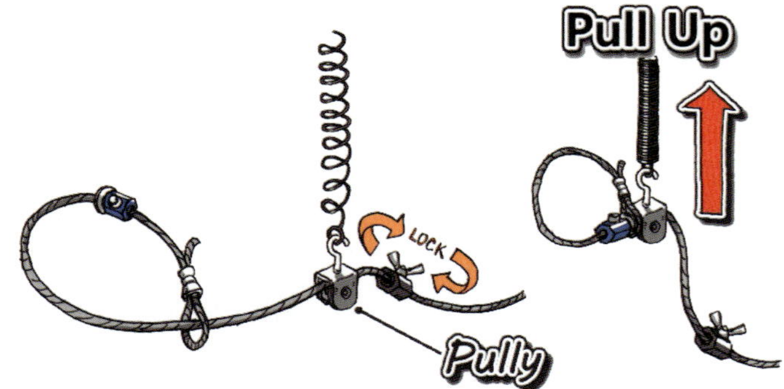

引きばねをくくり罠に使用する場合は、ワイヤーロープの中に**滑車**を通して輪を引きあげます。

法律上、獲物の足が2本以上浮くような引きばねは違法になるので、イノシシ・ニホンジカ用の罠には最大引荷重は9kg程度の物がよく使用されます。

バネは木などにくくりつけて固定します。くくりつける方法は何でも構いませんが、ビニールハウス用のバンドなどが使用されます。木に釘を撃つ場合は必ず土地の所有者に許可を取りましょう。知らずにヒノキなどの商品価値の高い木に釘を打ち込むとトラブルの原因になります。

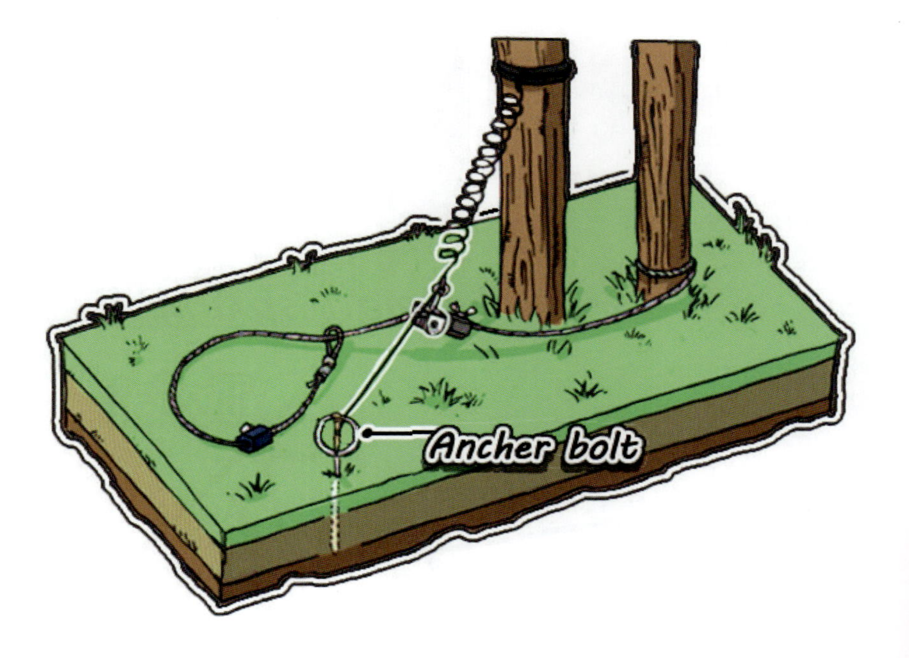

引きばねの先端は滑車と**アンカーボルト**につなげます。トリガーは、このアンカーボルトの噛みあいを外すような仕組みにします。
アンカーはすっぽ抜けないように、地中の木の根に針金を巻き付けて設置しましょう。

長所

引きばね式の長所は地面に穴を掘る必要がないことです。そのため他のくくり罠は仕掛けられないような岩盤上や急斜面にも設置する事ができます。

短所

他のバネとは違いセッティングした状態で持ち運ぶ事ができないため設置に時間がかかります。また、くくりつける木が無い場所には設置する事ができません。

③ねじりばね式

　ねじりばねは、金属がねじられた際に元に戻ろうとする『トルク』を保存するバネです。『洗濯ばさみ』のバネを想像してもらえるとわかりやすいでしょう。

　ねじりばねをくくり罠に使用する場合は、リングになった両端にワイヤーを通して跳ね上げます。

　この時、リングが上を向いていると、ワイヤーロープに力がかかるまでの時間が若干遅くなるので、一端が90度に傾いたタイプを使用すると良いでしょう。

　ねじりばねは非常に強力なバネなので、台にしっかりと固定してセッティングしましょう。暴発して跳ね上がったバネが体に当たり、骨折するような事故も起こっているので注意しましょう。

長所

ねじりばね式は設置がとても簡単で、ひきばね式のように現地でセッティングする必要が無く、押しばね式のように深い穴を掘る必要もありません。

短所

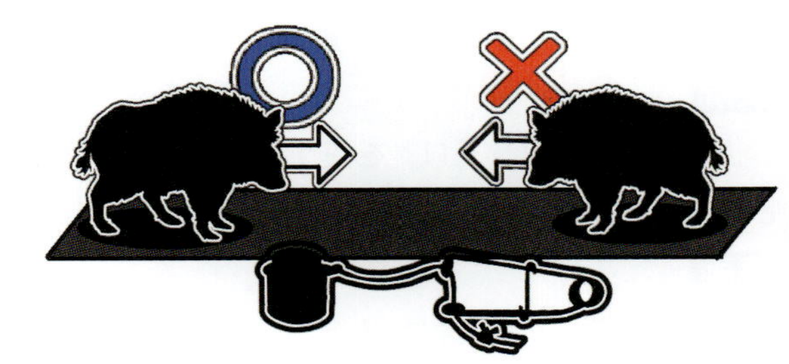

ねじりばねの上に乗られた状態でトリガーを踏まれると、うまく駆動しない可能性があります。

ねじりばね式を埋める場合は獣道と垂直になるように設置してバネの上に乗られないように工夫しましょう。

5.トリガーパーツ

工業の世界で一般的に使用されるトリガーといえば電気式センサーですが、狩猟の世界は、雨は降り、砂ぼこりは舞い、土は詰まり、獲物にグチャグチャにされるなど、電気製品にとっては最悪の環境です。このような過酷な環境でも確実に作動させるには、やはりアナログな仕組みが向いています。

①フックトリガー

太古の時代から最もよく使用されてきたトリガーが、この**フックトリガー**です。原理は至って単純で、荷重のかかっている『噛みあいを外す』だけです。

獲物に噛みあいを外させる方法は色々ありますが、よく使用されるのは餌（ベイト）をトリガーに直付けして引っ張らせる方法と、『うっかり』引っ張らせる**蹴り糸**（トリップワイヤー）です。

長所

後に述べる『チンチロ』を使うと、小さな力で大きな罠を駆動させることができます。

短所

トリガー部ではなく、噛み合っている部分に触れられると暴発します。

蹴り糸をくくり罠に使用する場合は、引き上げられたスネアが真上に上がるように、小枝などでガイドを作っておきましょう。また蹴り糸は強く張りすぎると獲物に違和感を与えるため、ある程度は『あそび』をもたせておきましょう。使用する糸は劣化しにくいサメ釣り用のPEラインがおすすめです。

実例として、駆動部に引きばね、トリガーに蹴り糸を使った場合の罠は次のようになります。

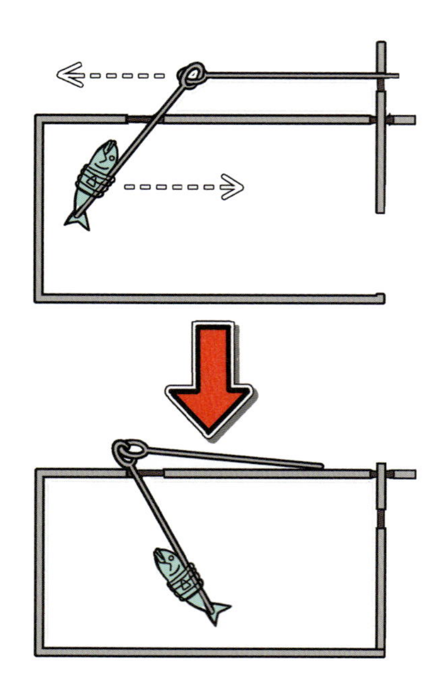

①蹴り糸の端を固定してもう一方に釘を結びつけ、蹴り糸をスネアの上に張る。

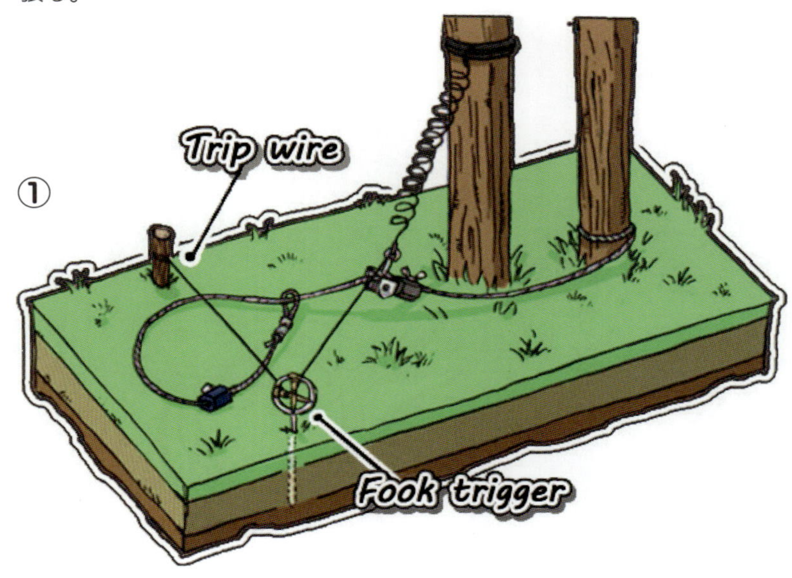

②蹴り糸の釘をアンカーリングに掛けていた引きばねの釘の後ろに通す。準備が完了したら蹴り糸の釘に力がかかる位置に引きばねの釘をずらす。

③獲物が蹴り糸を弾いたら、蹴り糸の釘が抜ける。

④引きばねの釘も外れて、バネが引きあがりスネアを締めあげる。

②踏み板トリガー

フックトリガーはシンプルで応用性の高い方式です。しかし安定性にやや難があり、獲物が噛み合わせの部分に触れると暴発します。

そこで、より安定性の高い方法として利用されるのが、**踏み板トリガー**です。原理は地雷を想像してもらうとわかりやすいでしょう。

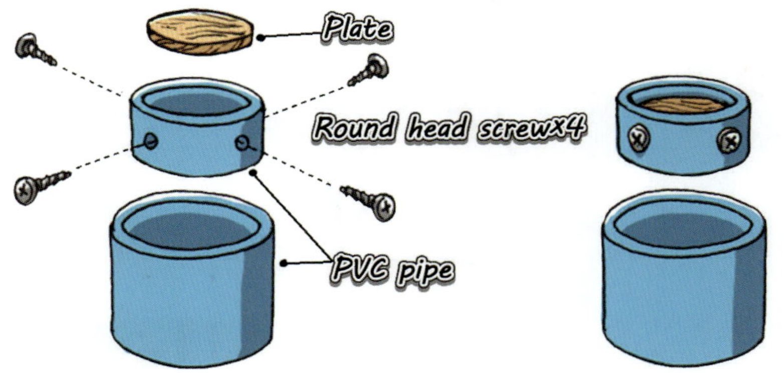

この方式では、ねじりばねの力を直接トリガーとなる踏み板にかけておき、獲物が踏み板を踏むと引っかかりが外れてバネが作動します。

長所

設置が簡単で、踏み込んだ足先にワイヤーロープがあるため、素早く獲物の足をくくる事ができます。また、暴発が少なく初心者でも簡単に設置できます。

短所

踏み板に泥や氷が詰まると正常に作動しないことがあります。また獲物がパイプや金属面に触れた事に不快感を感じ足を引かれる事もよくあります。

踏み板は、径の異なる金属筒や塩化ビニールパイプを『入れ子』にしてよく作られます。実例として、駆動部に引きばね、トリガーに蹴り糸を使った場合の罠は次のようになります。

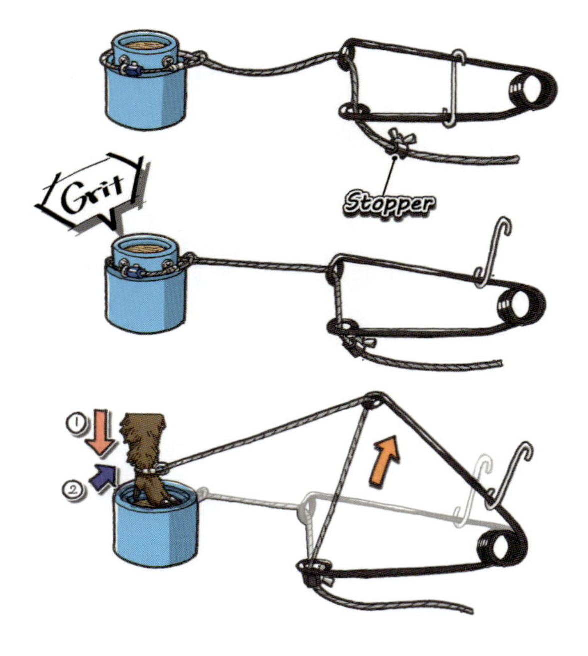

①スネアを踏み板にかける。

②ねじりばねのロックを解除して、踏み板に力をかける。

③獲物が踏み込むと踏み板が落ち、スネアが外れるのでねじりばねが跳ね上がる。

踏み板トリガーは**シーソー型**も良く利用されます。このタイプは踏み込むタイプよりも感度が高いという長所がありますが、機構が若干複雑なのでトラブルの発生確率が高くなります。

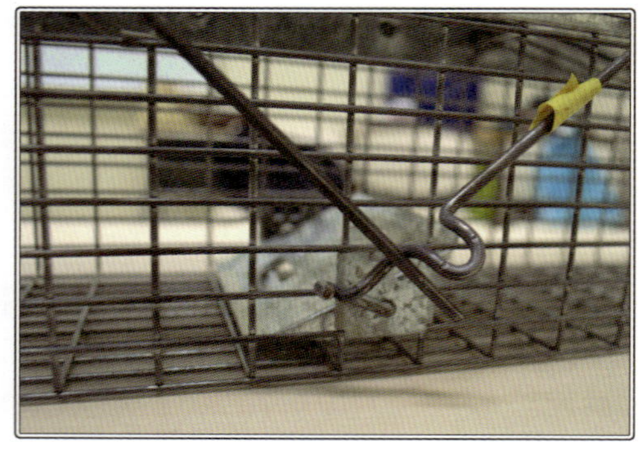

③チンチロ

トリガー部には**チンチロ**と呼ばれる部品が良く利用されます。これは大きな罠を小さな力で動かすための補助部品です。

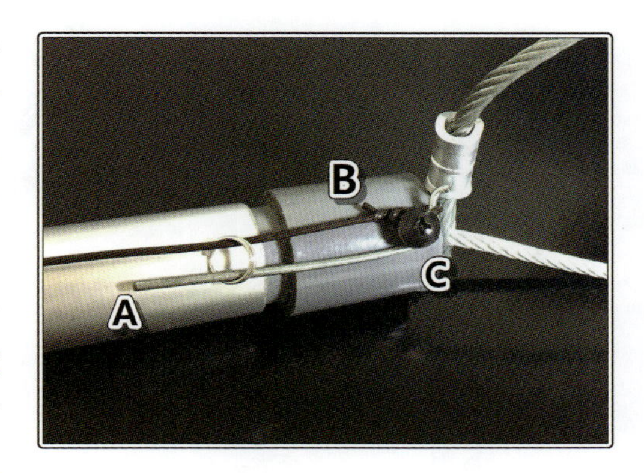

チンチロは支点**C**を中心に、一方は長く、もう一方は短くなっており、長辺**A**にはトリガー部が、短辺**B**には駆動部が繋がれます。

大きな落ち戸や強力なバネのように駆動部の荷重が重い場合、それを動かすためのトリガーも必然的に重くなります。トリガーが重いと獲物が引っ張る際に違和感が大きくなるので、逃げられる可能性が高まります。そこで、トリガー部と駆動部の間にチンチロをかませると、『てこの原理』によりトリガー部の力は小さくなるので、獲物に与える違和感が少なくなります。

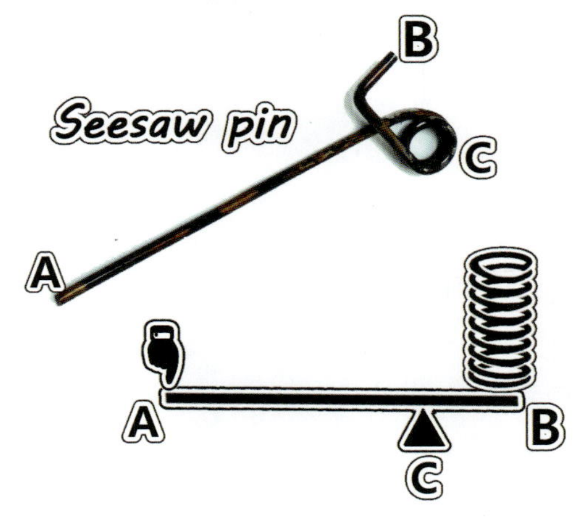

実例として、駆動部に押しばね、トリガー部に踏み板式＆チンチロを使った場合の罠は次のようになります。

①押しばねの筒の下部に針金、上部にチンチロを装着する。チンチロは回転しやすいようにきつく締めすぎないようにする。
②針金にリングを通す。
③チンチロの長辺にリングをかけ、短辺に針金をかける。押しばねのロックを解除する。
④踏み板にカンチレバーを取り付け、レバーをリングに通す。

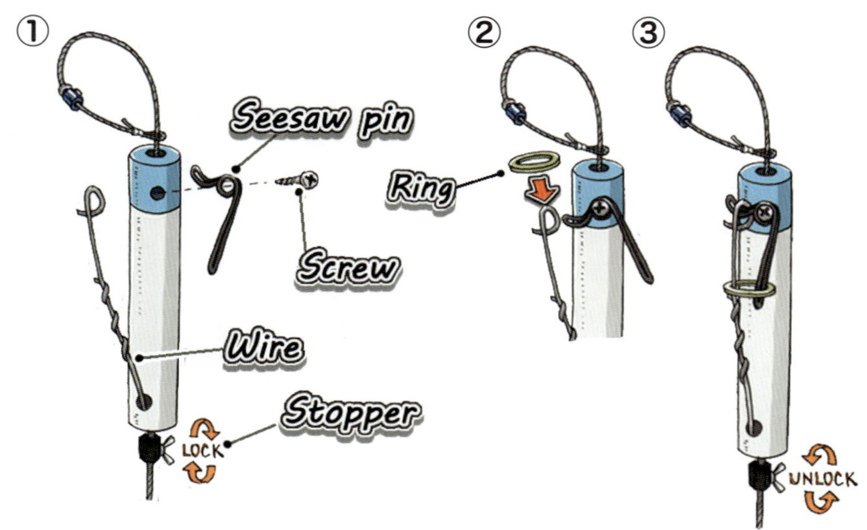

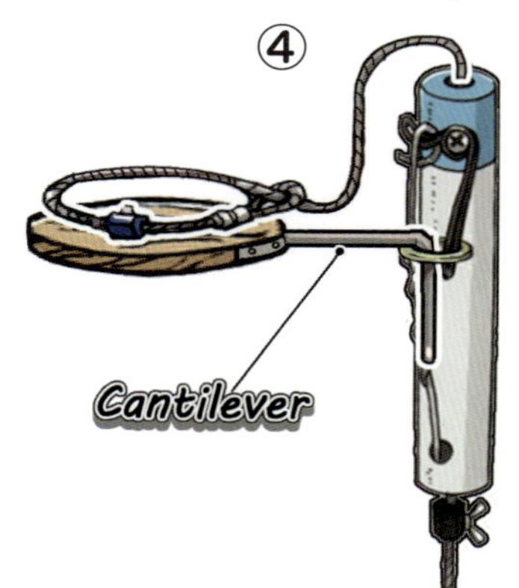

この例では、カンチレバー付きの踏み板が押し込まれるとリングが落ちてチンチロが跳ね上がり、駆動部のテンションがかかっている針金との噛みあいが外れるため、バネが押し上がります。

チンチロは難しそうに見えますが、原理を理解していれば使用していくうちに慣れて行きます。

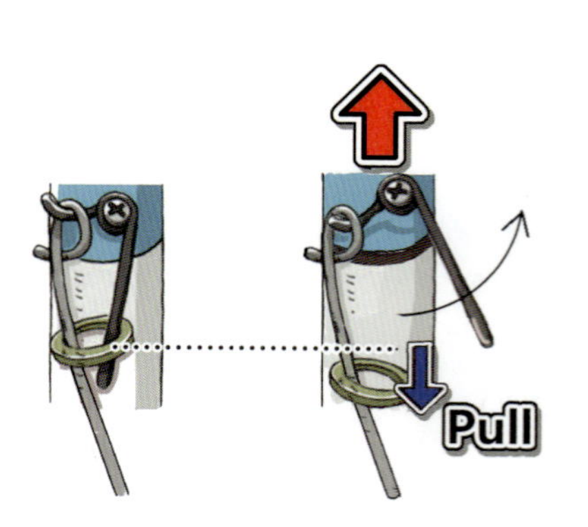

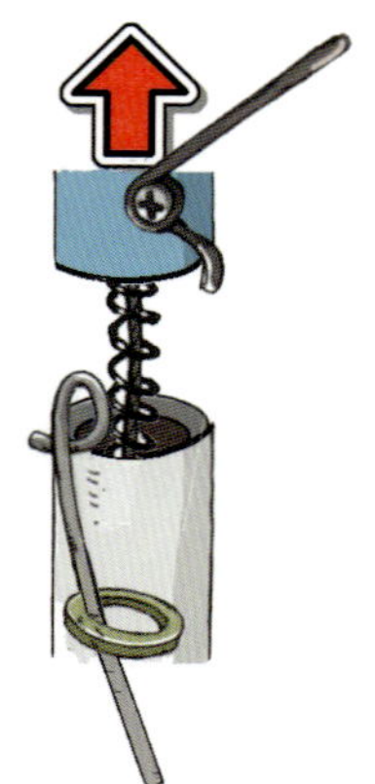

6.くくり罠セット

あなたが初めて罠を購入する場所は、間違いなくインターネットショッピングでしょう。罠は猟場に合わせて自分で設計をしなければなりませんが、初心者が一から罠を作ろうとしてもホームセンターで右往左往するのが関の山です。

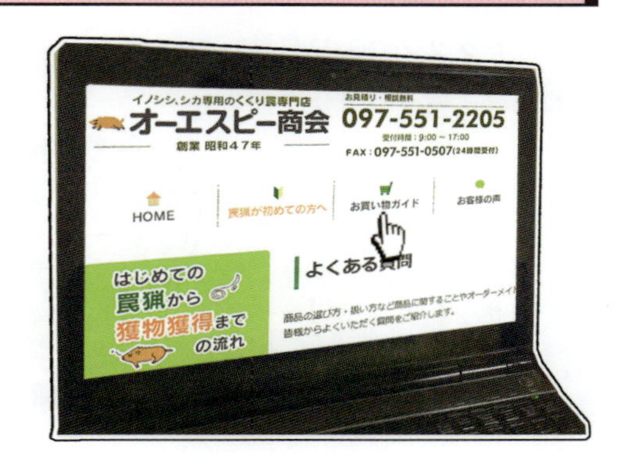

そこで、まずは罠専門の会社をインターネットで調べ、**セット罠**を購入しましょう。始めのうちは説明書通りに組み立てて使用し、慣れてきたら自分なりの工夫を施してみると良いでしょう。あなたがベテランの罠師と呼ばれるようになる頃には、セット罠も自分の名前を冠した『○○式罠』と呼んでも良いほど変わっているはずです。

くくり罠の専門店、オーエスピー商会で取り扱っているセット罠は、大きく4種類です。

何を購入してよいかわからないようでしたら、『お客様の声』を覗いてみましょう。その答えはきっと見つかるはずです。

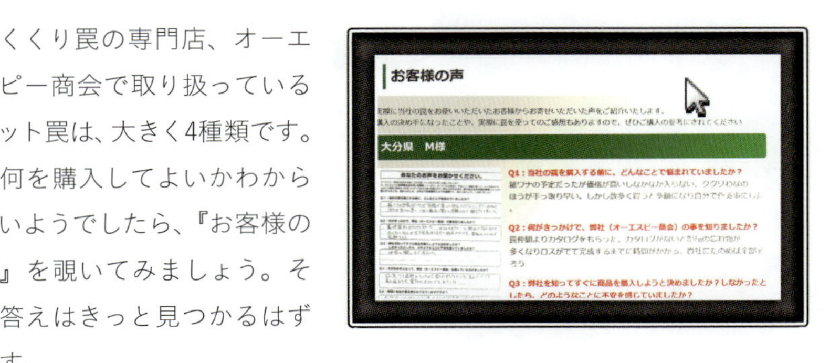

①C式トラップ

C式トラップは、ねじりばね駆動、踏み板トリガーを組み合わせたセット罠で、オーエスピー商会のベストセラーです。

このセット罠にはカンチレバー付き踏み板のC式と、塩ビパイプを踏み板にしたC〇式（シーマル）式の2種類があります。

通称、『しまるくん』と呼ばれるC〇式罠は、土壌凍結やパイプ内に泥が侵入しても確実に作動するような工夫が施されており、そのままでも非常に扱いやすいセット罠です。

②W式トラップ

W式トラップは、ねじりばね駆動、フックトリガーを組み合わせたセット罠で、高張力かつ安全性を高めた改良型ねじりばね（ダブルキックバネ）を使用しています。

初心者でも扱いやすいしまるくんですが、塩ビパイプの踏み板が持ち運びに不便という欠点があります。そこで持ち運びに便利な蹴り糸をトリガーにしたのがこの罠の特徴です。また、ねじりばねが暴発しないように特殊な安全装置が付いています。しまるくんは車で移動できるようなポイントに、W式トラップは罠を背負って移動しないといけないような山奥用に使い分けるとよいでしょう。

③A式トラップ

A式トラップは、押しばね駆動、踏み板トリガーを組み合わせたセット罠で、あらゆる環境で作動する万能タイプです。

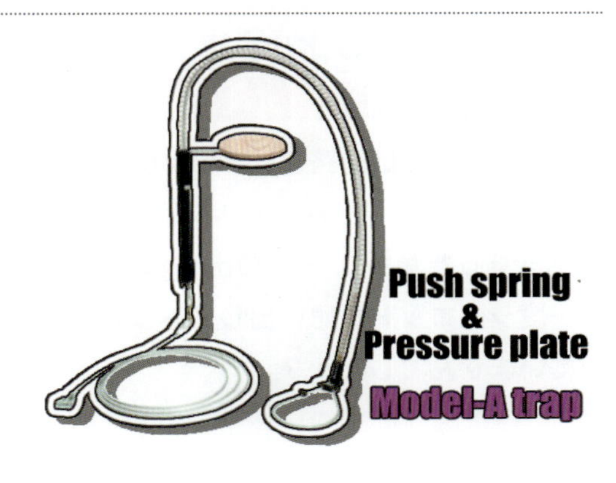

しまるくん、W式トラップに使用されているねじりばねは、凍結に弱いという欠点がありますが、このA式トラップは強力な押しばねを使用しているので、例え周囲が凍っていても問題なく駆動します。また、飛び出したスプリングが足の高い位置をくくるため確実に獲物を捕縛する事ができます。

ただし押しばねは安価な反面折れやすいため、定期的に交換しなければなりません。寒冷地帯での使用や罠のカラ弾きが多い場合はこのセット罠を試してみると良いでしょう。

④B式トラップ

B式トラップは、引きばね駆動、フックトリガーを組み合わせたセット罠で、地面を掘れないような猟場で効果を発揮します。

この罠の特徴は地面に穴を掘らなくても良い事と、蹴り糸の感度をより高めるためのチンチロが組み込まれている点です。

地面を掘り返す時に発生する臭いがでないため獲物に与える違和感が少なくなります。

人里に現れる動物を知ろう！

あなたも一度は道路をピュッと横切る動物を目にしたことがあると思います。「あ！あれってハクビシン？」、「いや、タヌキかな？」、「イタチだったかも」。一瞬の出来事で判断が付かなかった場合はもう一度シルエットを思い出してみましょう。その動物はこんな姿をしていませんでしたか？

1.タヌキ

日本童話界登板率No.1の売れっ子エンターテイナーと言えば、みなさんもご存じの**タヌキ**です。

①その大きさ

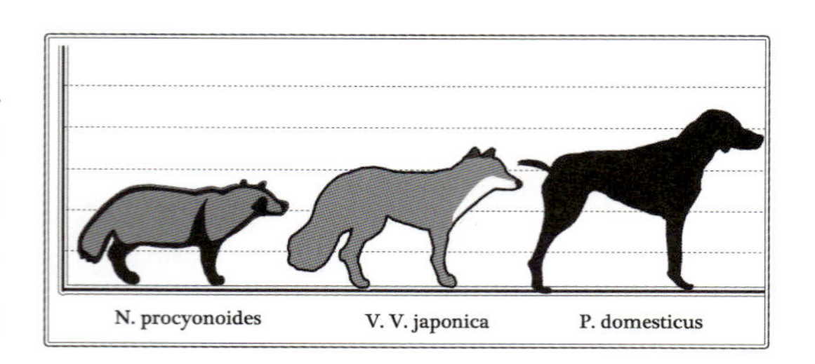

タヌキは頭胴長約60cmのイヌ科の動物で同じくイヌ科のキツネや中型犬とほぼ同じ

大きさをしています。体高は低いため若干短足に見えますが、この姿は厚い冬毛に覆われた姿であり、夏場のタヌキは毛が短く実際はなかなかスマートな体形をしています。

②その習性

タヌキの習性としてよく知られているのが擬死（死んだふり）です。擬死は昆虫類やクモ類に多くみられますが哺乳類では珍しく、タヌキの擬死行動は『タヌキ寝入り』の語源になっています。

現代ではタヌキを銃猟することはほとんどありませんが、しばしば猟犬がぐったりとしたタヌキをくわえて帰ってくることがあります

③その病気

タヌキは夜行性で警戒心も強いため、昼間に姿を現す事はありません。しかし疥癬（かいせん）を患ったタヌキは、痒みで寝る事ができずに白昼でもウロウロしている事があります。

タヌキの疥癬（イヌセンコウヒゼンダニ）は人に感染しても一過性の痒みで終わりますが、イヌに感染した場合は抜け毛やフケ、ひっかき傷から細菌が入り二次感染を引き起こす可能性があります。可哀想ではありますが疥癬のタヌキを見ても近寄らずにそっとしておきましょう。

④そのむかしばなし

最近は住宅地や公園でゴミを漁る姿を多く見かけるタヌキですが、通常は山地でミミズや幼虫などの土壌生物を食べて生活しています。山地では根っこの間や洞穴を拠点としていますが、タヌキは穴を掘る事が得意ではないためアナグマの掘った穴を間借りしている事があります。

「似た者同士」を指す言葉に「同じ穴の狢」という言葉がありますが、これは猟師がアナグマを獲るためにアナグマの巣穴に煙を入れて燻し上げた所、アナグマとタヌキが飛び出してきたという逸話から来ています。

⑤その人気

里に住む獣と書いて「狸」と書くように、日本人にはなじみ深いタヌキですが、実は日本列島と極東アジアの一部にしか生息しないため世界的に見ると非常に珍しい動物です。その希少性と愛くるしさから海外では人気が高く、海外の動物園ではパンダ並みの厚遇を受ける事もあります。

人気者のタヌキと言えば『酒買い狸』と呼ばれる信楽焼の狸の置物です。これは「他を抜く」として飲食店などの店先に縁起物としてよく飾られています。

酒買い狸の姿は、『破れ傘』をかぶり手には『通帳』と『徳利』を持ち、『太鼓腹』と『金袋』、ギョロっとした『目』と『大きな尻尾』を出した『丸裸』の恰好というユーモラスな姿をしていますが、これは『狸相八訓』と呼ばれ、その解釈は様々です。例えば次のような考え方もありますが、あなたはこの姿をどのように解釈しますか？

1. 破れ傘、「人間上みたらキリがない。ほどほどが一番」
2. 通帳、「この通帳には記帳せず。いつもニコニコ現金払い」
3. 徳利、「『徳』と『利』をもって商売に励め」
4. 太鼓腹、「決断するときはポンと腹を叩いて小事にこだわらない」
5. 金袋、「財布の紐を伸ばして大度量に気前よく」
6. 目、「偏見なく、何事も丸くみる」
7. 尻尾、「大きな尻尾は簡単に振らず、日和見はしない」
8. 丸裸、「何事も気取らず、ありのままの姿で」

⑥そのお金のはなし

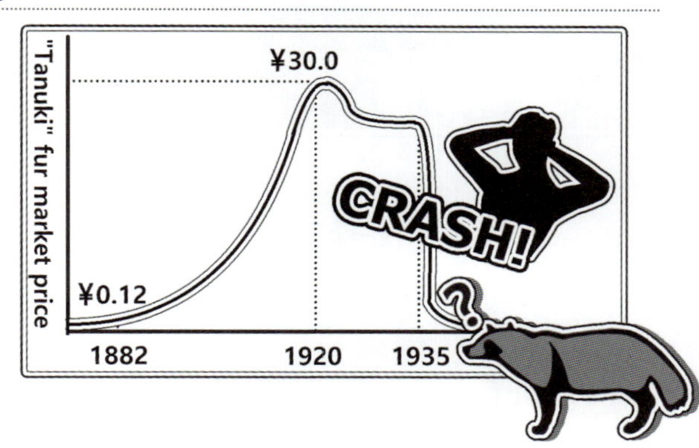

タヌキは古くから毛皮獣として重要な獲物でした。特にバブル景気に沸く1920年代のアメリカでは、オリエンタルの地に生息する珍しい"Tanuki"の毛皮が大人気となり、タヌキの毛皮は1枚30円、現在の貨幣価値に換算すると14,000円という超高値で取引され、日本の毛皮産業は大盛況となりました。しかし1929年に大恐慌が起きると贅沢品である毛皮の需要は激減して市場は完全に崩壊してしまいます。

タヌキの養殖を行っていた毛皮会社はこの急転直下の結末を見て「タヌキに化かされた！」と口々に叫んだと言いますが、もちろん化かしていたのは人間であり、タヌキには何の罪もない話でした。

2.アナグマ

地方によっては「タヌキ」と呼ばれる事もあったこの動物ですが、名前が混同されていただけでその姿を見間違える猟師はまずいません。太くて短い足で穴を掘る事が得意な**アナグマ**は山の工事屋さんです。

①その見た目

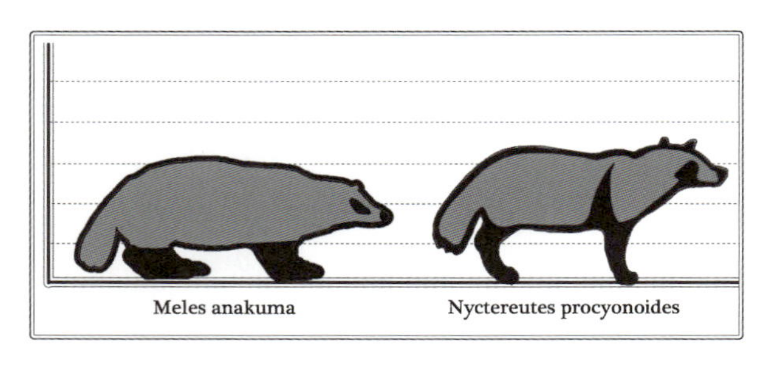

アナグマはヨーロッパ、アジアに分布するイタチ科の動物で、日本には二ホンアナグマと呼ばれる固有種が生息しています。頭胴長は約60cmとタヌキに良く似た大きさをしていますが、体高はタヌキよりもさらに低く、地面に鼻を擦り付けながら歩く習性があるため遠目からでも見分ける事ができます。また、タヌキは指さきで歩く指行性なのに対してアナグマは掌までをべったりと付けて歩く蹠行性(しょこうせい)なので、足跡には5本の指の形がくっきりと残ります。

②その混同

アナグマは地方によって「狸」や「狢（むじな）」、「猯（まみ）」と言った様々な呼び方がされており、大正時代にはこの呼び方の違いが原因となって最高裁まで争った『たぬき・むじな事件』という有名な訴訟が起きています。

余談ですが、巷では「アナグマの肉は美味くてタヌキの肉は臭くてマズイ」、「狸汁と呼ばれる食べ物は実はアナグマの肉を使ったものだった」と噂されていますが、これは大きな誤解で、タヌキもアナグマもどちらもおいしく食べる事ができます。逆に言うとどちらの肉も季節や食性によってはかなり強い獣臭があり、料理方法を工夫しなければ臭くて食べられたものではありません。

③その特技

アナグマはスコップのような足を使用して巣穴を掘ります。この巣穴は**クラン**と呼ばれる家族の集まりで生活するために複数の出入口が設けられており、大所帯のクランでは何十もの出入口があるマンションのような構造になっています。

なお、アナグマは掘り返した土を遠くに捨てに行く習性があるため、巣穴の入り口には土を押し出した溝（**アクセストレンチ**）が伸びています。アナグマの巣穴を見分けるポイントになるため、是非覚えておきましょう。

3. キツネ

日本童話界でタヌキと双璧をなす動物といえば**キツネ**ですが、滑稽で憎めない役回りのタヌキに対して、キツネはかなりヒール寄りのキャラクターを演じます。その卑劣で残忍というイメージは一体どこから来るのでしょうか？

①その亜種

日本のキツネは北半球に広く分布しているアカギツネの亜種で、九州、四国、本州に**ホンドギツネ**、北海道に**キタキツネ**の2亜種が生息しています。

両者の見た目はほとんど変わりませんが、キタキツネはホンドギツネに比べて一回り大きく、足の黒いソックス柄が特徴です。

②その神格

キツネは**ハンター歩き**と呼ばれる独特な歩行方法で、静かに獲物に近づき捕獲する肉食獣です。奈良時代に中国からネコが輸入されるまで、キツネは食糧庫や田畑をノネズミから守る益獣として喜ばれており、また金色の長い尻尾がたわわに実った稲穂のように見えるため、豊作を呼ぶ『稲荷神（イナリノカミ）』と言う名前で神格化されていました。

③その妖（あやかし）

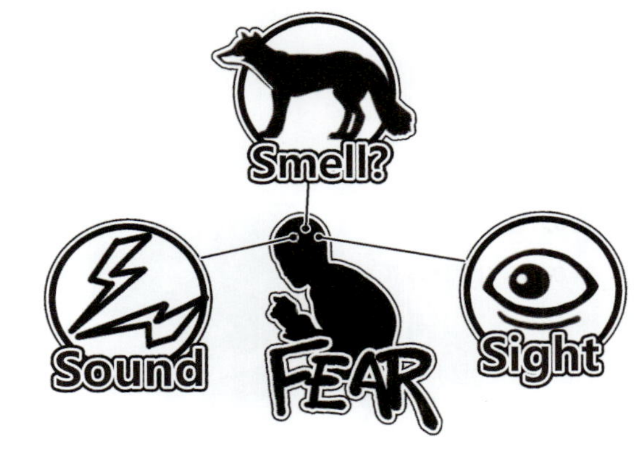

ネズミなどの小動物はキツネの尿の臭いを嗅ぐと忌避反応を示す事が知られています。この現象は興味深いことに、一度も外敵の姿を見た事がない研究室生まれのラットであっても同様の反応を示します。すなわちこの実験結果は動物の遺伝子には『恐ろしい姿』や『恐ろしい音』と合わせて『恐ろしい臭い』という情報が組み込まれている事を示しています。

キツネは世界各地で人を化かす妖怪という印象を持たれていますが、もしかするとこれは、人間の遺伝子には肉食獣の臭いを危険と感じる遺伝子が残っており、キツネの尿の臭いを嗅いだ時に感じた『えも言われぬ恐怖』を言い表しているのかもしれません。

4. ハクビシン

タヌキ、キツネ、イタチが日本三獣だとすると、そこに**ハクビシン**が加わり四獣になる日はそう遠くありません。ただしこの獣は、いつごろから日本にいたのかよくわからない不思議な動物でもあります。

①その出身

鼻から頭にかけて白い線が通っている事からその名が付けられたハクビシン（白鼻芯）は、元は中国大陸南部、東南アジア、南アジアに生息している動物です。

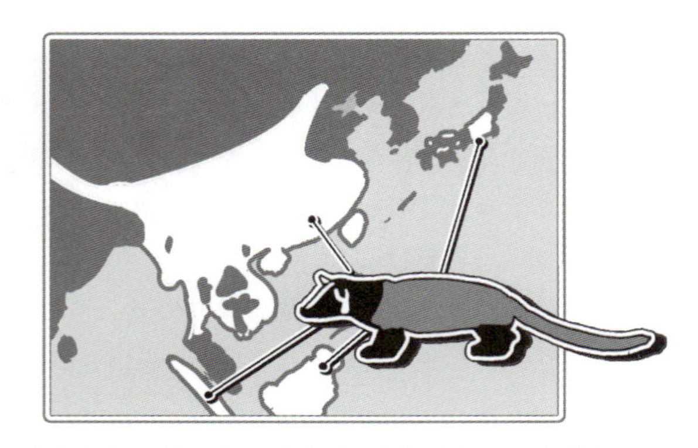

日本には明治の初めに毛皮目的で輸入された個体が逃げ出して定着したと考えられていますが、江戸時代の文献には『雷獣』と呼ばれるハクビシンによく似た動物が登場するなど、実を言うといつごろから日本に定着しているのか詳しくわかっていません。

②その不思議

ハクビシンの生息が正式に報告されたのは1945年で、以降はちらほらと目撃報告がされるぐらいの珍しい動物でした。しかしここ十数年で生息域が急拡大し、都市部や住宅地でも見かけるようになりました。

ハクビシンがなぜ今ごろになって急増したのかはわかっていません。しかしハクビシンが電線の上をスルスルと綱渡りするエキゾチックな光景は、横浜などの一部の地域ではすでに朝の風物詩になりつつあります。

なおハクビシンはアライグマやミンク、ヌートリアと同様に外来種であることは確実とされていますが、いつごろから生息していたか不明なので特定外来種には指定されていません。

③その仲間

インドネシアにはパームシベットという動物にコーヒーの実を食べさせて、その糞から未消化の豆を取りだした『コピ・ルアク』と呼ばれるコーヒー豆があります。通称「ウンココーヒー」と呼ばれるこの豆は、あっさりとした甘みのある口当たりが好評で、希少性も相まって100g5,000円もする世界一高価なコーヒーになっています。

実はハクビシンもパームシベットの仲間で、果実ばかりを食べた糞は良い香りがします。ひょっとするとハクビシンでもこのコーヒーのような商品ができる…かもしれません。

5.イタチ

細長くしなやかな体つきで野山や河原をチョンチョンと走り回る可愛らしい**イタチ**。しかし愛鶏家にとっては恐ろしい魔獣です。

①その大きさ

イタチは頭胴長約35cmのイタチ科の動物で、日本には固有亜種の**ニホンイタチ**とユーラシア大陸から移入された**チョウセンイタチ**が生息しています。

また同じイタチ亜科の動物には、テン、オコジョ、イイズナ、外来種のミンクが生息しており、イイズナとオコジョ以外は狩猟鳥獣になっています。

②そのメス

イタチのメスは狩猟獣ではないので、くくり罠を仕掛ける時はスネアの大きさに十分に注意しなければなりません。

イタチのメスやオコジョ、イイズナはイタチのオスよりも体が小さいため、締め付け防止金具でくくり輪が締まる大きさを2cmほどに設定して、錯誤捕獲を防止しましょう。

③その被害

イタチは山野に生息している限りではノネズミや小鳥を狙う森の小さなハンターですが、ひとたび人里に下りてくると恐ろしいシリアルキラーへと変貌します。

イタチはその細い体で針の穴のような隙間でもかいくぐる事ができるため、鶏舎を見つけると容易に侵入してニワトリを襲います。イタチの恐ろしいところは目に付いた獲物は食べなくても『すべて殺す』という残忍性で、愛鶏家にとっては一晩で大切なニワトリ達を全滅させる恐ろしい存在です。

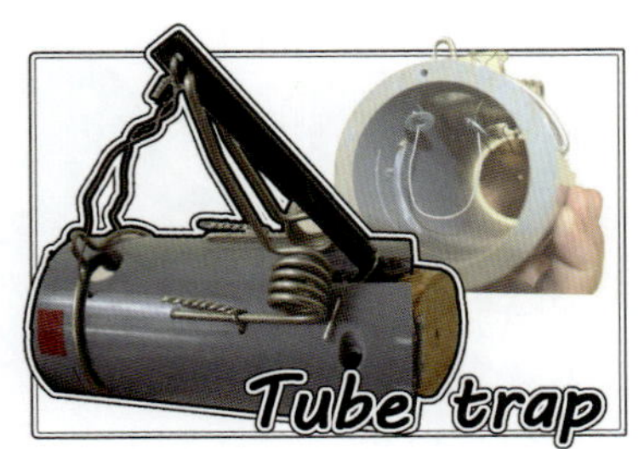

④その対策

もしこれから鶏を飼い始めようと思っている方は、鶏舎の隙間はどんなに小さくてもしっかりと塞ぎ、木酢液(もくさくえき)などの忌避剤(きひざい)を撒いてイタチ対策は万全に行いましょう。罠の中にはイタチ専用の**チューブ式罠**と言うものもあり、猟期間中に敷地内であれば狩猟登録を行わなくても罠を設置することが可能です。詳しくは自治体の鳥獣対策課か県猟友会に問い合わせましょう。

6.アライグマ

つぶらな瞳にシマシマ模様の尻尾がトレードマークの**アライグマ**。愛くるしい姿に心が癒されますが、日本の自然界には彼らを受け入れる場所はありません。

①その大きさ

アライグマは頭胴長約50cmのアライグマ科の動物で、シルエットはイヌ科のタヌキとよく似ています。

アライグマは人間で言う「手のひら」や「かかと」が特に発達しており、木登りや直立歩行を得意とします。前足で餌を掴んで口に運ぶ習性が、まるで餌を洗っているかのように見える事からその名前が付けられたと言われています。

②その移入

北米原産のアライグマが日本に広がったのは、1977年に放送されたテレビアニメ「あらいぐまラスカル」に触発されたアライグマペットブームだと言われています。

アライグマはその純情で可愛らしいイメージとは裏腹に実際は非常に気性が荒く、なかなか人慣れをしない動物です。その事を知らずに安易な気持ちで飼い始めた人達が扱いに困って野山に捨て去った事で、自然繁殖するようになりました。

③その被害

アライグマは農作物への食害だけでなく泳ぎも得意なため、貝やウニなどの海産物にも被害を与えます。

また高い木にできた穴を住処とする習性から、木造建築の民家や神社仏閣の屋根に侵入し、騒音被害、糞害、建築の破壊、糞線虫等の人畜感染症などの問題を起こします。

このような背景を踏まえ、アライグマは2005年に制定された特定外来生物法で**特定外来種**に指定され、売買や生きたまま搬送する事が禁止されるようになりました。また被害が多発している市町村では報奨金が掛けられ駆除活動が行われています。

④その不幸

ペットの遺棄という人間の身勝手で不幸な運命を背負ってしまった動物はアライグマだけではありません。タイワンリス、アカゲザル、ガビチョウ、野イヌ、野ネコなどは、本来日本の生態系に居場所は無い動物達なので『撲滅』する事が最終目標とされています。これ以上このような動物を増やさないためにもペットを飼う人間のモラルが必要になります。

7.ヌートリア

マイナーな存在ながらもおよそ50年以上日本人と共存し続けて来た**ヌートリア**ですが、近年その悪行が目に余るほど大きくなってきました。なぜ今頃になって彼らは問題行動を起こすようになってきたのでしょうか？

①その大きさ

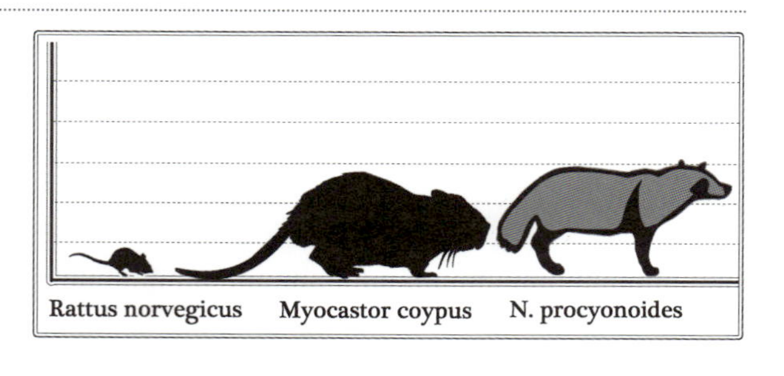

ヌートリアは頭胴長約50㎝の半水生げっ歯類で、沼狸（しょうり）と呼ばれていた事もあるように、大きさはタヌキとほぼ同じです。

日本や北米では「ヌートリア」と呼ばれますが、原産国である南米やスペイン語圏では“Coypu”（コイピュー）と呼ばれており、その他「ウォーターラット」や「リトルビーバー」など移入された国によって様々な名前で呼ばれています。

②その移入

ヌートリアは1939年にフランスから兵隊用の防寒着を作る毛皮獣として初めて日本に連れて来られました。順調に日本の地で飼育されていたヌートリアですが戦中戦後の混乱期に脱走・放逐され、1960年代には岡山県を中心に京都、大阪、岡山などの西日本の河川で野生化するようになりました。

ヌートリアは草食系の動物で、普段は水辺に生えるイネ科の草を主食としていますが、近年は河川周辺で栽培している稲や野菜類を食害するようになり全国で1億円以上の農業被害を出すようになりました。このような背景を踏まえヌートリアは2005年に特定外来生物に指定され、アライグマなどと同様に根絶を目標とした駆除活動が進められるようになりました。

③その被害

およそ50年以上、人間と共存してきたヌートリアが近年になって農業被害を拡大させている理由の一つに、人間の**餌付け**があります。

ヌートリアは本来警戒心が非常に強い夜行性の動物ですが、人間がエサを与えるようになったため人間に対する警戒心が薄れ、昼間でも活動するようになりました。この活動時間が伸びた事と餌付けにより栄養状態が改善した事によって、ヌートリアは1年に平均5頭×2回という大繁殖を行うようになり、生息域と食害の拡大に繋がったと考えられています。

またドッグフードなどの味を覚えた個体は、本来口にしない貝類等を捕食する雑食嗜好を持つようになり、生態系破壊などの新たな問題を発生させるようになりました。

ヌートリアが水辺をペタペタ歩く姿は可愛らしく、ついつい餌をあげたくなる気持ちもわかります。しかし野生動物は『ペットではない』ため、無用な干渉は避けなければなりません。野生動物との共存にはお互いの世界を住み分ける事が必要なのです。

毛皮をなめしてみよう！＆料理しよう！

狩猟で得られる恵みは肉だけではありません。角、骨、毛皮などは、思い出としていつまでも手元に残しておきたいと感じる、生命が作りだした美術品なのです。

1. 毛皮なめし

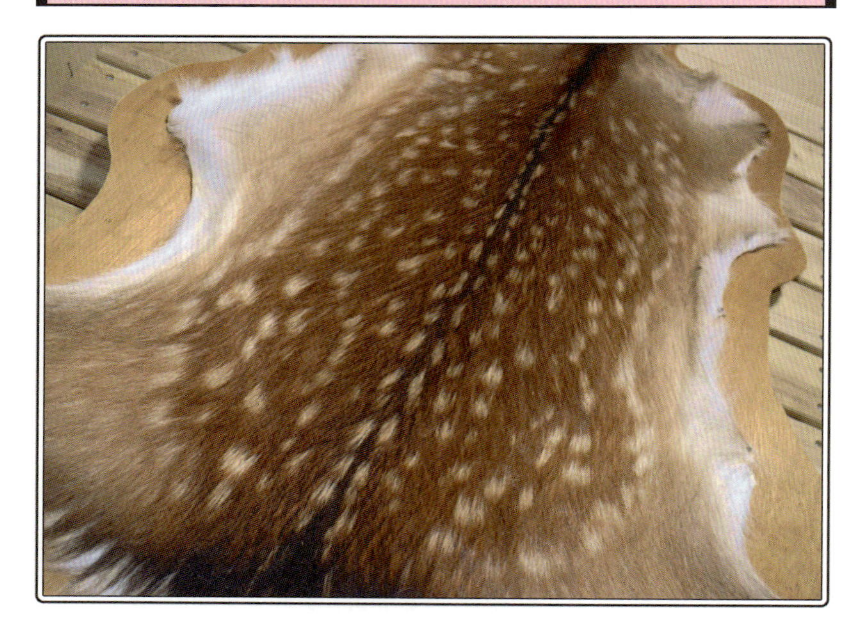

人類が麻や木綿を利用するようになってから毛皮の必需性は低下しましたが、現在でも嗜好品として求められていることからもわかるように、人々が毛皮の造形美に惹かれるのは今もなお変わりません。狩猟はこの美しい毛皮を得ることができる唯一の世界であり、ハンターであれば誰しもがこの生命の美術品をいつまでも手元に残しておきたいと感じるはずです。

毛皮なめし（タンニング）は植物性素材を利用した**タンニンなめし**や、重金属を利用した**クロムなめし**などが有名ですが、これらは工程が非常に

複雑でとても一般家庭で行える方法ではありません。そこでおすすめの方法が、工程が単純で材料もそろえやすい**ミョウバンなめし**です。

材料

- 生ミョウバン
- 食塩
- 中性洗剤
- ホワイトガソリン
（イノシシ、クマの毛皮をなめす場合）
- 木酢液（必要であれば）
- ヒマシ油
（必要であれば）

ただし、この方法で作った毛皮は水に弱いため、靴やカバンなどに加工する事はできません。そのような加工品を作りたいのであれば、専門業者になめしを依頼すると良いでしょう。

①洗浄

生皮は中性洗剤で4，5回もみ洗いをして汚れを落とし、水10リットルに対して洗剤10g、食塩300gを混ぜた洗浄液に一晩漬けておきましょう

なお、次の日になめす時間が取れない場合は、水分を良く切って床面(とこめん)（肉が付いている面）に塩をすり込んで冷凍保存します。なめしを再開する場合は、ぬるま湯に1日ほど漬けて戻します。

洗浄作業をする際はゴム手袋をはめてマダニに十分注意するようにしましょう。洗濯機で洗ってもかまいませんが、洗濯槽が毛だらけになるので注意して下さい。

毛皮は丸ごと1枚使用する必要はないので自由な大きさにカットして下さい。40㎝四方ぐらいにカットすれば台所で行うことができます。

②裏打ち

洗浄作業が終わったら、床面に付着している筋肉と脂肪の層（**フレッシュレイヤー**）を削ぎ落していきます。毛皮にフレッシュレイヤーが付いた状態のままだとそこから腐敗するので、削ぎ落し作業（**裏打ち**）はできる限り丁寧に行いましょう。皮が柔らかすぎて作業がしづらいのであれば、塩をすり込んで数時間おくと水気が抜けて削りやすくなります。

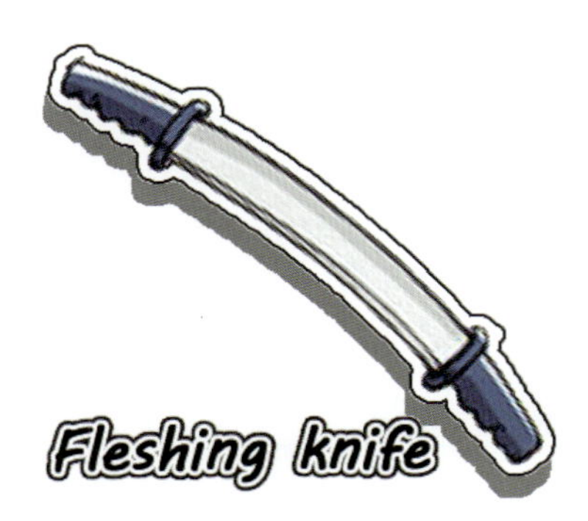

裏打ちには**剪刀**（せんとう）**（フレッシングナイフ）**と呼ばれる両端に取手の付いた湾曲ナイフを使用します。もちろん、作業がしやすいのであればカッターナイフや包丁、塗装を剥ぐ金ヘラなどでも構いません。

またナイフと合わせて**カマボコ板（フレッシングビーム）**と呼ばれる専用の台を使用します。この台は表面がカマボコのように湾曲しており、フレッシングナイフの局面に合った形状をしています。また、先端の尖りに毛皮の端を置いてお腹で挟む事で毛皮がすべらないように固定する事ができます。なお、毛皮が滑らないように工夫すればベニヤ板などでも代用できます。

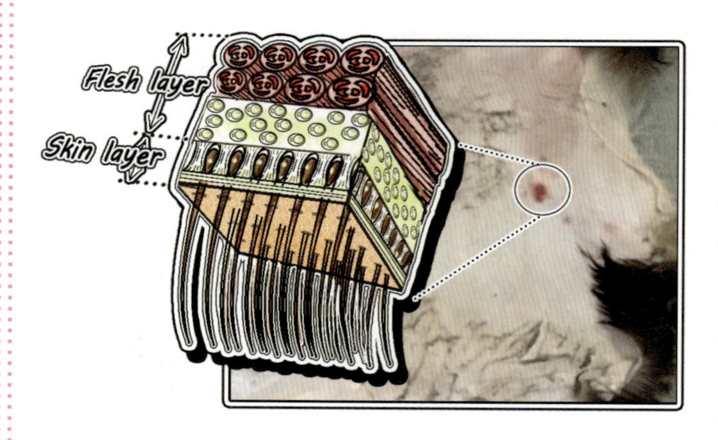

動物の皮膚は4層でできており、なめし革は表皮と新皮の層（**スキンレイヤー**)を残します。スキンレイヤーの厚みは動物によって異なり、ニホンジカの場合は3㎜程度です。

イノシシやクマの皮膚に含まれる脂肪線には油が多くたまっているので、裏打ち後にジメチルエーテルやホワイトガソリンなどの有機溶剤に1，2時間浸して**脱脂作業**を行います。脱脂時間が短いと、なめし革から油が浮き出てベタベタな触感になってしまいますが、逆に脱脂時間が長すぎると毛が抜け落ち革がボロボロになります。

③なめし

裏打ちを十分に行ったら、お湯（60℃程度）10に対して、ミョウバン2、塩1の溶液に毛皮をひたし、浮き上がらないように重しを乗せて、2日に1回上下を入れ替えて1週間ほど漬けこみます。

なめし液の濃度と漬け込む時間は毛皮の厚さと気温によって変わり、毛皮が厚く、気温が高くなるほど、液の濃度を濃くして漬け込む時間を短くします。なお工業的には、なめし液に漬けこむ前にギ酸を使った浸酸液（ピックル液）に漬けて、毛皮を酸性にすることで、なめし液の浸透を早めています。ただし、ギ酸は危険な薬品なので、家庭では薄めの木酢液に数時間漬けておくとよいでしょう。

漬けこみ加減は、毛皮を手で握ってみて『シワシワ』な感触であれば良いです。まだ手に吸い付くような感触の場合は、もうしばらく漬けこみます。

ミョウバンは『生ミョウバン（流酸カリウムアルミニウム十二水和物）』を使用しますが、『焼きミョウバン』しか手に入らなかった場合は、水に混ぜて透明になるまで火にかけ、冷却してカリウムミョウバンの結晶を精製します。

④乾燥

なめし液に漬けこんだ毛皮は良く絞って乾燥させますが、そのまま放置すると縮んでカチカチになるため、ゴム紐などで上下左右に引っ張るようにして乾燥させます。この際、専用の台（**ハイドラック**）を使用する事が好ましいですが、毛皮を板に釘打ちするか、物干し台に重しを付けてぶら下げておく方法でも可能です。

ミョウバンなめしは、ミョウバンと食塩を水に溶かす事で発生する『塩化アルミニウム6水和物』がタンパク質を収斂（しゅうれん）させる効果を利用しています。簡単に説明すると、ミョウバンは非常に『渋い』物質で、渋柿を食べ時の口の中のようにタンパク質を収縮させる効果があります。収縮したタンパク質は微生物が分解できないため、なめし革はいつまでも腐らずにその形を保ち続けることができます。栗の渋皮や渋柿に含まれるような『タンニン』で毛皮をなめす事ができるのも、ミョウバン（塩化アルミ）と同様に細胞を収斂させる効果があるためです。

なお、ミョウバンは、煮魚料理の煮崩れ防止や、肌に張りを与える化粧品などに利用されています。

収斂効果が進むと毛皮のタンパク質はどんどんしぼんで固くなっていくので、定期的に押したり引いたりして毛皮の繊維を伸ばす（**ストレッチ**）をおこないます。毛皮は少々強く引っ張っても破れはしないので、柱などにゴシゴシとこすり付けて伸ばしましょう。

乾燥が進むと脂分が少なくなった皮は毛が抜け落ちやすくなります。そこで、お湯：ヒマシ油：洗剤＝5：1：1を塗り込みながらストレッチを行うと、よりふんわりとした毛皮に仕上がります。

ちなみにミョウバンもタンニンも無い太古の時代では、毛皮は唾液の防腐効果を利用してなめしが行われていました。これは原始時代の遺跡から発見される女性の歯がどれも平らにすり減っている事から推測されることで、男たちが猟に出かけている間、女性達は家で毛皮を噛んでなめし作業を行っていたと考えられています。

⑤仕上げ

仕上がった毛皮はブラシをかけて毛玉を取り除きます。なめし革が欲しい場合は毛を全て抜き、表面をヤスリで擦ってセーム革のような白革に加工すると良いでしょう。ニホンジカの白革は太古から高級品の象徴であり、クロスとして利用するのはもちろん、アクセサリーに加工してもシックな色合いを醸し出します。

ミョウバンなめし以外で家庭でもできるなめし方法に、動物の脳を利用した脳漿なめし（ブレインタンニング）という方法があります。これは毛皮を燻して撥水性を高める事ができるため、毛皮を野外で使用するアイテムに加工する事もできます。

2. スカルトロフィー

動物の骨には不思議な魅力があります。気味悪く感じて目を背ける人もいると思いますが、どこか退廃的な美しさがあり廃墟やシュルレアリスムに通じる芸術性を持っています。

特にシカの骨には世界各地で呪術的な力が秘められていると考えられており、西洋では家族を悪魔から守る物（タリスマン）として玄関に飾られる事が多い装飾品です。また日本や中国では鹿卜（かぼく）と呼ばれるシカの骨を使った占いが盛んに行われていました。

狩猟では毛皮だけでなく、この骨が手に入る事も魅力の一つです。あなたの狩猟の思い出を**スカルトロフィー**としていつまでも残しておきましょう。

①皮剥ぎ

まず切り離した頭部の皮を剥ぎます。この際、皮と骨の間の骨膜は汚れから保護する役割を持つため残しておきましょう。

頬の肉は柔らかく旨味が詰まっているので食材として取っておきましょう。

舌は顎のラインに沿ってナイフを入れ引っ張ると取り外す事ができます。舌はボイルして表面の厚皮を剥ぐと『タン』として美味しく食べることができます。また声帯の『ナンコツ』はから揚げにすると良いでしょう。

顎や眼球周りの細かな筋肉はケーパーナイフとピンセットを使用します。ナイフはカッターや医療用のメスでも構いません。

②洗浄

皮を剥いである程度肉を削ぎ落したら頭骨を茹でます。茹で上がったらブラシで擦って骨膜ごと細かな肉を削ぎ落します。またピンセットで眼球、脳、鼻孔内の肉と軟骨を除去します。シカの鼻骨は薄くて柔らかいので、茹でた際に変形しないように紐で縛っておきましょう。なおニホンジカの頭骨から出たスープは、あっさりとした旨味をもっており、シチューなどの煮込み料理のベースに最適です。

ニホンジカの角は熱を加えると白く変色してしまうので、ペール缶で茹でましょう。あつらえ向きに角がはみ出るサイズになっています。

洗浄に使用するブラシは骨を傷つけないように、あまり固くない洗車用のポリエステル製が最適です。高圧洗浄機を使って水流で洗い流すという方法もあります。

③漂白

3, 4回洗浄を繰り返してゆで汁に濁りがなくなったら、『コップ洗い用のタワシ』のような少し硬めのブラシで、骨の継ぎ目が見えるぐらいまで表面をこすります。骨のざらつきが感じられるようになったら再度茹で、沸騰中に塩素系漂白剤をキャップ一杯分投入する事で表面が綺麗な白色に仕上がります。

熱湯に塩素系漂白剤を投入すると有毒な塩素ガスが発生するため、漂白作業は必ず野外で行いましょう。なお、冷えた状態で漂白剤を投入してもかまいませんが、表面に荒い質感が残ります。

④仕上げ

外れた歯や折れてしまった骨を接着剤で修復します。表面にテカリが欲しい場合は、糊（ポリビニルアルコール系）かニスを塗りましょう。

壁掛けに加工する場合は第一脛骨（けいこつ）から切断して、板の裏から針金を通して固定します。

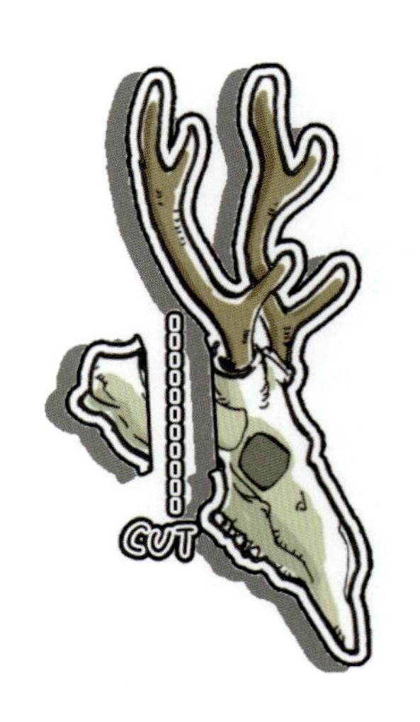

スカルトロフィーは茹でる以外にも、土に半年以上埋めておく方法や、シデムシや蛆虫に肉を食べさせる方法などがあります。製作法によって色合いや質感が変わってくるので色々な方法を試してみましょう。

3.アナグマバーガー

「毛皮獣」と呼ばれる動物達はどれも美しい毛並みが最大の特徴ですが、アナグマは毛皮だけでなく肉もまた素晴らしい味わいを持っています。

材料　※2つ分

- アナグマのもも肉..............200g
- イングリッシュマフィン...2つ
- レタス..................................3枚
- 玉ねぎ.................................1/4
- ブルーチーズ.....................適量

調味料

- おろしにんにく...1かけ
- ハーブソルト.......少々
- 黒コショウ...........少々

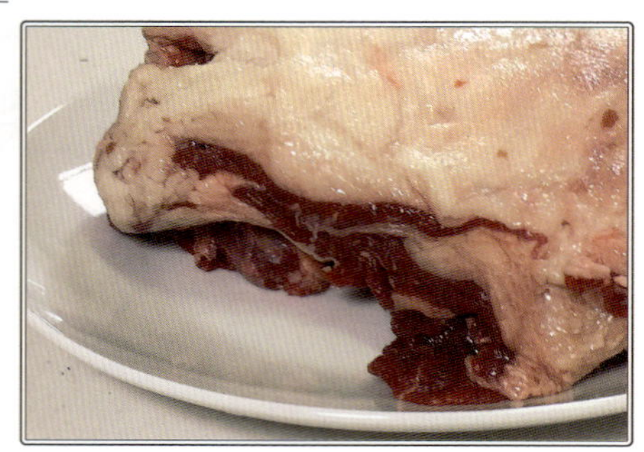

①アナグマ肉を包丁で叩きミンチ状態にする。フードカッターで粗びきにしても良い。
② ①をボールに移し、ハーブソルト、塩コショウ、おろしにんにくを加えてよくこねる。
③フライパンを温め中火で焼く、表面に焼き色が付いたら200℃のオーブンで15分ほど焼く。
④イングリッシュマフィンを２つに切り、トースターであたためる。
⑤スライスオニオンとレタスをはさんで完成。

“Badger burge”（バジャーバーガー）と聞くと言葉遊びのようにも聞こえますが、穴熊肉の旨味のある脂を存分に吸ったマフィンを口にした瞬間、あなたはこのジビエ料理が冗談半分ではないことに気が付くはずです。

穴熊肉はジビエ特有のクセがあるので、ブルーチーズを合わせてみると良いでしょう。フランス料理は食材が持つ味のベクトルを足し合わせて、全く異なる味のハーモニーを作りだす『足し算の料理』と言われており、クセの強いジビエにはクセの強い食材や調味料がよく合います。

4.たぬきじる

狸肉の代用品としてこんにゃくを使った精進料理が『たぬきじる（狸汁）』ですが、こちらは正真正銘の『たぬきじる（狸斟羹）』です。巷（ちまた）では「狸肉は臭くてマズイ」と噂されていますが、『マズイ料理』を作ってしまうのは素材ではなく料理人の腕に問題があります。

食材　大鍋1杯分

- タヌキ肉……1匹まるごと
- ごぼう……2本
- 大根……2本
- えのきたけ…2パック
- その他根菜をなんでも

調味料

- かたくり粉…大さじ2
- 酒……臭いに応じて
- 味噌……適量

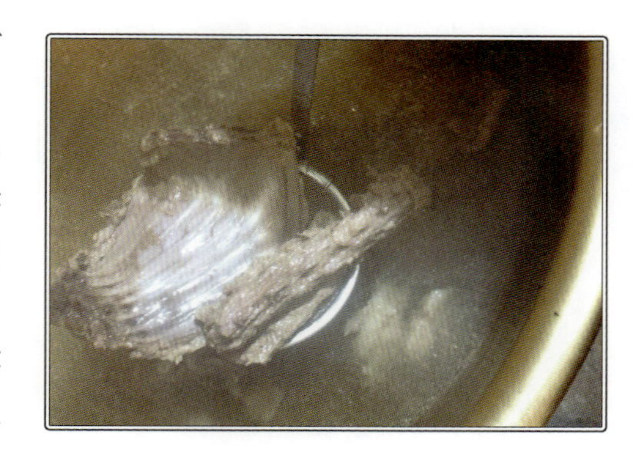

①肉の付いたタヌキを骨ごとぶつ切りにする。
②大なべに入れて蓋を閉めずに中火で煮る。獣臭が強いようなら酒を加えて強火で煮る。
③『臭み』が『風味』に落ち着いたら骨から身をはずす。
④野菜類を適当な大きさに切って煮る。
⑤水溶き片栗粉を入れてとろみを付けたら完成。

ヨーロッパに生息するリエーブル（ヤブノウサギ）は非常にクセの強いジビエですが、ワインと共に何日も煮込み『獣臭』を『野性味』に落ち着かせて作り上げられる「リエーブル・ア・ラ・ロワイヤル（野兎の王家風煮込み）」は、ジビエ料理最高峰の味わいと称賛されています。

料理の世界には、食材を組み合わせて味を作りだす『足し算の料理』と、食材のクセを削ぎ落していく『引き算の料理』があります。ジビエは個体差によってクセの強さが全く異なるため、この引き算が非常に重要になります。

引き算する調理法として最も一般的なのが煮込む事で、この際アルコールを加えると協沸（きょうふつ）と呼ばれる現象により食材の持つ臭み成分（窒素化合物）が揮発しやすくなります。

ジビエ料理はファーストフードのような手軽な料理ではありません。たぬきじるは昔話のおばあさんになったような気持ちで、鍋をゆっくりかき回しながら作りましょう。狸肉の獣臭はそのうち、なんとも滋味深い香りに落ち着いていきます。

Chapter

5

網猟

Traditional Hunter

網猟の世界へようこそ！

狩猟と聞いて、あなたはどのような世界を想像されましたか？「木陰に隠れてじっと獲物を待つ」、「何も知らずに近寄ってくる獲物」、「集まった所を一網打尽ッ！」このように、「野生動物との駆け引き」を求めている方には『網猟』がお奨めです。

1.伝統猟芸師

かつてこの国には野生動物に関するあらゆる知識と技術で獲物を追い、その恵みを人間社会に提供する事で生活の糧を得る**猟師**と呼ばれる人たちが多くいました。しかし現代では狩猟を行うほぼすべての人たちが趣味で狩猟を楽しむ**レジャーハンター**であり、ごく一部、趣味のハンティングで獲れた獲物を販売して小遣いの足しにする兼業猟師がいるだけです。不安定な自然界から常に安定して肉と毛皮を供給してきた猟師の卓越した業は、畜産肉と化学繊維の台等と共に姿を消していきました。

①猟師の技

網猟はかつて猟師が生業として行っていた狩猟スタイルです。

このスタイルで使用する猟具は何の変哲もない『網』であり、銃器や罠のように複雑なものではありません。つまり網猟は猟具の性能に一切頼らない、『狩猟の技VS動物』という世界なのです。

②にわか網ハンター

近年、銃猟が禁止されている池や湖が増えてきたため、銃を使わずに鳥を捕獲する事ができる網免許を取得する人が増えてきました。しかし銃禁の池に群れるカモを見て「網を使えば1羽は捕まえられそうだ」と考える『にわか網ハンター』のほぼ全てが、結局1羽も捕獲できずに3年目の更新時に免許を失効させています。

先ほども述べましたが、網猟で使用される網には特別な仕掛けは一切施されていないため、網猟は銃猟よりも獲物に接近しなければなりません。すなわち、網猟は獲物を『近寄らせる』何かしらの術を持たなければ、獲物を捕獲することは絶対にできません。

かつて猟師が網を使って大量の獲物を捕獲する事ができていたのは、『網を使っていたから』ではなく、『網でも獲れる芸をもっていた』からに他なりません。

③野生をあざむけ！

猟師が持っていた芸とは、動物の習性を逆手にとって獲物を『騙す』テクニックです。

網猟は素人が簡単にマネできるようなものではありません。しかしこの猟具に頼らない猟芸をマスターすることができれば、あなたは間違いなく真の猟師と呼ばれる存在になるでしょう。

動物たちとの知恵比べ、網猟の世界へようこそ！

2. 網猟の装備

網猟はターゲットにする獲物によって装備はかなり異なりますが、カモなどの水鳥猟の場合は前日の夕方に準備を始め薄明にかけて行います。

猟場は水田や野池、干潟、河原など水気の多い場所なので、ロングウェーダーの着用がおすすめです。

カモ類の視力は非常に優れているので服装は暗色系が良く、猟場に生えている植物を紐でまとめて即席のギリースーツを作るのも有効です。なお、カモの網猟は銃猟の時間帯（日の出〜日の入り）と被らないためオレンジ色の服装である必要はありません。

①迷彩服

迷彩服や**ギリースーツ**という言葉は伝統的な猟師の世界に合わないように聞こえますが、古来より狩猟時に猟師が着用していた**藁蓑**（わらみの）や**藁傘**（わらがさ）は、冬場の日本の植生に馴染む色をしており、非常に高い迷彩効果を発揮します。現代では自分で藁を編む事はなくなりましたが、『藁編み』も伝統猟芸の一つとして継承されるべき芸です。

②鳥屋

カモ網猟では獲物に人間の気配を察知されるとまずいので、猟場に**鳥屋**（とや）を建設します。

鳥屋は地面に掘ったシェルター型から、支柱に簀巻（すま）きを被せただけのものまで様々です。上空の獲物から発見されないようにカモフラージュされていれば、あとは真冬の夜の極寒をしのぐ工夫を施しましょう。

獲物が網の射程内に入ってきた事は設置した鳴子の音で判別します。

一匹でも鳴子にひっかかるとその場にいる全ての獲物が警戒するため、鳴子はできる限り多くの獲物が入る位置に設置しましょう。

鳥類は赤外線を見る事ができるため**赤外線照射装置（イルミネーター）**の付いた暗視装置は使用できません。火を焚く事もできないため、暖かい格好をしていどみましょう。

3.デコイ＆コール

網猟は獲物が網の射程距離に入ってくるまでひたすら待つ狩猟スタイルです。しかし、網を張っただけで何もせず待っていても獲物が飛び込んでくることはありません。

つまり網猟では、何かしらの方法で獲物を呼び寄せる工夫が必要になります。

①デコイ

そこで使用されるのが**囮（デコイ）**です。本来のデコイは生きた動物が使われ、カモの網猟の場合は『鳴き鴨』と呼ばれる飼育されたアイガモを使用します。ただし近年では一般家庭でカモを飼育する事は困難なので、人形のデコイが用いられます。

デコイは網が被さる範囲内に、餌となる籾や稲と共に設置します。この際デコイは、まるでカモが餌を突いて食べているような姿で配置します。またおびき寄せられたカモにデコイが偽物だと気がつかれないように、なるべく朝日が当たらないように工夫します。

②コール

デコイは、ただ置いているだけでは獲物が近寄ってくることはありません。例えば、『窓から沢山の人影が見えるのに、物音一つしない家』を想像してみてください。そんな怪しい家には誰も入ろうとはしないように、カモも『仲間の影はあるけど何の音もしない餌場』には気味悪がって近づこうとしません。そこで必要なのが**コール**です。

カモには約10種類の鳴き声があるといわれており、カモ猟では**鴨笛（ダックコール）**を使って**囀り（クアック）**、**呼止め（グリーティング）**、**採食声（フィーディング・チャックル）**の3つの声を吹き分けます。

例えばマガモを呼び寄せる場合、まずは「クワー‥クワー‥」という、ゆっくりとした音を出します。これはマガモがリラックスしている際に発する声で、この声を聞いた空を飛んでいたマガモは『仲間が何をしているのか』が気になって寄ってきます。

マガモの飛ぶ影や羽音が聞こえたら、次に「クワー！クワクワクワ」という、大きな音を出します。これはマガモが仲間の姿を見かけたときに「ヨォ！こっちに来なよ！」と誘いをかける時に発する鳴き声で、この声を聞いたマガモは「…何かいい事があるのかな？」と段々と高度を下げながら旋回し始めます。

十分に高度が落ちたら、最後に「カカカ・ケケケ」という、マガモが餌を食べる時に発するスタッカートが効いた音を出します。この声を聞いたマガモは、「おっ！仲間が餌場を見つけたから一緒に食べようって言ってるんだ！」と思い着陸します。

カモの鳴き声は、カモの種類、性別によって全く異なるので、鴨笛には色々な種類が存在します。

またデコイとコールは多いほどカモを呼び寄せる効果は高くなるため、カモの網猟は単独よりも、グループで『カモ笛のオーケストラ』を演奏した方が効果的です。最近は電動で羽や首が動き、内蔵されたスピーカーから様々なコールが出せるハイテクデコイも販売されています。

③ニホンジカのコール猟

デコイ＆コールはニホンジカに対しても有効です。

ニホンジカの**コール猟**は10～12月の発情期間中に**発情声（ラッティングコール）**を発して呼び寄せます。

発情声はオスジカのコールを用いる場合、「ピィーーーイッ」といった感じで長く大きな音を出し、最後にピッチを上げます。コツは澄んだ音色を出すことで、メスジカが求愛に応える**鳴き返し**をしてくれるような『イケメンボイス』を出せるように練習しましょう

またオスジカのコールを使うと、テリトリーを侵されたと勘違いしたオスジカが「ブシュッ！ブシュッ！」という威嚇声を出しながら近づいてくる事があります。

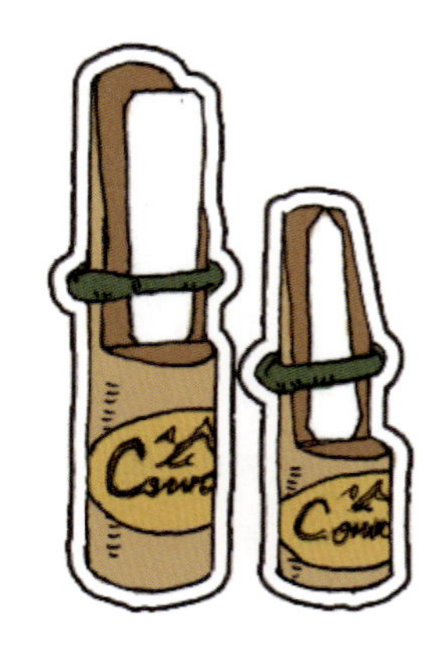

余談ですが、海外のオジロジカ猟では、2本の角を擦り合わせて『オスが角を突き合わせて喧嘩をしている音』を出し、野次馬で近寄ってきたオスジカを捕獲する**アントラーラッティング**と呼ばれるコール方法があります。もしかするニホンジカにも、このコールが効くかもしれません。

④敵対的デコイ＆コール

カモ猟のデコイ＆コールは仲間の姿と鳴き声を出して呼び寄せる『友好的』な使い方でしたが、敵の姿と鳴き声を出して呼び寄せる『敵対的』な使い方もあります。

例えばカラスには、敵の猛禽類を発見すると集団で威嚇しながら飛び回る**擬攻撃（モビング）**を行う習性があります。

そこでフクロウとカラスのデコイを網の中央に設置して、カラスの「ガー！ガー！ガー！」という警戒声を発して仲間を呼び寄せます。なおモビングはカラスだけでなく、ヒヨドリやムクドリ、カモなども行う事が知られています。

デコイ＆コールは非常に古くから行われていた猟法で、日本だけでなくヨーロッパやネイティブアメリカンなど世界中で同様な猟芸が見られます。

コールを使いこなすのは非常に難しいですが『動物と会話』して、うまくおびき寄せることができた時は、獲物を仕留めた時以上の喜びがあります。

4. 犬網猟

網猟でも散弾銃猟のように、猟犬を使役した伝統猟芸があります。

例えば、ダックスフンドのような小型の猟犬を用いて、穴の中に潜んでいるアナグマやタヌキを捕獲する猟芸があります。この猟法ではあらかじめ全ての穴の出入り口に網を仕掛けておき、猟犬に追われて飛び出した獲物をからめ獲ります。

ヨーロッパではフェレットを使ってアナウサギを捕獲する**フェレッティング**として有名な猟芸で、現在でもイギリスやオーストラリアでは良く行われています。

①失われた日本犬の猟芸

日本でも古くは美濃犬、山陽犬、越の犬と言った中小型の和犬を使用して、タヌキやアナグマなどを捕獲する伝統猟芸があったといわれています。しかし、現在ではこのような犬種の純血種は失われており、その猟芸の実態は詳しくわかっていません。

狩猟の世界では伝統猟芸の伝承と合わせて、日本古来の猟犬（**日本犬**）の復活・維持も今後の重要なテーマと考えられています。

②ビーグル犬の猟芸

愛玩犬として人気の高いビーグル犬ですが、実は非常に優秀な猟犬でもあります。

ビーグル犬は体が小さく足も遅いため、とても猟犬とは思えない姿をしています。よって追いかけられているウサギやシカは『余裕』を感じ、狭い範囲をグルグルと回りながら逃げる**ラウンディング**と呼ばれる行動を行います。そこでハンターはビーグル犬が鳴き始めた場所に網を張っておき、獲物が戻ってきた所を捕獲します。

もし足の速い猟犬を使うと、ウサギやシカは余裕がなくなり一直線に逃げてしまうため、あえて足を遅く、かつ追跡する事を諦めないガッツのある犬種を作り上げた**ブリーディング**に伝統猟芸の技が光っています。

③赤犬猟

猟犬を使った伝統猟芸の中には、柴犬などの茶色の毛並みを持った犬を湖畔の周りでウロウロさせて、沖に浮かんでいるカモを岸におびき寄せる方法があります。これは、水に浮かんでいるカモは陸地にキツネやイタチなどの天敵を発見すると、モビングのために岸に近寄る習性を利用した猟芸です。

ヨーロッパでも同様な伝統猟芸が見られますが、日本では野尻湖の猟が有名で、**赤犬猟**とも呼ばれています。

5.突き網猟

突き網とは一言で言えば『大きな虫取り網』の事で、これを使った突き網猟は、獲物に柄が届く近距離まで近づいて網を被せて捕獲します。

「そんなに簡単に野生動物に近づくことなんてできるはずがない！」と思われるかもしれませんが、いくら感の鋭い野生動物であっても『五感』にさえ触れることがなければ、手づかみにできるほど近寄ることができます。

①奇襲！

人間の何十倍も鋭い視力を持つカモですが、聴力と嗅覚は人並みだと言われています。すなわちカモの視界にさえ入らないようにすれば、突き網のような射程の短い猟具であっても捕獲する事ができます。

ただしこの猟法では獲物との正確な位置関係がつかめないため、遠方に観測手を立てて位置を教えてもらう必要があります。スマートフォンのGPS機能などを使えば単独でも行う事ができます。

②地形を有効に使う

獲物の視界に触れないように近づけるような場所はそれほど無いように思えますが、例えばカモが日向ぼっこできるような突堤や、葦の茂った深くて細い水路などは、地形の高低差を利用して奇襲する事が可能です。また風が強い日は普段獲物が入らないような水路にも群れることがあるので、よく地形を観察して作戦を練ってみましょう。

③猟場を作る

突き網猟は『地理を利用する』と述べましたが、この猟芸は猟場を見つけることではなく、『猟場を造る』ところにあります。

かつて農山村では、冬場の食糧確保や村の収入を得るため、集落単位で網猟が行えるような猟場を『鴨場』として整備し、その地域に住む猟師たちが共同で管理をしていました。

このような猟場を構築・管理する技術は、『ムラ（自治結集）』によって全く異なり、例えば『カモが行き来する餌場と池の間に、小高い丘がある』という地形を利用して、丘を越えようと飛んでくるカモに突き網を投げて捕獲する石川県加賀市の**坂網猟**や、『カモの通り道が狭い谷合になっている』という地形を利用して、谷に網を張る富山県射水市の**谷仕切り網猟**（やつき）、特殊な堀にカモを誘い込み飛び出してきたところを突き網で仕留める、現在は宮内庁が管理している**さで網猟**など、実に様々です。

このような地域性を活かした伝統猟芸は観光資源として注目されており、狩猟が再び地域社会に恵みをもたらしています。

6.追い山

「うさぎ追いしかの山」。有名な唱歌『故郷』の歌い出しですが、この歌を聴いて故郷を思い出す世代は、今後現れるのでしょうか？

①ウサギ網猟

かつて全国で盛んに行われていた網猟に**ウサギ網猟**というものがあります。これはウサギの通り道になる場所に網を張りめぐらし、山の頂上から大勢の勢子で追いたてたウサギを絡み獲る猟法です。

追い山とも呼ばれていたこの猟法は小学校の冬の風物詩ともいえる行事で、その日得たウサギは次の日の給食に出されていました。この行事は、まだ食肉が貴重だった当時、子供達にとってまたとない楽しみだったといわれています。

②ノウサギ

しかし高度経済成長が始まった1950年代以降、食肉はどこでも手に入るようになると、次第に小学校で追い山が行われる事はなくなりました。

また同時期から、里山で生産される材木や木炭の需要が激減すると、伐採・植林という里山の更新が止まり、下草地が減少した事でウサギの生息数も大きく減少しました。

③ふるさと

おそらくこの先「うさぎ追いしかの山」が故郷を懐かしむ情景になる事はまずないでしょう。しかし私たちは新しい世代に、『肉』という食べ物はスーパーの精肉売り場で作られるものではなく、本来は動物たちからの命の恵みである事を子供達に伝えていく必要があります。

現在、少しずつ広がりつつある里山の再生プログラムやグリーンツーリズムといった活動を通して、より多くの子供達が日本の美しい里山を見て育ち、将来その光景に懐郷の情を感じるようになって欲しいと願うばかりです。

網を知ろう！

人類がいつごろから網を使い始めたのかは定かではありませんが、網の発明と共に網猟が始まったのは間違いないでしょう。なぜならこの星には、人類誕生以前から網猟の名手がいたからです。

1.網の歴史

線を使って面を作りだす**網**を人類がいつごろ発見したのかは定かではありませんが、少なくとも人類が植物で編んだ服（蓑（みの））を着るようになった5万年前にはすでに編み物の技術は誕生していたと考えられます。

①蜘蛛の網

網猟の歴史を紐解いた時、そのルーツは人類誕生以前まで巻き戻さなくてはなりません。網猟界の先駆者である『クモ』がいつごろから網を使って獲物を捕獲するようになったのかは詳しくわかってはいませんが、原始的な糸を吐くキムラグモはおよそ3億年前から存在していたとされています。

クモは空中に網を仕掛けて待つだけでなく、ナゲナワグモのように網を振り回して捕獲する種やメダマグモのように網を獲物に覆いかぶせて捕獲する種など実に様々な芸をもっています。おそらく人類はこの偉大なる先人から、網を使いこなして狩猟をする術を学んだのでしょう。

②かすみ網

人類は様々なタイプの網を開発して狩猟を行ってきましたが、その多くは野生動物に対してあまりにも強力すぎたため、現代ではほとんどが使用禁止になっています。

例えば、鳥を捕獲するための網で最も多く利用されていた**かすみ網**は光を浴びると透明になる細い糸で編まれており、鳥はその存在に気付かずに網の中へ飛び込んでしまいます。さらに『地面を蹴って飛び立つ』という習性を持つ鳥類は、かすみ網の柔らかい糸を蹴り出すことができずに衰弱死するまでもがき続けます。このようなかすみ網は無差別に鳥類を捕殺してしまうため、日本では使用する事はもとより所持する事も禁止されています。

③もち縄

網と**トリモチ**をセットで使用した**黐縄**（もちなわ）も非常に強力な猟具です。これは水場にトリモチを塗った細い網を浮かべておき、触れた水鳥を絡め獲る猟具です。

これもかすみ網と同様に、非狩猟鳥であっても無差別に捕獲してしまう上、トリモチの付いた鳥は全身に網が絡むので放鳥することができません。

④はえ縄

漁業でよく使用される延縄（はえなわ）のような釣糸と釣針を使った網も無差別に鳥類を捕獲する猟具として禁止されています。

現在使用が禁止されている網は、もともとは人類が動物の生態を観察して工夫の限りを尽くして作り上げた知恵の産物です。しかしヒトが他の動物と一線を画す存在となった現在においては、その知恵に制限を設ける必要がでてきたのです。

2.ロープワーク

『網を知る』事は言い換えれば『結びを知る』事です。**結び（ノット）**とは、掛け（バイト）、縛り（バインド）、巻き（ターン）の組み合わせ方で、どのような複雑な網でも、この３つを組み合わせてできています。ただしその組み合わせは実に多彩で、たった1本のヒモでも約300種類の結び方ができるといわれています。

さて、本来であればここで網の結び方について解説をするべきなのですが、罠とは異なり網は自作する事にほとんどメリットがなく、職業網猟師でもない限り市販品を購入した方が時間もコストもかかりません。

そこで本節では、網と同じく結びの技法として重要な**ロープワーク**の中から、ハンティングで多用する7種の結び方をご紹介します。

ロープワークはアウトドアだけでなく普段の生活や災害時にも役立つため、ここでご紹介する結び方以外も是非マスターしておきましょう。

①もやい結び（ボーラインノット）

もやい結びはロープに『結び目の動かない』輪を作る結び方で、猟場では高所からの荷物の上げ下げや猟犬の手綱など様々な面で利用されます。

「結びの王」と呼ばれるほど基本的なロープワークで様々な派生形が存在します。

①対象物にロープをひっかける。
②元側に輪を作って中を通す。
③元側の下を通す。
④再度輪にくぐらせて締め込む。

②投げ縄縛り（ヌースノット）

投げ縄縛りはロープに『結び目の動く』輪を作る結び方で、輪に引っ掛けて手綱を引くと対象を縛り上げる事ができます。

刺し止め時に獲物の角や首に引っ掛けて動きを封じる罠猟には特に出番の多いロープワークです。

①2つに曲げたロープを折り返して、輪に向かって2回巻き付ける。

②巻き付けた際にできた3つのループを広げる。

③広げた輪に先端を通す。

④結び目を縛り、輪を作る。

③一重つぎ（シートベンド）

一重つぎは、太さの異なるロープを繋ぎ合わせる結び方で、ロープの長さが足りない場合に使用します。

ビル火災で高所から非難するなどの災害時に、シートや衣服などを繋ぎ合わせて即席ロープを作ることもできます。

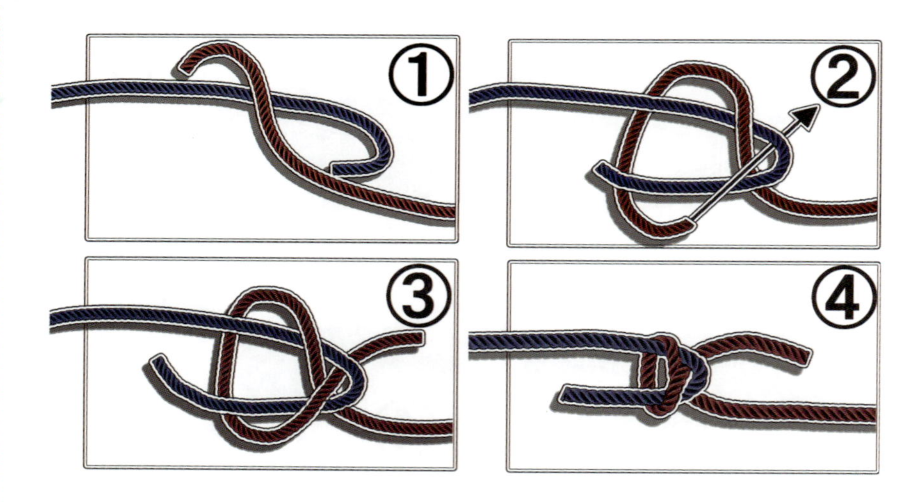

①2本のロープをクロスさせ折り合わせる。

②上ロープと下ロープの先端を、上下を入れ替えてクロスさせる。

③ループの間に先端を通す。

④ロープを引き締る（先端を結んでおくと安全性が増す）。

④丸太結び（ログヒッチ）

丸太結びは、長尺物を安定して吊下げる事ができる結び方です。

猟場では崖から銃を下す際、結びが1点だとふらついて岩にぶつかる事があるため、この結び方が良く使用されます。

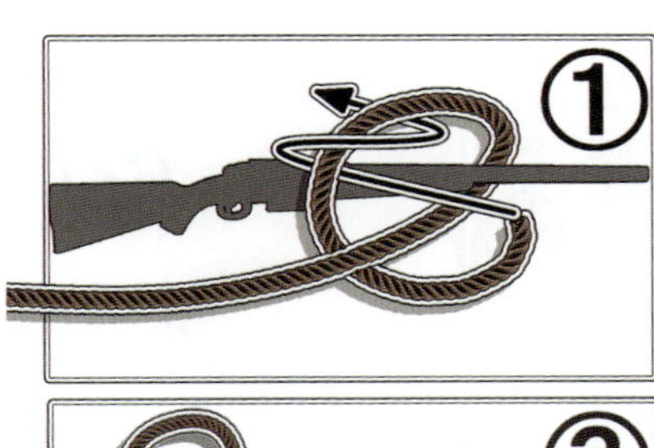

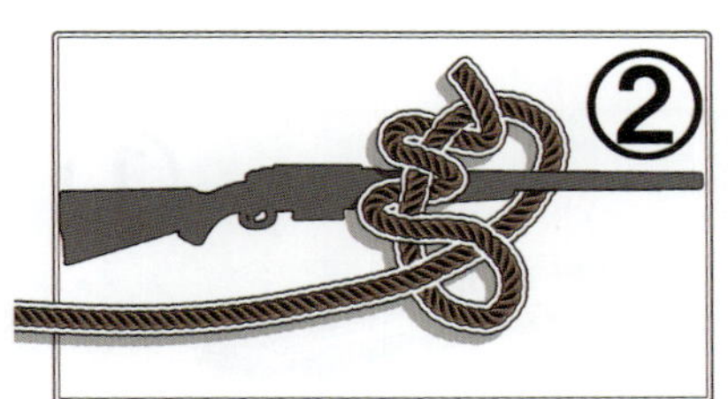

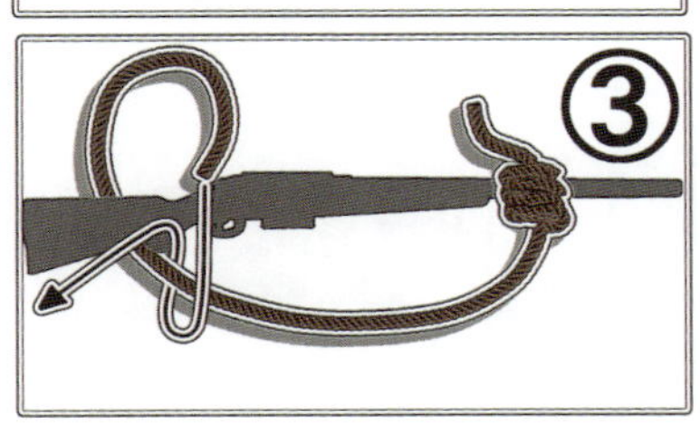

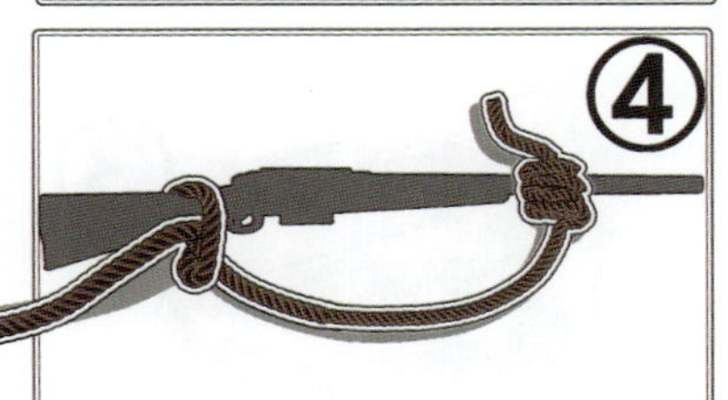

①長尺物の端にロープを巻き付ける。

②輪の端に3回結びつける。

③ロープの手元をもう一端に巻き付ける。

④一結びして締め込む。

⑤腰掛け結び（ボーラインオンザバイト）

腰掛け結びはロープに二つの輪を作る結び方です。

獲物を山から引き出す際、手でロープを握ると歩きにくいばかりか手の皮が擦り切れて痛い思いをするため、2つの輪を肩にかけて引っ張りましょう。輪に足を通すと座る事ができるため高所から降下する際にも使用します。

①ロープを二つ折りにする。

②元側にループを作る。

③端をさらに折ってループに通す。

④二つ折りにした先端を広げ、先ほどできたループを通して締める。
　輪の大きさを調整して締め、先端の二つ折りを広げる。

⑥筋交いしばり（ダイアゴナルラッシング）

筋交いしばりは2つの棒状の物体を、縛りつける結び方です。

狩猟では獲物を山から担ぎ下ろす際に使用します。途中で荷崩れして先輩ハンターにどやされるのは新米ハンターの通過儀礼ですが、怒られる前にこの結び方を覚えておきましょう。

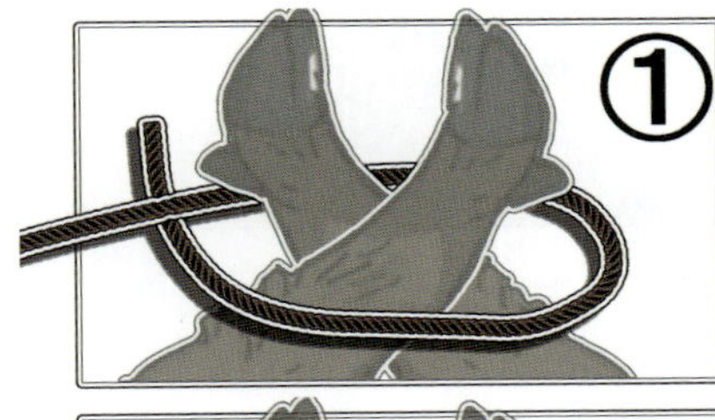

①2本の対象物にロープを巻き付ける。

②ループに3回巻き付ける。

③きつく縛る（ねじ結び）。

④手元側を横向きに巻き付ける。

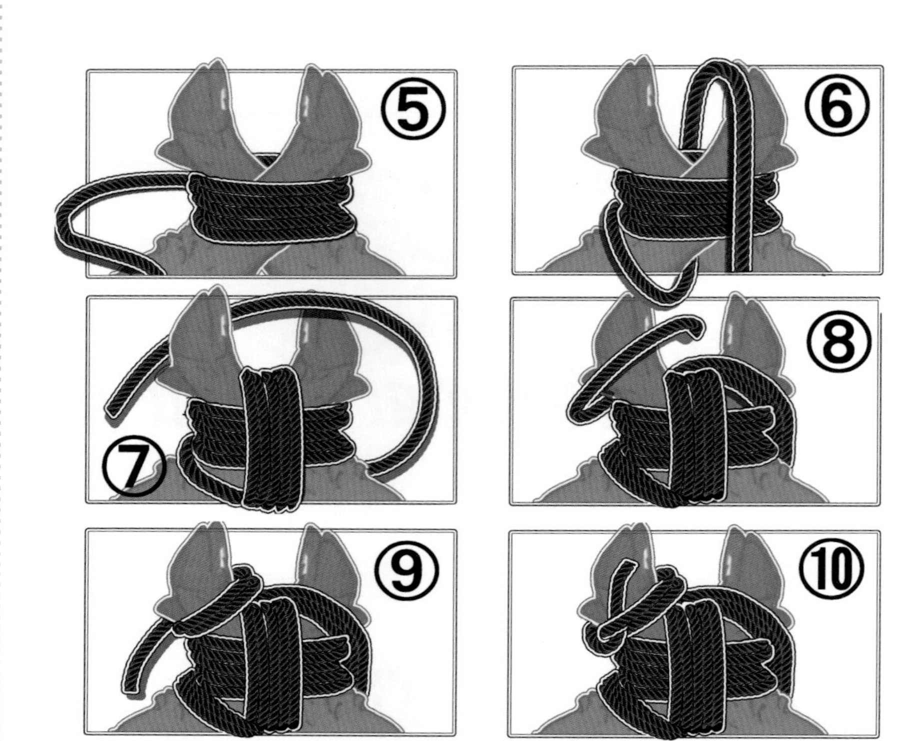

⑤きつく縛りながら3，4回巻き付ける。

⑥90度向きを変えて縦方向に巻き付ける。

⑦クロスした物体の対角を縛る。

⑧3回ほど対角に巻き付けたら、クロスした物体の端に巻き付ける。

⑨2度ほど巻き付ける。

⑩巻き付けたロープに端を通して強く締める。

⑦棒結び（コイリング）

棒結びは、長いロープをコンパクトに収納する結び方です。

ほどけた状態のロープは持ち運ぶのに邪魔になるばかりか、とっさの場合に使用できません。ロープはコンパクトに収納してザックや腰に掛けておきましょう。

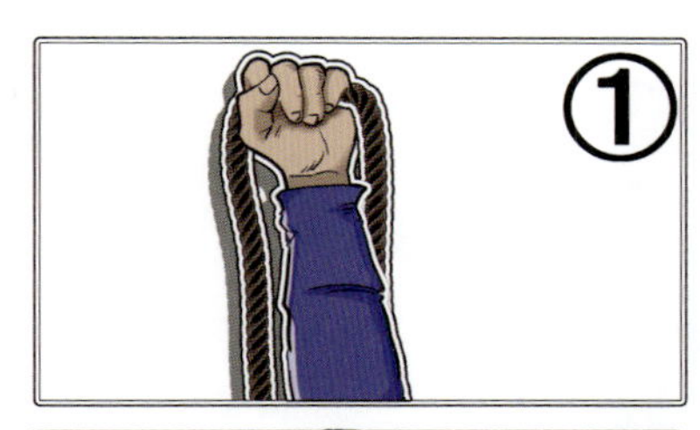

①ロープを片手に持つ。

②もう片方の手でロープを肘にかけてまとめる。

③短くなったら回していた端をもって、ループの中心に巻き付ける。

④端をループに通して、強く引き縛る。

3.無双網

あなたが初めて網を買おうと思ったとき、どこに売っているのか見当が付かないため、とりあえず近所の銃砲店へ相談しに行くはずです。

「網が欲しい」と言われた店員さんは一瞬とまどった表情をしますが、何かを思い出したかのようにお店の倉庫を漁り始めます。

倉庫の奥から出て来たのは、埃をかぶった2つの網と8本のペグ、2つの糸巻き、1枚のカセットテープと不可思議な形の金属部品でした。幸い説明書が添付されていたので、店員さんと試しに組み立ててみる事にします。

無双網は国内で唯一市販されている網猟具です。まずはこの無双網を使ってスズメの捕獲に挑戦してみましょう。

…ところで、あなたの家にはまだカセットプレイヤーはありますか？

①スズメ無双網猟の構造

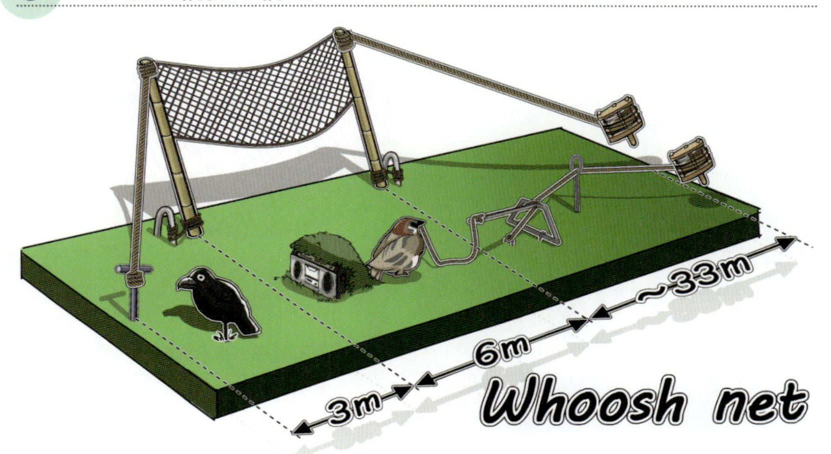

スズメの**無双網猟**は、ワイヤーに繋いだ囮のスズメを操作して野生のスズメを誘い、射程距離に入ったら網を引っ張って覆いかぶせます。スズメの無双網猟は2つの無双網を使う**『双無双仕掛け』**が一般的ですが、ここでは説明を簡略化するため片無双仕掛けについて解説します。

②猟場

スズメの無双網猟は、まずスズメの集まる場所を探しましょう。猟場は収穫後の田んぼが最適なので、農家の方に聞き込みをすれば有益な情報が集まるはずです。田畑に網を仕掛ける場合はその土地の管理者にことわっておく事が最低限のマナーなので、トラブル防止のためにも必ず話を通しておくようにしましょう。

③無双網

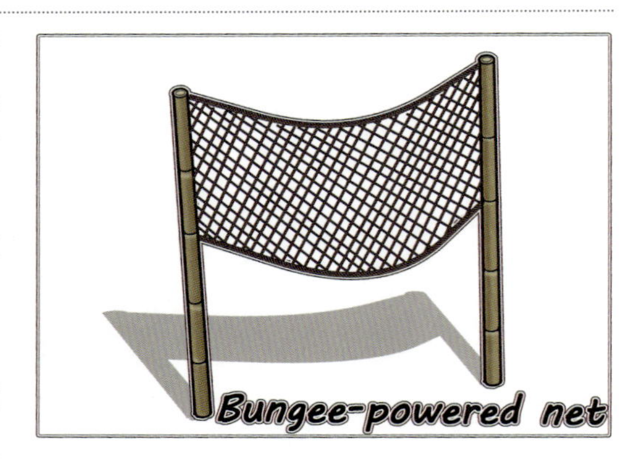

無双網は2本の支柱が付いた網をヒモで引っ張って動かす猟具です。古くから庶民の遊び道具として親しまれており、世界中で同じような猟具を見る事ができます。また、かすみ網のように鳥を捕殺してしまう事がないため、野生鳥獣保護管理の現場でもよく使用されています。

網のサイズは大きいほど捕獲成功率が高まりますが、操作性は悪くなります。現在日本で流通しているサイズは幅6m、高さ2mのスズメ用のみで、カモ類を捕獲する場合は8m×5mほどに改造する必要があります。日本では支柱ごと引き倒すタイプが一般的ですが、海外では支柱を斜めに固定して、ワイヤーを引くと網のみが落下するタイプも良く使用されています。

無双網には3本のペグを使用します。①のT字ペグはワイヤーとは逆側の支柱を安定させるために使用され、②のU字ペグは支点にするために支柱の足に打ち込みます。

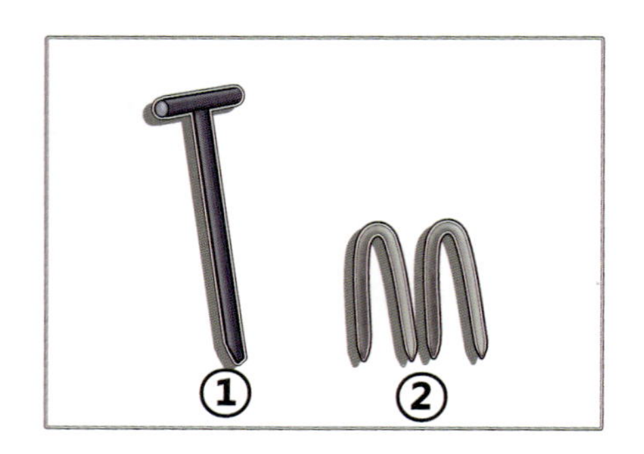

④囮

「雀無双は囮が命」と言われているように、囮のスズメの良し悪しは猟果を大きく左右します。

囮は本物のスズメを使用するため、始めの一羽は音響装置だけで捕まえるか、購入する必要があります。

野生動物を飼育する場合は都道府県知事の許可が必要ですが、猟期中に捕獲した狩猟鳥獣に限っては自由に飼育・販売することができます。ただし例外としてヤマドリ（肉、加工品を含む）だけは販売に許可が必要です。

囮のスズメは**シュモク**と呼ばれる金具に繋がれており、ワイヤーを引っ張る力加減で、羽ばたきや回転、地面をついばむなどの動きを付けることができます。スズメ無双網猟の醍醐味はこのシュモクの操作と言われており、飛んできたスズメの興味を引くように囮を動かす事が猟果を分ける最大のポイントになります。

⑤鳴き囮

囮はシュモクで操るスズメの姿だけでなく、籠に入れたスズメの鳴き声も重要です。シュモクの近くに水と食料をたっぷり入れた籠を設置して藁などで目隠しをしておきます。その籠の中にスズメを入れておくと、エサを食べる囀り声を出すので仲間が近寄ってきます。

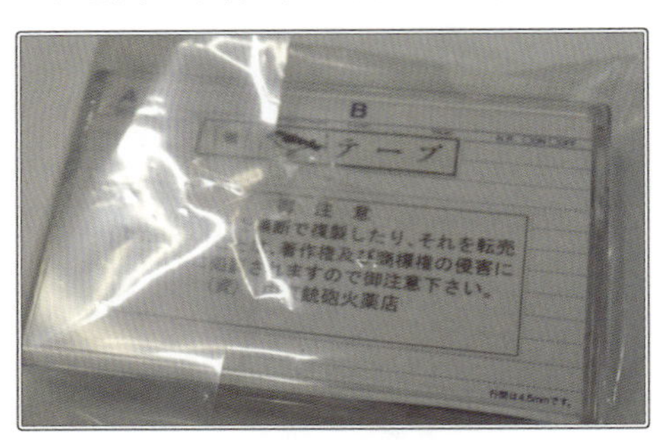

スズメが集まっていない猟期始めはスズメの囀り声が吹きこまれたテープを流します。カセットレコーダーがない場合は、スマートフォンやタブレットで音声データーを流すと良いでしょう。

⑥カラスのデコイ

カラスのデコイをシュモクから10mほど離れた場所に数体設置しておくと、スズメが近寄ってきやすくなります。これはスズメが「頭の良いカラスが近くにいるなら危険な敵はいないはず」と思うからだと言われています。

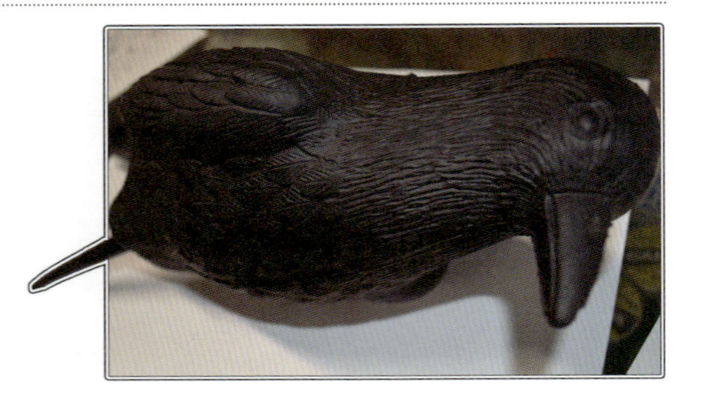

しかしカラスはスズメを捕食する事もあるため、本当の理由は謎です。

水鳥を知ろう！

秋の深まりとともに日本各地の水場をにぎわす水鳥、狩猟の世界では古くから人気の高い獲物ですが、全ての水鳥が狩猟鳥獣というわけではありません。錯誤捕獲を防止するためにも彼らの生態をよく理解しておきましょう。

1.マガモ

世界中で最も多く生息している**マガモ**は、白い首輪に鮮やかな碧の頭、迫力ある羽音と共に雄大に舞う姿が美しいまさに『水鳥の王』です。しかしその威厳も育った環境によって大分印象が変わります。

①その生態

マガモは北半球に広く生息するカモ科の鳥類で、日本国内では越冬のために飛来する冬鳥です。日本に訪れる個体群は主に樺太、シベリアを繁殖地としていますが、北海道や本州の標高が高い地域ではごく少数が繁殖しており、夏鳥として国内でも観察できます。

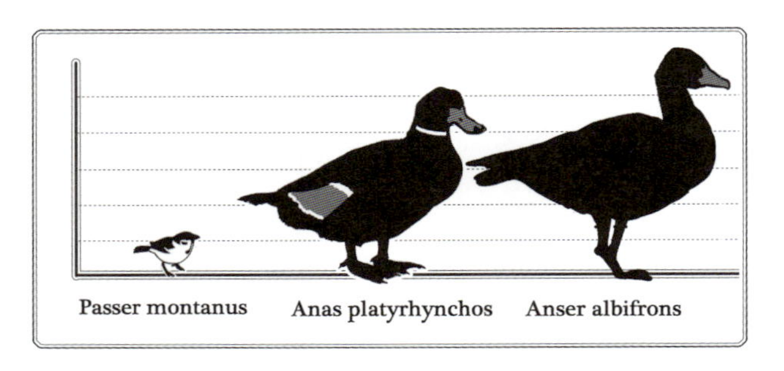

マガモは全長約60 cmで"Duck"(ダック)と呼ばれる鳥の中では最大種です。カモに良く似た水鳥に"Goose"(グース)と呼ばれるマガンなどのガンの仲間がいますが、カモが年に2回換羽するのに対してガンは年に1回だけ換羽する事、ガンのふ蹠(しょ)(鳥のかかとから足指上部まで)はうろこ状の文様が付いている事など、明確な違いがあります。ただし見た目的にはガンの方が若干大きいぐらいで遠目から見分けるのは非常に難しいです。

②その見分け方

マガモのオスは繁殖時期になるとセックスアピールのために色鮮やかな**繁殖羽**に生え変わります。繁殖羽はカモの種類によって大きく異なり、マガモの場合は光沢のある緑色の頭、白い首輪、クリーム色の胸羽が特徴です。メスは繁殖期でも羽の色合いは変化せず、その他のカモと見分けるのは困難ですが、マガモの**翼鏡**(よくきょう)(次列風切羽の先端)は青、黒、白の独特なストライプ模様が施されているため見分けるポイントになります。

③そのメス

またカモを見分ける場合は嘴（くちばし）の色も重要なポイントになります。マガモのオスは黄色を基調にした先端と鼻の黒い点が特徴で、メスはオレンジ色を基調にした上部と先端の黒い染みが特徴です。

④その家畜

マガモは狩猟対象としてだけではなく畜産物としても重要な動物です。「マガモが畜産化されている」という話は意外に思われるかもしれませんが、**アヒル**と言えば誰しも一度は耳にしたことがあると思います。

アヒルはマガモを家畜化した品種の名称で、ブタとイノシシ、イヌとオオカミのように遺伝子的には同じ動物です。ただしアヒルはマガモに比べて体重が重く胸筋が退化しているため飛ぶ能力は極端に低下しています。

大空を自由に舞うマガモの勇姿を知っているハンターから見ると、デップリと太った下半身をペタペタと引きずりながら歩くアヒルの姿はなんだか情けなく映るかもしれません。しかし動物達が自由ながらも日々危険が迫る自然界で生きるのが幸せか、安全と安心が約束された家畜として一生を過ごすことが幸せかは、私たち人間の知るべきところではありません。

なお、イノシシとブタでイノブタ、オオカミとイヌでウルフドッグと呼ばれる様に、アヒルとマガモの交配種は**アイガモ**と呼ばれます。

2. カルガモ

冬場の湖畔を仲睦まじく番（つがい）で泳ぐ**カルガモ**は古くは男女の恋愛を象徴する鳥でした。特に夏場に雛を連れて歩くメスカルガモの姿は、家庭の絆と母親の強さを感じさせます。…あれ？　ところで子育て中、お父さんカルガモはどこにいったの？

①その見分け方

カルガモは全長約55cm、アジアの温帯から熱帯域に生息する水鳥で、寒冷な気候を好む他のガンカモ類とは異なり暖かい気候の地域で繁殖を行う珍しい習性を持ちます。

カルガモを見分けるポイントは、クチバシが黒の基調に先が鮮やかな黄色になっている点と、鏡翼が黒、青のツートンカラーになっている点です。

なおカルガモは雌雄で羽の色がほぼ同色なので遠目から見分ける事はできません。一応、尾羽の付け根が真っ黒なのはオス、灰色なのはメスと見分ける事ができますが、その違いは微妙です。

②そのオスとメス

カルガモは暖かい地域で繁殖する珍しいカモなので日本国内でも雛の姿を観察する事ができます。カルガモのメスは冬場に交尾を終えると水辺に巣を作り春には8個ほどの卵を産みます。1ヶ月の抱卵期を経て孵(かえ)った雛は、飛行ができるようになるまでさらに約3ヶ月必要になるため、メスはこの間身を呈(てい)して猛禽類やカラスなどの外敵から雛達を守ります。

さて、メスが子育てに奮闘しているさなか、オス達は安全な場所で集団（コロニー）を作り生活をします。この習性は繁殖羽が換羽（**エクリプス**）する際に飛翔に必要な風切りばねまで抜けてしまうためで、オスは育児に勤しむメスの姿を横目に仲間とのんびりと暮らし、隙あらば他のメスと交尾を試みようとします。

動物に人間の美徳感を求める事はナンセンスですが、「昔はあれだけカッコよかったのに、今じゃ甲斐性なしのグータラ亭主…」というカルガモママのボヤキが聞こえてくるような気がしませんか？

3. コガモ

冬の湖を覗いてみると、マガモ、カルガモ、オナガガモやコガモなど様々なカモが入り混じって泳いでいます。「ところで、その子鴨は何鴨の子供なの？」…いえいえ、あれは**コガモ**という種類のカモなんですよ。

①その大きさ

コガモは全長約35cmと大きさはキジバトとほぼ同じ鳥で、国内で見られる鴨の中では最小種です。多様なカモが群れて泳ぐ水辺では他のカモの幼鳥と勘違いされる事もありますが、越冬地の日本国内で留鳥以外の幼鳥を見る事はありません。

②その見分け方

コガモはユーラシア大陸から北アメリカ大陸までの広い範囲に生息しており、英語では"Green winged teal"と呼ばれるように緑色の鏡翼を持つ事が特徴です。日本国内ではコガモとアメリカコガモの2亜種を観測する事が可能で、アメリカコガモは羽の付け根に白い縦ラインが入っています。

コガモのオスは歌舞伎の『くまどり』のような独特なフェイスペイントで他のカモと見分ける事はそう難しくはありません。しかしメスは**シマアジ**や**トモエガモ**と言った非狩猟鳥のメスと、大きさや羽の柄がよく似ており、見分けるのにはかなりの慣れが必要です。一般的にメス単体で泳いでいる事は無いため、多種のカモが群れている場所では水辺にどのような種類のオスが泳いでいるか良く観察しましょう。

③その習性

コガモは危険を感じると垂直に飛び上がり木の枝に留まるという習性があります。水辺に姿が見えないのに「ピュィ、ピュィ」とコガモの囀りが聞こえてきた場合は、木の上も確認してみましょう。それにしても、水かきの足でどうやって枝を掴んでいるのか不思議です。

4.海ガモ、淡水ガモ

カモは生態によって**海ガモ**と**淡水ガモ**の2種類に分けられ、カモを見分ける際の重要なポイントになります。ここでは海ガモの**ホシハジロ**と、淡水ガモの**ヒドリガモ**について両者の違いを見ていきましょう。

①その潜り方の違い

ホシハジロとヒドリガモは全長約50cmと両者ともほぼ同じ大きさで、海水と淡水が交じり合う汽水域で、よく一緒に泳いでいます。

両者を見分けるポイントの1つ目が餌の食べ方です。海ガモは別名『潜水採餌ガモ』と呼ばれ、水中に潜って泳ぎ回りながら主に魚や貝などを捕食します。淡水ガモは別名『水面採餌ガモ』と呼ばれ、水中に頭をつけて主に水草を捕食します。また海ガモは潜水がしやすいように羽毛に取り込む空気が少ないため、淡水ガモと比べて尾羽の位置が水面下、もしくは水面ギリギリになります。

海ガモは長い時間潜水できるため、半矢になった場合は潜ってハンターから逃れようとします。淡水ガモは潜ろうとしても直ぐに浮き上がってしまうため、対岸に上陸して走って逃れようとします。

②その飛び方の違い

海ガモと淡水ガモを見分ける2つ目のポイントが飛行方法です。

海ガモは沈み込んだ体を宙に持ち上げるために、まるで『水上挺』のように水面を走りながら助走をつけて飛び立ちます。

水上を一直線に走るため飛行軌道が読みやすく、散弾銃を使用する場合は絶好の狙撃ポイントになります。

対して淡水ガモは助走を必要とはせず、水面からほぼ垂直に飛びあがることができます。

海ガモに比べて飛行軌道が読みにくいですが、マガモなどの大型ガモは空中で加速を付けるために螺旋を描きながら飛行する習性があるため、頭上を通り過ぎるタイミングが狙撃ポイントになります。

③その分類

淡水ガモの多くは『マガモ属』に分類され、海ガモは大きく『ハジロ属』と『アイサ属』に分類されます。
カモを見分ける事はベテランのハンターでも難しいので、見た目だけでなくカモ達の習性にも注目して体系的に覚えるようにしょう。水鳥が展示されている動物園に足を運ぶのも良い勉強になります。

REFUGE
Mergus serrator

5.バン

カモ目カモ科の水鳥たちに紛れて、ニワトリのように前後に頭を振りながら泳ぐ不思議な鳥がいます。ツル目クイナ科の**バン**はカモとは全く異なる習性を持つ鳥です。

①その大きさ

バンは全長約35㎝と、コガモによく似た小型の水鳥です。カモ類よりも暖かい気候を好むため九州や四国などの地域に多く生息し、東北地方などの寒い地域では夏場に飛来する**夏鳥**になります。

バンは額板と呼ばれるクチバシの根元が赤くなる点が見分ける大きなポイントになります。ただし、地域差や年齢によっては額版が薄緑色になる事もあるため、非狩猟鳥の**オオバン**と見間違えないように注意しましょう。

②その特技

水鳥としては珍しく、バンの足には水かきが付いていません。またコガモ程度の体重しかないのに飛行能力はあまり高くなく、水面から飛翔する際は海ガモのように長い滑走を必要とします。

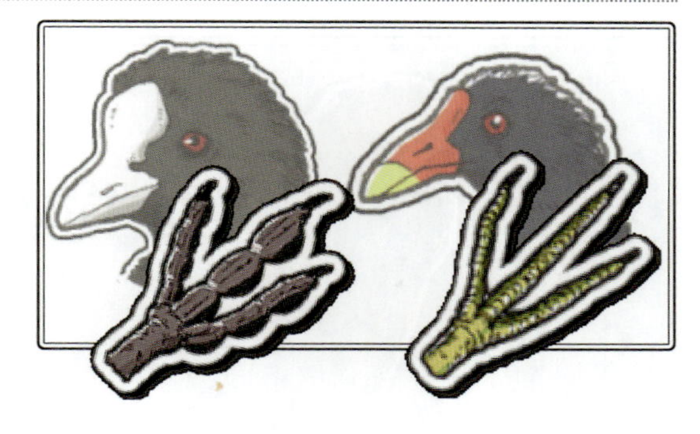

「泳ぐのも飛ぶのも上手くない」と言うとバンが不遇な鳥のように思えますが、彼らの最大の長所は泳ぐ力でも飛ぶ力でもなく脚力です。バンは発達した長い足で物を掴む事に優れており、危険を察知すると水面に垂れている木の枝を伝って木登りをするという変わった特徴があります。また水中の水草を足で掴んで嘴の先だけ水面に出し、まるで『すいとんの術』のように長時間水中に身を隠すこともあります。

非常にユニークな技を持っているバンですが、あまり警戒心は高くないようで、自分達は上手に隠れているつもりでもハンターからは丸見えだったりします。水面に浮かんでいるバンを驚かすと木に登って葉っぱの影からこちらの様子をジッと伺っている事も多いため、特にエアライフル銃では絶好の狙撃タイミングになります。

③その食味

江戸時代には『三鳥二魚』と呼ばれる食べ物があり、鯛、アンコウの魚2種類とツル、ヒバリ、そしてバンの鳥3種が五大珍味として珍重されていました。この3鳥の中で唯一現代でも狩猟鳥なのがバンであり、江戸庶民の憩いの味であったバンの焼き鳥を食べる事ができるのはハンターの特権だといえます。

6. カワウ

川魚の食害や糞害、漁場荒らしなど数々の問題行動で漁業関係者の頭を悩ませる**カワウ**。全国各地で厄介者扱いをされているこの水鳥ですが、かつては皆が喜ぶ益鳥であったことを忘れていけません。

①その大きさ

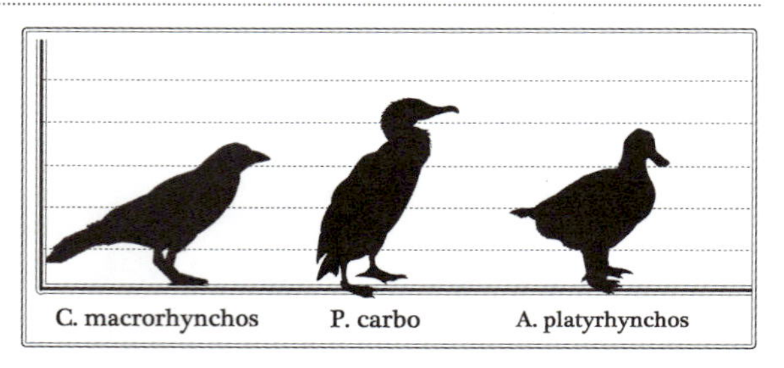

カワウは全長約80cmでマガモやカラスよりも一回りほど大きい大型水鳥です。生息範囲はユーラシア大陸、北アメリカ大陸、オーストラリア大陸、アフリカ大陸と非常に広く、国内でも全国各地で観察する事ができます。カワウは魚を獲る事が上手な鳥で水中に留まり近寄ってきた魚を素早く丸のみにします。この習性を利用して川魚を捕獲する人たちは**ウ飼**（“Cormorant fisher”）と呼ばれ、東南アジアや東ヨーロッパなどで伝統漁法として今でも続けられています。

②その亜種

日本の鵜飼いは、カワウよりも生息数が多い**ウミウ**（“Japanese cormorant”）が使役されてきました。非狩猟鳥のウミウとカワウは非常に似ており嘴周りの色がわずかに違うだけで遠目から判別する事は困難です。まれにカワウの群れ（コロニー）にウミウが混じって生息している事もあるため狩猟の際には十分な観察が必要です。

③その恵み

カワウは漁業だけでなく、その糞に大きな利用価値がありました。川魚を多く捕食するカワウの糞には農業には欠かせないリン酸カルシウムが豊富に含まれており、リン資源が貧しい日本においてカワウの糞は超高級な肥料として高値で取引されていました。

しかし1960年代以降海外から大量のリン資源（化学肥料）が輸入されるようになると、糞の価値は大きく下がり、また冷蔵技術の発達でアユなどの水産資源が農作物よりも高い価値を持つようになった事から、カワウは「農業の益鳥」から「水産資源の敵」へと変化して行きました。

④そして未来へ

人間が掌を返したのはカワウだけではありません。重要な食糧資源であったイノシシや生活必需品となる二ホンジカ、愛玩動物のアライグマ、そして生態系の調整者であったオオカミなど、現代では人間の生活様式が変化したため、一方的に敵視されるようになった動物たちが多数存在します。

このような動物達と今後も上手く共栄するためにも、この星の代表者である**ヒト**が責任を持って**保護管理（ワイルドライフマネージメント）**を行う必要があります。

鴨料理を楽しもう！

肉食が忌避されていた時代においても日本人の食卓に並ぶ食材であった魚と鳥、中でも庶民の間で人気が高かった鳥が鴨肉です。

1.カモの蝋剥き

江戸時代に「手を取つて子に撫でさせる鴨の腹」と俳句にうたわれた事もあるように、お歳暮で丸ごと届く鴨肉はその受け取りを家族総出で喜ぶほどの品でした。現在では鴨肉料理（アヒル料理）はいつでも食べる事ができますが、その柔らかで官能的なカモの腹を撫でることができるのはハンターの特権です。

①腸抜き

カモを捕獲したら、まず**ガットフック**を用いて腸を抜きます。よくカモの**腸抜き**は「腸は腐りやすく肉に臭いが移るから」と言われていますがそれは間違っており、実際は『有害な微生物を多く含む野生動物の腸をキッチンに持ちこまないため』です。

動物の腸内には様々な微生物が生息しており、中には**病原性大腸菌**や**カンピロバクター**、**鳥インフルエンザウイルス**など人体に悪影響を与えるものもいます。よって野外で腸を抜いてしまい、食中毒のリスクを家庭内に持ちこまないようにする必要があります。もちろん時間があるのなら野外で内臓を全て処理してもかまいません。逆にキッチンで腸抜きをする事は意味がないので注意しましょう。

また、腹部に弾を受けている場合は水で洗ってはいけません。これは腸内細菌が水の飛沫にのってキッチン内に飛び散り、食器などに付着して**二次感染**を起こす危険性があるからです。内容物の汚れが気になる場合はキッチンペーパーでふき取るか、どうしても水で洗いたい場合は熱湯消毒を行うようにしましょう。

②羽の粗剥き

腸を抜いたら風切り羽、尾羽、胸羽を粗くむしります。あまり丁寧に羽を抜くとダックワックスが上手く固まらないので、適当なところで構いません。

③蝋付け

ダックワックスはブドウ糖やガムベースで作られた天然素材の粘着性物質で、ワックス脱毛に使用される物とほぼ同じです。

使用する量はカモの重量の倍を使用します。4kg約5,000円と高価ですが、ワックスは何度も使いまわす事ができます。また水に薄めて使用することもできます。

寸胴鍋やペール缶でワックスを溶かしたら、羽の先端を持ってワックスに浸します。ワックスは熱いほど羽に浸透しやすくなりますが、あまり火にかけると発火するので注意しましょう。

④冷却

羽に十分ワックスを浸透させたら、鍋の上でワックスを良く切り、羽を胸元でクロスさせて、氷の入った容器に漬けて30分ほど冷やします。

⑤蝋剥き

蝋（ろう）が固まったことを確認したら、クロスした羽の両端を持って左右に引っ張ります。すると翼の付け根が破れるのでそこから剥いていきます。上手くワックスが浸透していれば、かさぶたを剥がすように「ペリペリ」と羽を抜いていくことができます。また普通の剥き方なら抜くのが厄介な産毛や棒羽も綺麗に抜くことができます。

固まった羽は再度熱をかけて、ワックスを濾して冷凍保存しましょう。

2. カモの解体

①内臓摘出

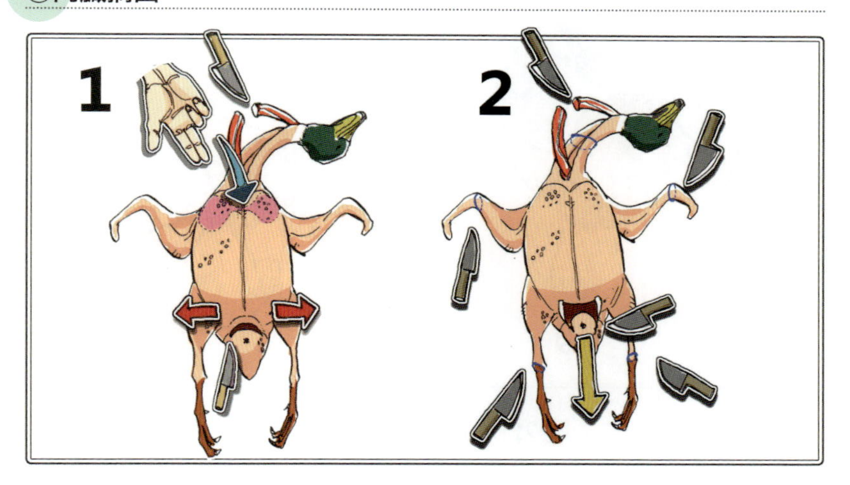

①カモの腹を上に向けて首を縦に裂き、首つるを切ります。鳥類は背中に肺が付いているので、首つるの間に指を入れて剥がしておきましょう

②肛門付近のU字型の骨に沿って、直腸を傷つけないように注意しながら切れ目を入れ、U字の骨を左右に折って広げます。

③肛門をひっぱると腸ごと内臓が抜けます。すでに腸を出している場合は指を入れて砂肝を握り引きずりだしましょう。なお腸を含め内臓は全て料理に使用できます。

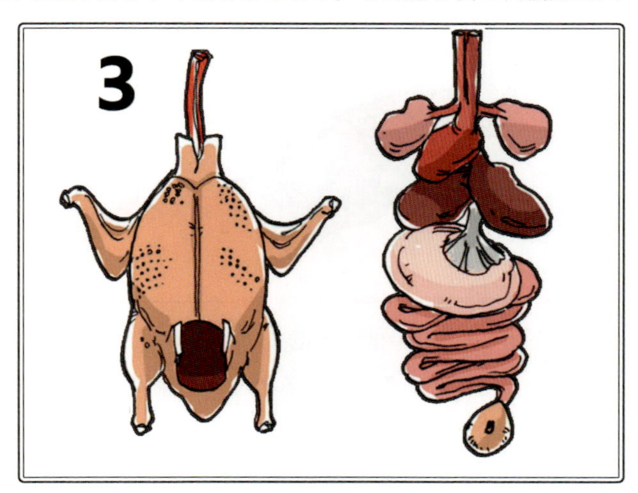

②上身・下身分離

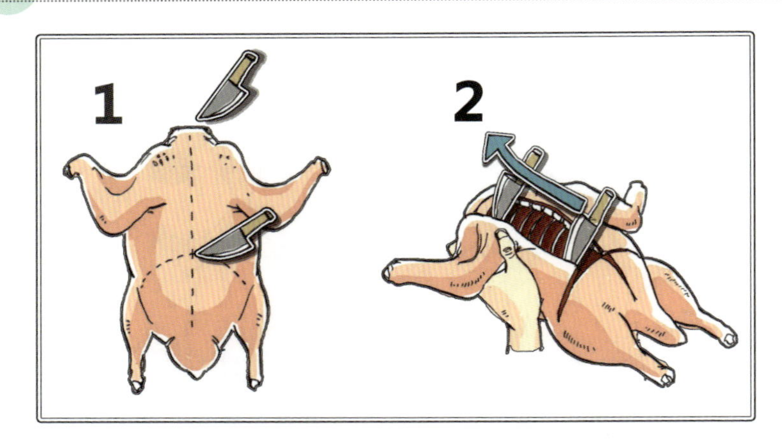

①首から尻尾へ縦に、足の付け根から腹を横に切って、十字形の切れ目を入れます。

②縦方向の切れ目に刃を入れて、肋骨にそって背中の肉を剥いでいきます。途中で肩甲骨に突き当たるので肩甲骨の上に沿って首元まで切り開いていきます。

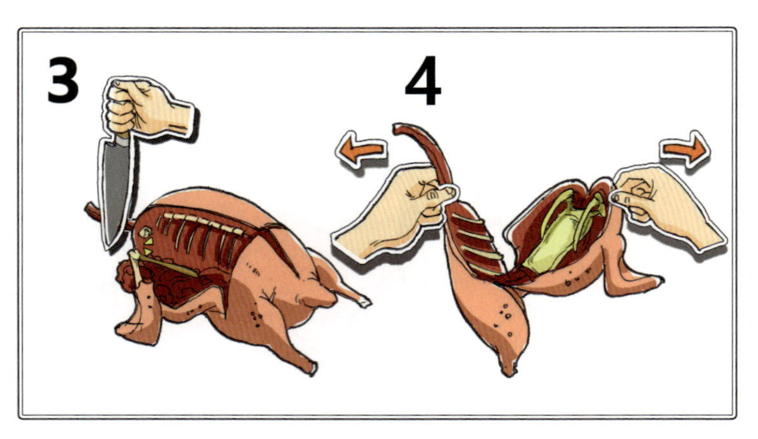

③突き当たった先の関節を切断します。

④肩甲骨と肋骨が癒着しているので、肩甲骨の下に刃を入れて剥いでいきます。首つると鎖骨を持って左右に引っ張ると、上身と下身に分離する事ができます。

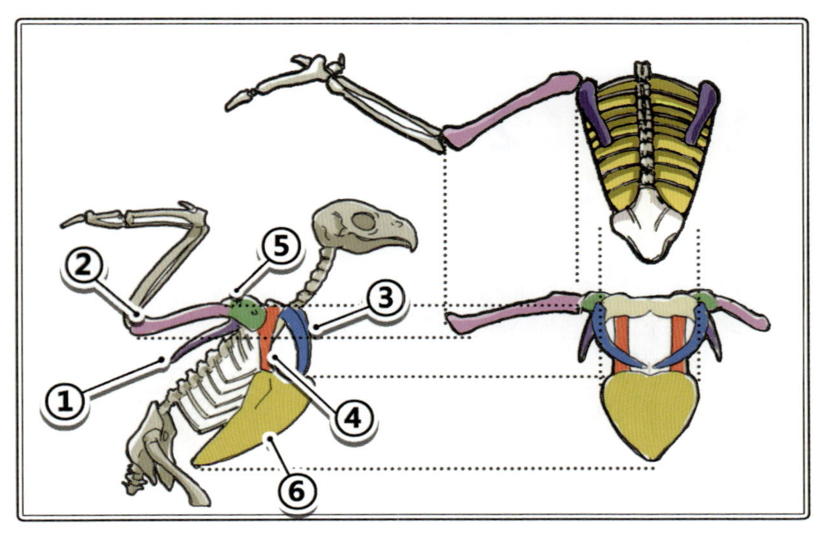

鳥類の骨格は手羽の付け根で①肩甲骨、②上腕骨、③鎖骨、④烏口骨の4つの骨が1つの⑤関節で結合されています。解体では肩甲骨に沿って刃を入れていくと②上腕骨と④烏口骨を繋いでいる靭帯に突き当たるので切り離します。

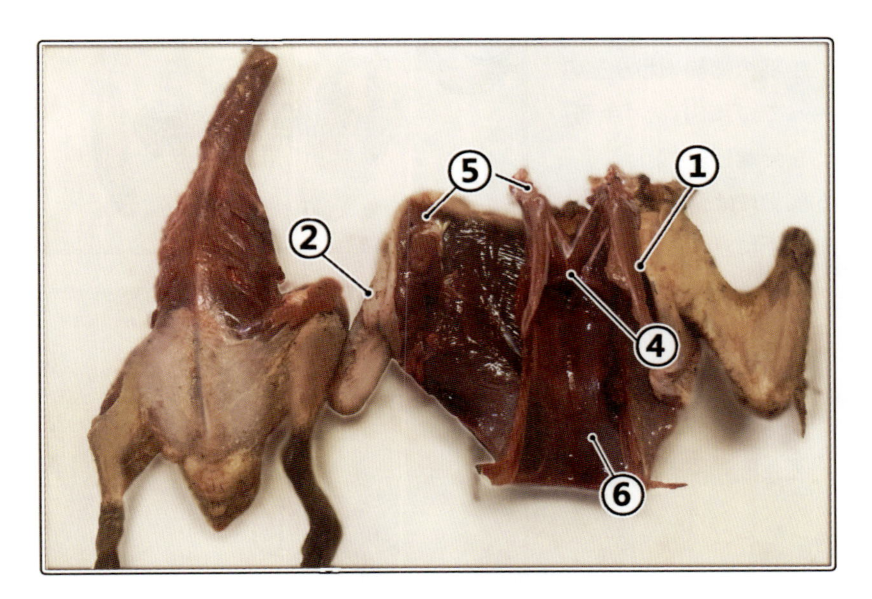

③胸肉・手羽・ささみ分離

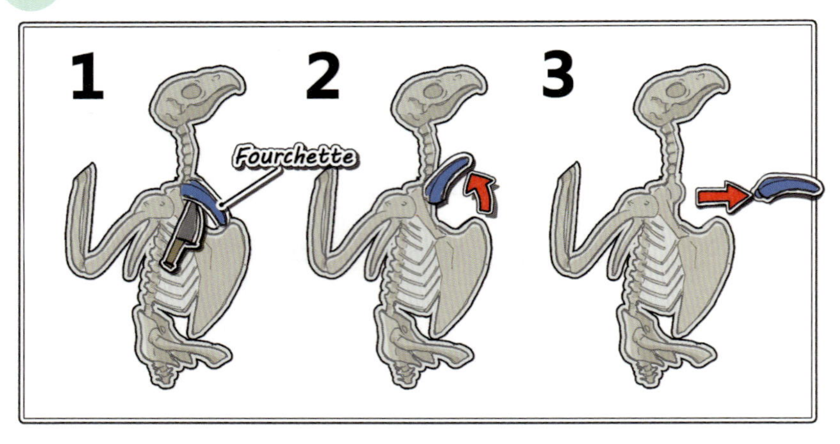

①上身の鎖骨（フルシェット）に付いている肉を切ります。

②鎖骨を上に押し上げて関節を外します。

③鎖骨を前方に引き抜きます。

④胸骨の中心線に沿って皮を切り、胸肉・手羽を引き剥がします。
手羽の関節まわりを切って、『胸肉』と『手羽』を分離します。

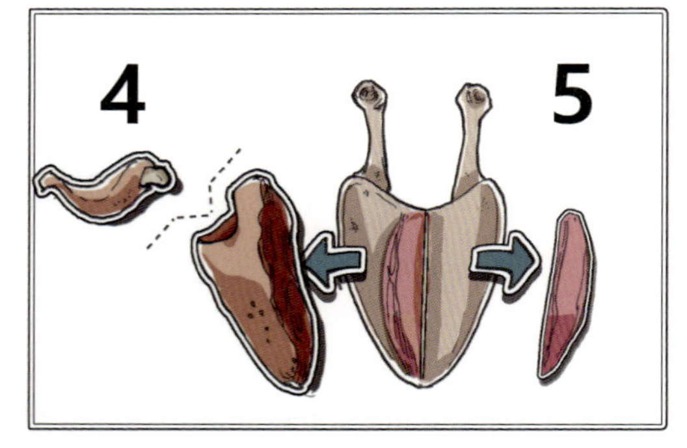

⑤胸骨には胸肉（大胸筋）の下に『ささ身（小胸筋）』が癒着しているので剥ぎ取ります。
手羽はさらに『手羽先』と『手羽もと』に分離する事ができます。

④もも肉・ぼんじり分離

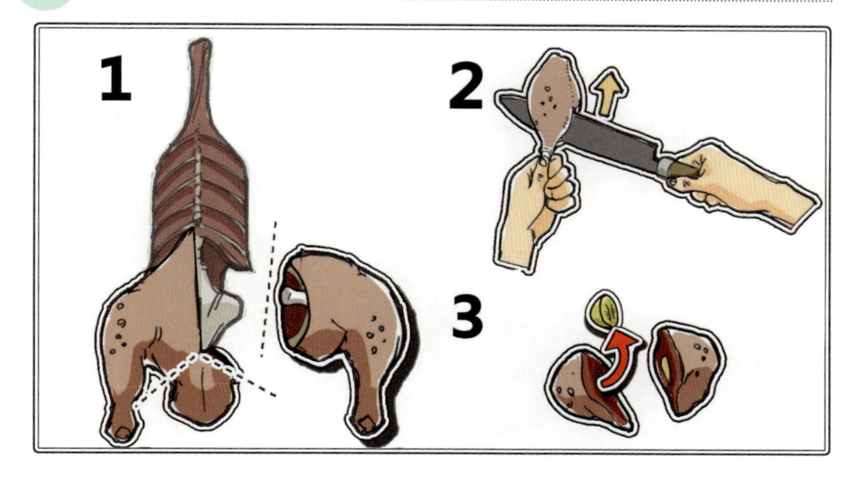

①足は腸骨とボール状の関節でつながっているので、背を上に向けて足を逆方向に曲げて剥ぎ取ります。

②脛（すね）の間に刃先を入れ、上方向に刃をスライドさせて切り開きます。骨と間接に沿って『もも肉』を分離します。

③尾に付いている『尾肉（ぼんじり）』を切り離し、2つに割って中に詰まっている尾脂線を取り外します。

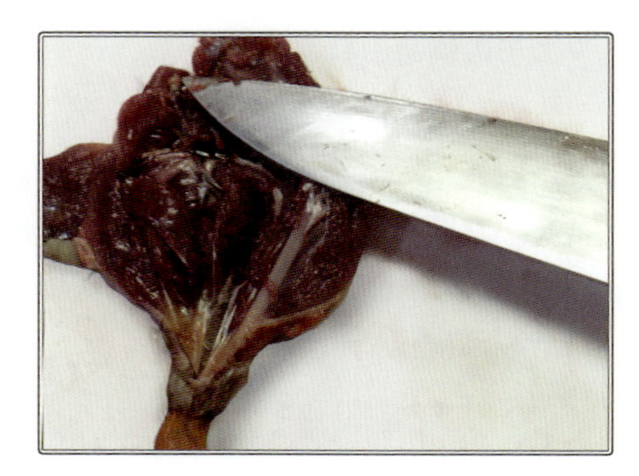

もも肉を分離する際は、背側についている『腰肉（ソリレス）』も一緒に外しましょう。特にキジなど足が発達している鳥は、旨味が詰まった美味しい部位なので忘れないようにしましょう。

尾脂線（油壺）は鳥が羽をコーティングするための油が詰まった器官で、ニスのような臭いがするため食べることはできません。

膝の関節部分は鶏肉でいう『ナンコツ』で、から揚げなどで食べることができます。

3. マガモのロースト　オレンジソース

「鴨葱」は「相性が良い」事をあらわす代名詞になっているほど鴨肉の定番料理ですが、海外にも鴨肉と相性が良いとされる食材は多数あります。中でも有名なのが『オレンジ』です。

材料

- マガモの胸身 ...1羽

調味料

- オレンジ果汁...100cc
- 白ワイン 50cc
- はちみつ 大さじ1
- マーマレード...小さじ1
- バター 5g
- シナモン ....ひとつまみ
- 塩......................少々

①粗塩をふった胸肉をフライパンにのせ、皮目から弱〜中火で両面に焼き色を付ける。
②オーブンにアルミホイルを敷いて160℃に予熱しておき、12分ほど熱を通す。
③オーブンから取り出し、アルミホイルに包んで12分ほど休ませる。
④鴨を焼いたフライパンにオレンジ果汁を入れ強火で熱を加える。
⑤沸騰し始めたら白ワインを入れてアルコールを飛ばす。
⑥はちみつ、オレンジマーマレード、シナモンを加え、ゆっくりとかき混ぜる。温まったらバターを入れてソースに照りととろみを加える。
⑦中心の温度を測り70℃まで落ちたら切り分け、ソースを添えて完成。

「鴨肉はレバーっぽい」と思われている方は、ソースに工夫をほどこしてみましょう。鴨肉と相性が良いとされる食材はどれも、レバーっぽい風味を打ち消し、脂の旨味を増幅させる効果があります。

カモ×ネギ、カモ×オレンジ以外にも、江戸時代ではカモ×芹（せり）、中国ではカモ×紅茶、インドネシアではカモ×バナナの葉（ベベック・ベトゥトゥ）、アメリカではカモ×サツマイモなど実に多彩です。

4. コガモのつみれ鍋

鴨肉は色々な料理が楽しめますが、寒い季節はやはり鴨鍋に限ります。鴨肉の旨味とネギの甘味、鍋の中で奏でられる味のハーモニーがたまりません！…しかしあなたは『本当の鴨鍋』を食べた事がありますか？

材料

- コガモ..............2羽
- 白ネギ..............1本
- 水菜...................2束
- 卵.......................1個
- 乾燥シイタケ... 4つ

調味料

- 塩...........少々
- 小麦粉...小さじ1

①ガラと乾燥シイタケを小鍋に入れ、水から極弱火で4時間ほど煮込む。
②フードプロセッサーに細かく切った鴨肉を入れ、刻んだネギ（青い部分）と塩、卵、小麦粉を入れて混ぜ合わせる。
③ガラを濾したスープを土鍋に移し、弱火で温めながらスプーンですくったつみれを浮かべる。
④ネギ、水菜を入れて蓋をして弱火で15分ほど煮込んで完成。

もしあなたがこれまで食べた鴨鍋に、かつお出汁やこんぶ出汁が使われていたとしたら、それは鴨鍋ではなく『鴨肉を使った鍋』です。真の鴨鍋はガラから抽出した『黄金スープ』を使用した一品で、その『旨さ』を具現化したような芳しいスープは、あなたの出汁の概念を打ち壊す事になるはずです。

なお鴨出汁は沸騰させると香りが飛んでしまうので、極弱火で長時間かけて抽出するのが鉄則です。「グツグツ」煮込まなければアクは沈んでいくので掬い取る必要はありません。

秋の深まりと共に寒さが身に染みてくるようになると、あなたはこの鴨出汁の香りを鮮明に思い出す事になるでしょう。

そう、今年もまた狩猟の季節がやって来たのです。

巻末資料
Addendum

鳥獣の保護及び管理並びに狩猟の適正化に関する法律【抜粋】
最終改正:平成二六年五月三〇日法律第四六号

第一章　総則

(目的)
第一条　この法律は、鳥獣の保護及び管理を図るための事業を実施するとともに、猟具の使用に係る危険を予防することにより、鳥獣の保護及び管理並びに狩猟の適正化を図り、もって生物の多様性の確保(生態系の保護を含む。以下同じ。)、生活環境の保全及び農林水産業の健全な発展に寄与することを通じて、自然環境の恵沢を享受できる国民生活の確保及び地域社会の健全な発展に資することを目的とする。

(定義等)
第二条　この法律において「鳥獣」とは、鳥類又は哺乳類に属する野生動物をいう。
2　この法律において鳥獣について「保護」とは、生物の多様性の確保、生活環境の保全又は農林水産業の健全な発展を図る観点から、その生息数を適正な水準に増加させ、若しくはその生息地を適正な範囲に拡大させること又はその生息数の水準及びその生息地の範囲を維持することをいう。
3　この法律において鳥獣について「管理」とは、生物の多様性の確保、生活環境の保全又は農林水産業の健全な発展を図る観点から、その生息数を適正な水準に減少させ、又はその生息地を適正な範囲に縮小させることをいう。
4　この法律において「希少鳥獣」とは、国際的又は全国的に保護を図る必要があるものとして環境省令で定める鳥獣をいう。
5　この法律において「指定管理鳥獣」とは、希少鳥獣以外の鳥獣であって、集中的かつ広域的に管理を図る必要があるものとして環境省令で定めるものをいう。
6　この法律において「法定猟法」とは、銃器(装薬銃及び空気銃(圧縮ガスを使用するものを含む。以下同じ。)をいう。以下同じ。)、網又はわなであって環境省令で定めるものを使用する猟法その他環境省令で定める猟法をいう。
7　この法律において「狩猟鳥獣」とは、希少鳥獣以外の鳥獣であって、その肉又は毛皮を利用する目的、管理をする目的その他の目的で捕獲等(捕獲又は殺傷をいう。以下同じ。)の対象となる鳥獣(鳥類のひなを除く。)であって、その捕獲等がその生息の状況に著しく影響を及ぼすおそれのないものとして環境省令で定めるものをいう。
8　この法律において「狩猟」とは、法定猟法により、狩猟鳥獣の捕獲等をすることをいう。
9　この法律において「狩猟期間」とは、毎年十月十五日(北海道にあっては、毎年九月十五日)から翌年四月十五日までの期間で狩猟鳥獣の捕獲等をすることができる期間をいう。
１０　環境大臣は、第七項の環境省令を定め、又はこれを変更しようとするときは、あらかじめ、公聴会を開いて利害関係人の意見を聴いた上で、農林水産大臣に協議するとともに、中央環境審議会の意見を聴かなければならない。

第二章　基本指針等

(基本指針)
第三条　環境大臣は、鳥獣の保護及び管理を図るための事業(第三十五条第一項に規定する特定猟具使用禁止区域及び特定猟具使用制限区域並びに第六十八条第一項に規定する猟区に関する事項を含む。以下「鳥獣保護管理事業」という。)を実施するための基本的な指針(以下「基本指針」という。)を定めるものとする。
2　基本指針においては、次に掲げる事項について定めるものとする。
一　鳥獣保護管理事業の実施に関する基本的事項
二　次条第一項に規定する鳥獣保護管理事業計画において同条第二項第一号の鳥獣保護管理事業計画の計画期間を定めるに当たって遵守すべき基準その他当該鳥獣保護管理事業計画の作成に関する事項
三　希少鳥獣の保護に関する事項
四　指定管理鳥獣の管理に関する事項
五　その他鳥獣保護管理事業を実施するために必要な事項
3　環境大臣は、基本指針を定め、又はこれを変更しようとするときは、あらかじめ、農林水産大臣に協議するとともに、中央環境審議会の意見を聴かなければならない。
4　環境大臣は、基本指針を定め、又はこれを変更したときは、遅滞なく、これを公表するとともに、都道府県知事に通知しなければならない。

（鳥獣保護管理事業計画）
第四条　都道府県知事は、基本指針に即して、当該都道府県知事が行う鳥獣保護管理事業の実施に関する計画（以下「鳥獣保護管理事業計画」という。）を定めるものとする。
２　鳥獣保護管理事業計画においては、次に掲げる事項を定めるものとする。
一　鳥獣保護管理事業計画の計画期間
二　第二十八条第一項の規定により都道府県知事が指定する鳥獣保護区、第二十九条第一項に規定する特別保護地区及び第三十四条第一項に規定する休猟区に関する事項
三　鳥獣の人工増殖（人工的な方法により鳥獣を増殖させることをいう。以下同じ。）及び放鳥獣（鳥獣の保護のためにその生息地に当該鳥獣を解放することをいう。以下同じ。）に関する事項
四　第九条第一項の許可（鳥獣の管理の目的に係るものに限る。）に関する事項
五　第三十五条第一項に規定する特定猟具使用禁止区域及び特定猟具使用制限区域並びに第六十八条第一項に規定する猟区に関する事項
六　第七条第一項に規定する第一種特定鳥獣保護計画を作成する場合においては、その作成に関する事項
七　第七条の二第一項に規定する第二種特定鳥獣管理計画を作成する場合においては、その作成に関する事項
八　鳥獣の生息の状況の調査に関する事項
九　鳥獣保護管理事業の実施体制に関する事項
３　鳥獣保護管理事業計画においては、前項各号に掲げる事項のほか、鳥獣保護管理事業に関する普及啓発に関する事項その他鳥獣保護管理事業を実施するために必要な事項を定めるよう努めるものとする。
４　都道府県知事は、鳥獣保護管理事業計画を定め、又はこれを変更しようとするときは、あらかじめ、自然環境保全法（昭和四十七年法律第八十五号）第五十一条の規定により置かれる審議会その他の合議制の機関（以下「合議制機関」という。）の意見を聴かなければならない。
５　都道府県知事は、鳥獣保護管理事業計画を定め、又はこれを変更したときは、遅滞なく、これを公表するよう努めるとともに、環境大臣に報告しなければならない。

＜略＞

第三章　鳥獣保護管理事業の実施

第一節　鳥獣の捕獲等又は鳥類の卵の採取等の規制

（鳥獣の捕獲等及び鳥類の卵の採取等の禁止）
第八条　鳥獣及び鳥類の卵は、捕獲等又は採取等（採取又は損傷をいう。以下同じ。）をしてはならない。ただし、次に掲げる場合は、この限りでない。
一　次条第一項の許可を受けてその許可に係る捕獲等又は採取等をするとき。
二　第十一条第一項の規定により狩猟鳥獣の捕獲等をするとき。
三　第十三条第一項の規定により同項に規定する鳥獣又は鳥類の卵の捕獲等又は採取等をするとき。

＜略＞

（狩猟鳥獣の捕獲等）
第十一条　次に掲げる場合には、第九条第一項の規定にかかわらず、第二十八条第一項に規定する鳥獣保護区、第三十四条第一項に規定する休猟区（第十四条第一項の規定により指定された区域がある場合は、その区域を除く。）その他生態系の保護又は住民の安全の確保若しくは静穏の保持が特に必要な区域として環境省令で定める区域以外の区域（以下「狩猟可能区域」という。）において、狩猟期間（次項の規定により限定されている場合はその期間とし、第十四条第二項の規定により延長されている場合はその期間とする。）内に限り、環境大臣又は都道府県知事の許可を受けないで、狩猟鳥獣（第十四条第一項の規定により指定された区域においてはその区域に係る第二種特定鳥獣に限り、同条第二項の規定により延長された期間においてはその延長の期間に係る第二種特定鳥獣に限る。）の捕獲等をすることができる。
一　次条、第十四条、第十五条から第十七条まで及び次章第一節から第三節までの規定に従って狩猟をするとき。
二　次条、第十四条、第十五条から第十七条まで、第三十六条及び第三十七条の規定に従って、次に掲げる狩猟鳥獣の捕獲等をするとき。
イ　法定猟法以外の猟法による狩猟鳥獣の捕

獲等
ロ　垣、柵その他これに類するもので囲まれた住宅の敷地内において銃器を使用しないでする狩猟鳥獣の捕獲等
2　環境大臣は、狩猟鳥獣（鳥類（狩猟鳥獣のうちの鳥類に限る。）のひなを含む。以下「対象狩猟鳥獣」という。）の保護を図るため必要があると認めるときは、狩猟期間の範囲内においてその捕獲等をする期間を限定することができる。
3　第三条第三項の規定は、前項の規定による狩猟期間の限定について準用する。

（対象狩猟鳥獣の捕獲等の禁止又は制限）
第十二条　環境大臣は、国際的又は全国的に特に保護を図る必要があると認める対象狩猟鳥獣がある場合には、次に掲げる禁止又は制限をすることができる。
一　区域又は期間を定めて当該対象狩猟鳥獣の捕獲等を禁止すること。
二　区域又は期間を定めて当該対象狩猟鳥獣の捕獲等の数を制限すること。
三　当該対象狩猟鳥獣の保護に支障を及ぼすものとして禁止すべき猟法を定めてこれにより捕獲等をすることを禁止すること。
2　都道府県知事は、当該都道府県の区域内において特に保護を図る必要があると認める対象狩猟鳥獣がある場合には、前項の禁止又は制限に加え、同項各号に掲げる禁止又は制限をすることができる。
3　前二項の場合において、第一項第二号に掲げる制限をするために必要があると認められるときは、環境大臣又は都道府県知事は、当該対象狩猟鳥獣の捕獲等につきあらかじめ承認を受けるべき旨の制限をすることができる。
4　都道府県知事は、第二項の禁止若しくは制限若しくは前項の制限をし、又はこれらを変更しようとするときは、環境大臣に届け出なければならない。
5　第九条第一項の許可を受けた者又は従事者は、第一項若しくは第二項の規定による禁止若しくは制限又は第三項の規定による制限にかかわらず、当該許可に係る捕獲等をすることができる。
6　第二条第十項の規定は第一項の規定による禁止若しくは制限又は第三項の規定により環境大臣がする制限について、第四条第四項及び第七条第五項の規定は第二項の規定による禁止若しくは制限又は第三項の規定により都道府県知事がする制限について準用する。

（環境省令で定める鳥獣の捕獲等）
第十三条　農業又は林業の事業活動に伴い捕獲等又は採取等をすることがやむを得ない鳥獣若しくは鳥類の卵であって環境省令で定めるものは、第九条第一項の規定にかかわらず、環境大臣又は都道府県知事の許可を受けないで、環境省令で定めるところにより、捕獲等又は採取等をすることができる。
2　第三条第三項の規定は、前項の環境省令について準用する。

（第二種特定鳥獣に係る特例）
第十四条　都道府県知事は、第二種特定鳥獣が狩猟鳥獣である場合において、当該第二種特定鳥獣に係る第二種特定鳥獣管理計画の達成を図るため特に必要があると認めるときは、第三十四条第一項の規定により指定した休猟区の全部又は一部について、当該第二種特定鳥獣に関し、捕獲等をすることができる区域を指定することができる。
2　都道府県知事は、第二種特定鳥獣が狩猟鳥獣であり、かつ、その狩猟期間が第十一条第二項の規定により限定されている場合において、当該第二種特定鳥獣に係る第二種特定鳥獣管理計画の達成を図るため特に必要があると認めるときは、当該狩猟期間の範囲内で、当該第二種特定鳥獣に関し、同項の規定により限定された期間を延長することができる。
3　都道府県知事は、第二種特定鳥獣が狩猟鳥獣である場合において、当該第二種特定鳥獣に係る第二種特定鳥獣管理計画の達成を図るため特に必要があると認めるときは、当該都道府県の区域内で、環境大臣が当該第二種特定鳥獣に関し行う第十二条第一項の規定による禁止又は制限の全部又は一部を解除することができる。
4　第四条第四項、第七条第五項及び第十二条第四項の規定は第二項の規定による期間の延長及び前項の規定による禁止又は制限の解除について、同条第五項の規定は前項の規定による禁止又は制限の解除について、第三十四条第三項及び第四項の規定は第一項の規定による区域の指定について準用する。この場合において、同条第三項中「その旨並びにその名称、区域及び存続期間」とあるのは「その旨並びに区域及び

存続期間」と、同条第四項中「前項の規定による公示」とあるのは「第十四条第四項において読み替えて準用する前項の規定による公示」と読み替えるものとする。

（指定管理鳥獣捕獲等事業）

第十四条の二　都道府県知事は、第二種特定鳥獣管理計画において第七条の二第二項第五号に掲げる事項を定めた場合において、当該第二種特定鳥獣管理計画に基づき指定管理鳥獣捕獲等事業を実施しようとするときは、指定管理鳥獣の種類ごとに、指定管理鳥獣捕獲等事業に関する実施計画（以下この条において「実施計画」という。）を定めるものとする。

2　実施計画においては、次に掲げる事項を定めるものとする。

一　指定管理鳥獣の種類

二　指定管理鳥獣捕獲等事業の実施期間

三　指定管理鳥獣捕獲等事業の実施区域

四　指定管理鳥獣捕獲等事業の目標

五　指定管理鳥獣捕獲等事業の内容（捕獲等をした指定管理鳥獣を当該捕獲等をした場所に放置する場合又は日出前若しくは日没後においてする銃器を使用した鳥獣の捕獲等（以下「夜間銃猟」という。）をする場合にあっては、その旨を含む。）

六　指定管理鳥獣捕獲等事業の実施体制

七　住民の安全を確保し、又は指定区域の静穏を保持するために必要な事項

八　その他指定管理鳥獣捕獲等事業を実施するために必要な事項

3　都道府県知事は、前項第三号に規定する実施区域内に第二十八条第一項の規定により環境大臣が指定する鳥獣保護区がある場合において、前項第二号に規定する実施期間が満了したときは、環境省令で定めるところにより、その日から起算して三十日を経過する日までに、当該都道府県が実施した指定管理鳥獣捕獲等事業に係る捕獲等の結果を環境大臣に報告しなければならない。

4　第四条第五項及び第七条第五項から第七項までの規定は、実施計画について準用する。この場合において、同条第六項中「第二項第三号に規定する区域」とあるのは、「第十四条の二第二項第三号に規定する実施区域」と読み替えるものとする。

5　国の機関は、環境省令で定めるところにより、実施計画に従って指定管理鳥獣捕獲等事業を実施することができる。この場合において、実施計画に従って指定管理鳥獣捕獲等事業を実施しようとする国の機関は、環境省令で定めるところにより、あらかじめ、当該指定管理鳥獣捕獲等事業が当該実施計画に適合することについて、当該実施計画を定めた都道府県知事の確認を受けなければならない。

6　前項の確認を受けた国の機関は、第二項第二号に規定する実施期間が満了したときは、環境省令で定めるところにより、その日から起算して二十日を経過する日までに、当該国の機関が実施した指定管理鳥獣捕獲等事業に係る捕獲等の結果を都道府県知事に通知しなければならない。

7　都道府県及び第五項の確認を受けた国の機関は、指定管理鳥獣捕獲等事業の全部又は一部について、認定鳥獣捕獲等事業者その他環境省令で定める者に対し、その実施を委託することができる。

8　指定管理鳥獣捕獲等事業を実施する都道府県、第五項の確認を受けた国の機関又は前項の規定による委託を受けた者（次項において「都道府県等」という。）が指定管理鳥獣捕獲等事業として実施する行為については、第八条、第十八条及び第三十八条第一項の規定は、適用しない。ただし、次の各号に掲げる規定については、当該各号に定める場合に限る。

一　第十八条　捕獲等をした鳥獣を当該捕獲等をした場所に放置することが、生態系に重大な影響を及ぼすおそれがなく、かつ、指定管理鳥獣捕獲等事業の実施に当たって特に必要があると認められる場合として環境省令で定める場合に該当するとき。

二　第三十八条第一項　前項の規定による委託を受けた認定鳥獣捕獲等事業者（第十八条の五第一項各号に掲げる基準のいずれにも適合するものに限る。）が、環境省令で定めるところにより、当該委託に係る実施計画ごとに、夜間銃猟の実施日時、実施区域、実施方法及び実施体制、夜間銃猟をする者その他の夜間銃猟に関する事項であって環境省令で定めるものについて、当該実施計画に適合する旨の当該実施計画を定めた都道府県知事の確認を受け、かつ、その確認を受けたところに従って、その確認を受けた夜間銃猟をする者が夜間銃猟をするとき。

9　指定管理鳥獣捕獲等事業を実施する都道府県等については、第九条第一項の規定による都道府県知事の許可を受けた者とみなして、同

条第八項から第十二項まで、第十二条第五項（前条第四項において準用する場合を含む。）、第十六条第一項及び第二項並びに第三十五条第二項及び第三項の規定（これらの規定に係る罰則を含む。）を適用する。この場合において、第九条第八項中「その他」とあるのは「、第十四条の二第七項の環境省令で定める者その他」と、「環境大臣又は都道府県知事」とあるのは「都道府県知事」と、「その者の監督の下にその許可に係る捕獲等又は採取等」とあるのは「指定管理鳥獣捕獲等事業」と、同条第九項中「環境大臣又は都道府県知事」とあるのは「都道府県知事」と、同条第十一項中「次の各号」とあるのは「第三号又は第四号」と、「環境大臣又は都道府県知事」とあるのは「都道府県知事」と、同項第三号中「第四項の規定により定められた有効期間」とあるのは「第十四条の二第二項第二号に規定する実施期間」とする。

（指定猟法禁止区域）

第十五条　環境大臣又は都道府県知事は、特に必要があると認めるときは、次に掲げる区域について、それぞれ鳥獣の保護に重大な支障を及ぼすおそれがあると認める猟法（以下「指定猟法」という。）を定め、指定猟法により鳥獣の捕獲等をすることを禁止する区域を指定猟法禁止区域として指定することができる。

一　環境大臣にあっては、国際的又は全国的な鳥獣の保護のため必要な区域

二　都道府県知事にあっては、当該都道府県の区域内の鳥獣の保護のため必要な区域であって、前号に掲げる区域以外の区域

２　環境大臣又は都道府県知事は、前項の規定による指定をするときは、その旨並びにその名称、区域及び存続期間を公示しなければならない。

３　第一項の規定による指定は、前項の規定による公示によってその効力を生ずる。

４　指定猟法禁止区域内においては、指定猟法により鳥獣の捕獲等をしてはならない。ただし、環境大臣又は都道府県知事の許可を受けて当該許可に係る捕獲等をする場合は、この限りでない。

５　環境大臣又は都道府県知事は、第十一項において準用する第九条第二項の申請があったときは、当該申請に係る捕獲等が指定猟法による捕獲等によって鳥獣の保護に支障を及ぼすおそれがある場合を除き、前項ただし書の許可をしなければならない。

６　環境大臣又は都道府県知事は、第四項ただし書の許可をする場合において、鳥獣の保護のため必要があると認めるときは、その許可に条件を付することができる。

７　第四項ただし書の許可を受けた者は、その者が第十一項において読み替えて準用する第九条第七項の指定猟法許可証（以下単に「指定猟法許可証」という。）を亡失し、又は指定猟法許可証が滅失したときは、環境省令で定めるところにより、環境大臣又は都道府県知事に申請をして、指定猟法許可証の再交付を受けることができる。

８　第四項ただし書の許可を受けた者は、指定猟法により鳥獣の捕獲等をするときは、指定猟法許可証を携帯し、国又は地方公共団体の職員、警察官その他関係者から提示を求められたときは、これを提示しなければならない。

９　第四項ただし書の許可を受けた者は、次の各号のいずれかに該当することとなった場合は、環境省令で定めるところにより、指定猟法許可証（第三号の場合にあっては、発見し、又は回復した指定猟法許可証）を、環境大臣又は都道府県知事に返納しなければならない。

一　第十一項において読み替えて準用する第十条第二項の規定により許可が取り消されたとき。

二　第十一項において準用する第九条第四項の規定により定められた有効期間が満了したとき。

三　第七項の規定により指定猟法許可証の再交付を受けた後において亡失した指定猟法許可証を発見し、又は回復したとき。

１０　環境大臣又は都道府県知事は、第四項の規定に違反し、又は第六項の規定により付された条件に違反した者に対し、鳥獣の保護のため必要があると認めるときは、当該違反に係る鳥獣を解放することその他の必要な措置をとるべきことを命ずることができる。

１１　第九条第二項、第四項及び第七項の規定は第四項ただし書の許可について、第十条第二項の規定は第四項ただし書の許可を受けた者について準用する。この場合において、第九条第七項中「許可証」とあるのは「指定猟法許可証」と、第十条第二項中「前項各号に掲げる」とあるのは「第十五条第十項に規定する」と読み替えるものとする。

１２　第一項の規定により都道府県知事が指定する指定猟法禁止区域の全部又は一部について

同項の規定により環境大臣が指定する指定猟法禁止区域が指定されたときは、当該都道府県知事が指定する当該指定猟法禁止区域は、第二項及び第三項の規定にかかわらず、それぞれ、その指定が解除され、又は環境大臣が指定する当該指定猟法禁止区域と重複する区域以外の区域に変更されたものとみなす。
１３　環境大臣又は都道府県知事は、指定猟法禁止区域の指定をしたときは、当該指定猟法禁止区域の区域内にこれを表示する標識を設置しなければならない。
１４　前項の標識に関し必要な事項は、環境省令で定める。ただし、都道府県知事が設置する標識の寸法は、この項本文の環境省令の定めるところを参酌して、都道府県の条例で定める。

（使用禁止猟具の所持規制）
第十六条　第十二条第一項第三号に規定する猟法に使用される猟具であって環境省令で定めるもの（以下この条において「使用禁止猟具」という。）は、鳥獣の捕獲等の目的で所持してはならない。ただし、次に掲げる場合は、この限りでない。
一　第九条第一項の許可を受けた者又は従事者が、当該許可に係る使用禁止猟具を用いて当該許可に係る捕獲等をする目的で所持するとき。
二　第九条第十四項の規定により国内希少野生動植物種等に係る同条第一項の鳥獣の捕獲等について同項の許可を受けることを要しないとされた者（以下「許可不要者」という。）が当該捕獲等をする目的で所持するとき。
２　使用禁止猟具は、販売し、又は頒布してはならない。ただし、次に掲げる場合は、この限りでない。
一　第九条第一項の許可を受けた者又は従事者に当該許可に係る使用禁止猟具を販売し、又は頒布するとき。
二　許可不要者に国内希少野生動植物種等に係る捕獲等に用いる使用禁止猟具を販売し、又は頒布するとき。
三　輸出される使用禁止猟具を、あらかじめ、環境省令で定めるところにより、環境大臣に届け出て販売し、又は頒布するとき。
３　環境大臣は、第一項の環境省令を定めようとするときは農林水産大臣及び経済産業大臣に、前項第三号の環境省令を定めようとするときは経済産業大臣に、協議しなければならない。

（土地の占有者の承諾）
第十七条　垣、さくその他これに類するもので囲まれた土地又は作物のある土地において、鳥獣の捕獲等又は鳥類の卵の採取等をしようとする者は、あらかじめ、その土地の占有者の承諾を得なければならない。

（鳥獣の放置等の禁止）
第十八条　鳥獣又は鳥類の卵の捕獲等又は採取等をした者は、適切な処理が困難な場合又は生態系に影響を及ぼすおそれが軽微である場合として環境省令で定める場合を除き、当該捕獲等又は採取等をした場所に、当該鳥獣又は鳥類の卵を放置してはならない。

第一節の二　鳥獣捕獲等事業の認定

（鳥獣捕獲等事業の認定）
第十八条の二　鳥獣の捕獲等をする事業（以下「鳥獣捕獲等事業」という。）を実施する者（法人に限る。以下「鳥獣捕獲等事業者」という。）は、その鳥獣捕獲等事業が第十八条の五第一項に規定する基準に適合していることにつき、都道府県知事の認定を受けることができる。

＜略＞

第三節　鳥獣保護区

（鳥獣保護区）
第二十八条　環境大臣又は都道府県知事は、鳥獣の種類その他鳥獣の生息の状況を勘案して当該鳥獣の保護を図るため特に必要があると認めるときは、それぞれ次に掲げる区域を鳥獣保護区として指定することができる。
一　環境大臣にあっては、国際的又は全国的な鳥獣の保護のため重要と認める区域
二　都道府県知事にあっては、当該都道府県の区域内の鳥獣の保護のため重要と認める区域であって、前号に掲げる区域以外の区域
２　前項の規定による指定又はその変更は、鳥獣保護区の名称、区域、存続期間及び当該鳥獣保護区の保護に関する指針を定めてするものとする。
３　環境大臣又は都道府県知事は、第一項の規定による指定をし、又はその変更をしようとするとき（変更にあっては、鳥獣保護区の区域を

巻末資料

拡張するときに限る。次項から第六項までにおいて同じ。）は、あらかじめ、関係地方公共団体の意見を聴かなければならない。

4　環境大臣又は都道府県知事は、第一項の規定による指定をし、又はその変更をしようとするときは、あらかじめ、環境省令で定めるところにより、その旨を公告し、公告した日から起算して十四日（都道府県知事にあっては、その定めるおおむね十四日の期間）を経過する日までの間、当該鳥獣保護区の名称、区域、存続期間及び当該鳥獣保護区の保護に関する指針の案（次項及び第六項において「指針案」という。）を公衆の縦覧に供しなければならない。

5　前項の規定による公告があったときは、第一項の規定による指定をし、又はその変更をしようとする区域の住民及び利害関係人は、前項に規定する期間が経過する日までの間に、環境大臣又は都道府県知事に指針案についての意見書を提出することができる。

6　環境大臣又は都道府県知事は、指針案について異議がある旨の前項の意見書の提出があったとき、その他鳥獣保護区の指定又は変更に関し広く意見を聴く必要があると認めるときは、環境大臣にあっては公聴会を開催するものとし、都道府県知事にあっては公聴会の開催その他の必要な措置を講ずるものとする。

7　鳥獣保護区の存続期間は、二十年を超えることができない。ただし、二十年以内の期間を定めてこれを更新することができる。

8　環境大臣又は都道府県知事は、鳥獣の生息の状況の変化その他の事情の変化により第一項の規定による指定の必要がなくなったと認めるとき、又はその指定を継続することが適当でないと認めるときは、その指定を解除しなければならない。

9　第二項並びに第十五条第二項、第三項、第十三項及び第十四項の規定は第七項ただし書の規定による更新について、第三条第三項の規定は第一項の規定により環境大臣が行う指定及びその変更（鳥獣保護区の区域を拡張するものに限る。）について、第四条第四項及び第十二条第四項の規定は第一項の規定により都道府県知事が行う指定及びその変更（第四条第四項の場合にあっては、鳥獣保護区の区域を拡張するものに限る。）について、第十五条第二項、第三項、第十三項及び第十四項の規定は第一項の規定による指定及びその変更について準用する。この場合において、同条第二項中「その旨並びにその名称、区域及び存続期間」とあるのは「その旨並びに鳥獣保護区の名称、区域、存続期間及び当該鳥獣保護区の保護に関する指針」と、同条第三項中「前項の規定による公示」とあるのは「第二十八条第九項において読み替えて準用する前項の規定による公示」と読み替えるものとする。

１０　第十二条第四項の規定は第八項の規定により都道府県知事が行う鳥獣保護区の指定の解除について、第十五条第二項及び第三項の規定は第八項の規定による指定の解除について準用する。この場合において、同条第二項中「その旨並びにその名称、区域及び存続期間」とあるのは「その旨及び解除に係る区域」と、同条第三項中「前項の規定による公示」とあるのは「第二十八条第十項において読み替えて準用する前項の規定による公示」と読み替えるものとする。

１１　鳥獣保護区の区域内の土地又は木竹に関し、所有権その他の権利を有する者は、正当な理由がない限り、環境大臣又は都道府県知事が当該土地又は木竹に鳥獣の生息及び繁殖に必要な営巣、給水、給餌等の施設を設けることを拒んではならない。

＜略＞

（国指定鳥獣保護区と都道府県指定鳥獣保護区との関係）

第三十三条　都道府県指定鳥獣保護区の区域の全部又は一部について国指定鳥獣保護区が指定されたときは、当該都道府県指定鳥獣保護区は、第二十八条第二項並びに同条第九項及び第十項において準用する第十五条第二項及び第三項の規定にかかわらず、それぞれ、その指定が解除され、又は当該国指定鳥獣保護区の区域と重複する区域以外の区域に変更されたものとみなす。

第四節　休猟区

（休猟区の指定）

第三十四条　都道府県知事は、狩猟鳥獣の生息数が著しく減少している場合において、その生息数を増加させる必要があると認められる区域があるときは、その区域を休猟区として指定することができる。

2　休猟区の存続期間は、三年を超えることができない。
3　都道府県知事は、第一項の規定による指定をするときは、その旨並びにその名称、区域及び存続期間を公示しなければならない。
4　第一項の規定による指定は、前項の規定による公示によってその効力を生ずる。
5　都道府県知事は、休猟区の指定をしたときは、当該休猟区の区域内にこれを表示する標識を設置しなければならない。
6　前項の標識に関し必要な事項（当該標識の寸法を除く。）は、環境省令で定める。
7　第五項の標識の寸法は、環境省令で定める基準を参酌して、都道府県の条例で定める。

第四章　狩猟の適正化

第一節　危険の予防

（特定猟具使用禁止区域等）
第三十五条　都道府県知事は、銃器又は環境省令で定めるわな（以下「特定猟具」という。）を使用した鳥獣の捕獲等に伴う危険の予防又は指定区域の静穏の保持のため、特定猟具を使用した鳥獣の捕獲等を禁止し、又は制限する必要があると認める区域を、特定猟具の種類ごとに、特定猟具使用禁止区域又は特定猟具使用制限区域として指定することができる。
2　特定猟具使用禁止区域内においては、当該区域に係る特定猟具を使用した鳥獣の捕獲等をしてはならない。ただし、第九条第一項の許可を受けた者若しくは従事者がその許可に係る捕獲等をする場合又は許可不要者が国内希少野生動植物種等に係る捕獲等をする場合は、この限りでない。
3　特定猟具使用制限区域内においては、都道府県知事の承認を受けないで、当該区域に係る特定猟具を使用した鳥獣の捕獲等（以下「承認対象捕獲等」という。）をしてはならない。ただし、第九条第一項の許可を受けた者若しくは従事者がその許可に係る捕獲等をする場合又は許可不要者が国内希少野生動植物種等に係る捕獲等をする場合は、この限りでない。
4　前項の承認（以下この条において単に「承認」という。）を受けようとする者は、環境省令で定めるところにより、都道府県知事に承認の申請をしなければならない。
5　都道府県知事は、前項の申請があったときは、当該申請に係る承認対象捕獲等が次の各号のいずれかに該当する場合を除き、承認をしなければならない。
一　承認対象捕獲等に伴う危険の予防に支障を及ぼすおそれがあるとき。
二　指定区域の静穏の保持に支障を及ぼすおそれがあるとき。
6　承認は、承認対象捕獲等をしようとする者の数について、環境省令で定める基準に従い都道府県知事が定める数の範囲内において行うものとする。
7　都道府県知事は、承認をする場合において、危険の予防又は指定区域の静穏の保持のため必要があると認めるときは、承認に条件を付することができる。
8　承認を受けた者は、その者が第十二項において読み替えて準用する第二十四条第五項の承認証（以下単に「承認証」という。）を亡失し、又は承認証が滅失したときは、環境省令で定めるところにより、都道府県知事に申請をして、承認証の再交付を受けることができる。
9　承認を受けた者は、特定猟具使用制限区域内において承認対象捕獲等をするときは、承認証を携帯し、国又は地方公共団体の職員、警察官その他関係者から提示を求められたときは、これを提示しなければならない。
１０　承認を受けた者は、次の各号のいずれかに該当することとなった場合は、環境省令で定めるところにより、承認証（第三号の場合にあっては、発見し、又は回復した承認証）を、都道府県知事に返納しなければならない。
一　第十二項において読み替えて準用する第二十四条第十項の規定により承認が取り消されたとき。
二　第十二項において準用する第二十四条第三項の規定により定められた有効期間が満了したとき。
三　第八項の規定により承認証の再交付を受けた後において亡失した承認証を発見し、又は回復したとき。
１１　都道府県知事は、第三項の規定に違反し、又は第七項の規定により付された条件に違反した者に対し、次に掲げる場合は、承認対象捕獲等をする場所を変更することその他の必要な措置をとるべきことを命ずることができる。
一　承認対象捕獲等に伴う危険の予防のため必要があると認めるとき。
二　指定区域の静穏の保持のため必要があると認めるとき。

１２　第二十四条第三項及び第五項の規定は承認について、同条第十項の規定は承認を受けた者について、前条第三項から第七項までの規定は第一項の指定について準用する。この場合において、第二十四条第五項中「販売許可証」とあるのは「承認証」と、同条第十項中「前項に規定する」とあるのは「第三十五条第十一項各号に掲げる」と、前条第三項中「その旨並びにその名称、区域及び存続期間」とあるのは「その旨並びにその名称、区域、存続期間及び禁止又は制限に係る特定猟具の種類」と、同条第四項中「前項の規定による公示」とあるのは「次条第十二項において読み替えて準用する前項の規定による公示」と読み替えるものとする。

(危険猟法の禁止)
第三十六条　爆発物、劇薬、毒薬を使用する猟法その他環境省令で定める猟法（以下「危険猟法」という。）により鳥獣の捕獲等をしてはならない。ただし、第十三条第一項の規定により鳥獣の捕獲等をする場合又は次条第一項の許可を受けてその許可に係る鳥獣の捕獲等をする場合は、この限りでない。

(危険猟法の許可)
第三十七条　第九条第一項に規定する目的で危険猟法により鳥獣の捕獲等をしようとする者は、環境大臣の許可を受けなければならない。
２　前項の許可を受けようとする者は、環境省令で定めるところにより、環境大臣に許可の申請をしなければならない。
３　環境大臣は、前項の申請があったときは、当該申請に係る鳥獣の捕獲等が次の各号のいずれかに該当する場合を除き、第一項の許可をしなければならない。
一　鳥獣の捕獲等の目的が第一項に規定する目的に適合しないとき。
二　人の生命又は身体に危害を及ぼすおそれがあるとき。
４　環境大臣は、第一項の許可をする場合において、その許可の有効期間を定めるものとする。
５　環境大臣は、第一項の許可をする場合において、危険の予防のため必要があると認めるときは、その許可に条件を付することができる。
６　環境大臣は、第一項の許可をしたときは、環境省令で定めるところにより、危険猟法許可証を交付しなければならない。
７　第一項の許可を受けた者は、その者が前項の危険猟法許可証（以下単に「危険猟法許可証」という。）を亡失し、又は危険猟法許可証が滅失したときは、環境省令で定めるところにより、環境大臣に申請をして、危険猟法許可証の再交付を受けることができる。
８　第一項の許可を受けた者は、危険猟法により鳥獣の捕獲等をするときは、危険猟法許可証を携帯し、国又は地方公共団体の職員、警察官その他関係者から提示を求められたときは、これを提示しなければならない。
９　第一項の許可を受けた者は、次の各号のいずれかに該当することとなった場合は、環境省令で定めるところにより、危険猟法許可証（第三号の場合にあっては、発見し、又は回復した危険猟法許可証）を、環境大臣に返納しなければならない。
一　第十一項の規定により許可が取り消されたとき。
二　第四項の規定により定められた有効期間が満了したとき。
三　第七項の規定により危険猟法許可証の再交付を受けた後において亡失した危険猟法許可証を発見し、又は回復したとき。
１０　環境大臣は、第一項の規定に違反して許可を受けないで鳥獣の捕獲等をした者又は第五項の規定により付された条件に違反した者に対し、危険の予防のため必要があると認めるときは、鳥獣の捕獲等をする場所を変更することその他の必要な措置をとるべきことを命ずることができる。
１１　環境大臣は、第一項の許可を受けた者がこの法律若しくはこの法律に基づく命令の規定又はこの法律に基づく処分に違反した場合において、危険の予防のため必要があると認めるときは、その許可を取り消すことができる。

(銃猟の制限)
第三十八条　日出前及び日没後においては、銃器を使用した鳥獣の捕獲等（以下「銃猟」という。）をしてはならない。
２　住居が集合している地域又は広場、駅その他の多数の者の集合する場所（以下「住居集合地域等」という。）においては、銃猟をしてはならない。ただし、次条第一項の許可を受けて麻酔銃を使用した鳥獣の捕獲等（以下「麻酔銃猟」という。）をする場合は、この限りでない。
３　弾丸の到達するおそれのある人、飼養若しくは保管されている動物、建物又は電車、自動車、船舶その他の乗物に向かって、銃猟をしてはならない。

（住居集合地域等における麻酔銃猟の許可）
第三十八条の二　住居集合地域等において、鳥獣による生活環境に係る被害の防止の目的で麻酔銃猟をしようとする者は、第九条第一項に規定するもののほか、都道府県知事の許可を受けなければならない。
2　前項の許可を受けようとする者は、環境省令で定めるところにより、都道府県知事に許可の申請をしなければならない。
3　都道府県知事は、前項の申請があったときは、当該申請に係る麻酔銃猟が次の各号のいずれかに該当する場合を除き、第一項の許可をしなければならない。
一　麻酔銃猟の目的が第一項に規定する目的に適合しないとき。
二　人の生命又は身体に危害を及ぼすおそれがあるとき。
4　都道府県知事は、第一項の許可をする場合において、その許可の有効期間を定めるものとする。
5　都道府県知事は、第一項の許可をする場合において、危険の予防のため必要があると認めるときは、その許可に条件を付することができる。
6　都道府県知事は、第一項の許可をしたときは、環境省令で定めるところにより、麻酔銃猟許可証を交付しなければならない。
7　第一項の許可を受けた者は、その者が前項の麻酔銃猟許可証（以下単に「麻酔銃猟許可証」という。）を亡失し、又は麻酔銃猟許可証が滅失したときは、環境省令で定めるところにより、都道府県知事に申請をして、麻酔銃猟許可証の再交付を受けることができる。
8　第一項の許可を受けた者は、麻酔銃猟をするときは、麻酔銃猟許可証を携帯し、国又は地方公共団体の職員、警察官その他関係者から提示を求められたときは、これを提示しなければならない。
9　第一項の許可を受けた者は、次の各号のいずれかに該当することとなった場合は、環境省令で定めるところにより、麻酔銃猟許可証（第三号の場合にあっては、発見し、又は回復した麻酔銃猟許可証）を、都道府県知事に返納しなければならない。
一　第十一項の規定により許可が取り消されたとき。
二　第四項の規定により定められた有効期間が満了したとき。
三　第七項の規定により麻酔銃猟許可証の再交付を受けた後において亡失した麻酔銃猟許可証を発見し、又は回復したとき。
１０　都道府県知事は、第一項の規定に違反して許可を受けないで麻酔銃猟をした者又は第五項の規定により付された条件に違反した者に対し、危険の予防のため必要があると認めるときは、麻酔銃猟をする場所を変更することその他の必要な措置をとるべきことを命ずることができる。
１１　都道府県知事は、第一項の許可を受けた者がこの法律若しくはこの法律に基づく命令の規定又はこの法律に基づく処分に違反した場合において、危険の予防のため必要があると認めるときは、その許可を取り消すことができる。

第二節　狩猟免許

（狩猟免許）
第三十九条　狩猟をしようとする者は、都道府県知事の免許（以下「狩猟免許」という。）を受けなければならない。
2　狩猟免許は、網猟免許、わな猟免許、第一種銃猟免許及び第二種銃猟免許に区分する。
3　次の表の上欄に掲げる猟法により狩猟鳥獣の捕獲等をしようとする者は、当該猟法の種類に応じ、それぞれ同表の下欄に掲げる狩猟免許を受けなければならない。ただし、第九条第一項の許可を受けてする場合及び第十一条第一項第二号（同号イに係る部分を除く。）に掲げる場合は、この限りでない。

猟法の種類	狩猟免許の種類
網を使用する猟法又は第二条第六項の環境省令で定める猟法	網猟免許
わなを使用する猟法	わな猟免許
装薬銃を使用する猟法	第一種銃猟免許
空気銃を使用する猟法	第二種銃猟免許

4　第一種銃猟免許を受けた者は、装薬銃を使用する猟法により狩猟鳥獣の捕獲等をすることができるほか、空気銃を使用する猟法により狩猟鳥獣の捕獲等をすることができる。

（狩猟免許の欠格事由）
第四十条　次の各号のいずれかに該当する者に対しては、狩猟免許（第六号の場合にあっては、取消しに係る種類のものに限る。）を与えない。
一　網猟免許及びわな猟免許にあっては十八歳に、第一種銃猟免許及び第二種銃猟免許にあっては二十歳に、それぞれ満たない者
二　精神障害又は発作による意識障害をもたらし、その他の狩猟を適正に行うことに支障を及ぼすおそれがある病気として環境省令で定めるものにかかっている者
三　麻薬、大麻、あへん又は覚醒剤の中毒者
四　自己の行為の是非を判別し、又はその判別に従って行動する能力がなく、又は著しく低い者（前三号に該当する者を除く。）
五　この法律又はこの法律に基づく命令の規定に違反して、罰金以上の刑に処せられ、その執行を終わり、又は執行を受けることがなくなった日から三年を経過しない者
六　第五十二条第二項第一号の規定により狩猟免許を取り消され、その取消しの日から三年を経過しない者

（狩猟免許の申請）
第四十一条　狩猟免許を受けようとする者は、環境省令で定めるところにより、その者の住所地を管轄する都道府県知事（以下「管轄都道府県知事」という。）に、申請書を提出し、かつ、管轄都道府県知事の行う狩猟免許試験を受けなければならない。

（狩猟免許の条件）
第四十二条　管轄都道府県知事は、狩猟の適正化を図るため必要があると認めるときは、狩猟免許に、その狩猟免許に係る者の身体の状態に応じ、その者がすることができる猟法の種類を限定し、その他狩猟をするについて必要な条件を付し、及びこれを変更することができる。

（狩猟免状の交付）
第四十三条　狩猟免許は、狩猟免許試験に合格した者に対し、環境省令で定めるところにより、狩猟免状を交付して行う。

（狩猟免許の有効期間）
第四十四条　狩猟免許の有効期間は、当該狩猟免許に係る狩猟免許試験を受けた日から起算して三年を経過した日の属する年の九月十四日までの期間とする。
２　第五十一条第三項の規定により更新された狩猟免許の有効期間は、三年とする。

（狩猟免状の記載事項）
第四十五条　狩猟免状には、次に掲げる事項を記載するものとする。
一　狩猟免状の番号
二　狩猟免状の交付年月日及び狩猟免許の有効期間の末日
三　狩猟免許の種類
四　狩猟免許を受けた者の住所、氏名及び生年月日
２　管轄都道府県知事は、前項に規定するもののほか、狩猟免許を受けた者について、第四十二条の規定により、狩猟免許に条件を付し、又は狩猟免許に付されている条件を変更したときは、その者の狩猟免状に当該条件に係る事項を記載しなければならない。

（狩猟免状の記載事項の変更の届出等）
第四十六条　狩猟免許を受けた者は、前条第一項第四号に掲げる事項に変更を生じたときは、環境省令で定めるところにより、遅滞なく、管轄都道府県知事（都道府県の区域を異にして住所を変更したときは、変更した後の管轄都道府県知事）に届け出て、狩猟免状にその変更に係る事項の記載を受けなければならない。
２　狩猟免許を受けた者は、狩猟免状を亡失し、滅失し、汚損し、又は破損したときは、環境省令で定めるところにより、管轄都道府県知事に申請して、狩猟免状の再交付を受けることができる。

（受験資格）
第四十七条　第四十条各号のいずれかに該当する者は、狩猟免許試験を受けることができない。

（狩猟免許試験の方法）
第四十八条　狩猟免許試験は、環境省令で定めるところにより、狩猟免許の種類ごとに次に掲げる事項について行う。
一　狩猟について必要な適性
二　狩猟について必要な技能
三　狩猟について必要な知識

（狩猟免許試験の免除）

第四十九条　次の各号のいずれかに該当する者に対しては、環境省令で定めるところにより、狩猟免許試験の一部を免除することができる。
一　既に狩猟免許を受けている者で、当該狩猟免許の有効期間内に、当該狩猟免許の種類以外の種類の狩猟免許について狩猟免許試験を受けようとするもの
二　災害その他環境省令で定めるやむを得ない理由のため、第五十一条第三項の狩猟免許の有効期間の更新を受けなかった者

（狩猟免許試験の停止等）
第五十条　管轄都道府県知事は、不正の手段によって狩猟免許試験を受け、又は受けようとした者に対しては、その狩猟免許試験を停止し、又は合格の決定を取り消すことができる。
2　前項の規定により合格の決定を取り消したときは、管轄都道府県知事は、その旨を直ちにその者に通知しなければならない。この場合において、当該狩猟免許試験に係る狩猟免許は、その通知を受けた日に効力を失うものとする。
3　管轄都道府県知事は、第一項の規定による処分を受けた者に対し、三年以内の期間を定めて、狩猟免許試験を受けることができないものとすることができる。

（狩猟免許の更新）
第五十一条　狩猟免許の有効期間の更新を受けようとする者は、環境省令で定めるところにより、管轄都道府県知事に申請書を提出しなければならない。
2　前項の規定による申請書の提出があったときは、管轄都道府県知事は、環境省令で定めるところにより、その者について、第四十八条第一号に掲げる事項に係る試験（以下「適性試験」という。）を行わなければならない。ただし、認定鳥獣捕獲等事業に従事する者であって、環境省令で定める方法により狩猟について必要な適性を有することが確認された者については、この限りでない。
3　適性試験又は前項ただし書の規定による確認の結果から判断して、当該狩猟免許の更新を受けようとする者が狩猟をすることが支障がないと認めたときは、当該管轄都道府県知事は、環境省令で定めるところにより、当該狩猟免許の更新をしなければならない。
4　狩猟免許の更新を受けようとする者は、環境省令で定めるところにより、管轄都道府県知事が行う講習を受けるよう努めなければならない。

（狩猟免許の取消し等）
第五十二条　管轄都道府県知事は、狩猟免許を受けた者が第四十条第二号から第四号までのいずれかに該当することが判明したときは、その者の狩猟免許を取り消さなければならない。
2　管轄都道府県知事は、狩猟免許を受けた者が次の各号のいずれかに該当するに至った場合は、その者の狩猟免許の全部若しくは一部を取り消し、又は一年を超えない範囲内で期間を定めて狩猟免許の全部若しくは一部の効力を停止することができる。
一　この法律若しくはこの法律に基づく命令の規定又はこの法律に基づく処分に違反したとき。
二　狩猟について必要な適性を欠くに至ったことが判明したとき。

（狩猟免許の失効）
第五十三条　狩猟免許は、狩猟免許を受けた者が狩猟免許の更新を受けなかったときは、その効力を失う。

（狩猟免状の返納）
第五十四条　狩猟免許を受けた者は、次の各号のいずれかに該当することとなった場合は、環境省令で定めるところにより、狩猟免状（第三号の場合にあっては、発見し、又は回復した狩猟免状）を、管轄都道府県知事に返納しなければならない。
一　狩猟免許が取り消されたとき。
二　狩猟免許が失効したとき。
三　第四十六条第二項の規定により狩猟免状の再交付を受けた後において亡失した狩猟免状を発見し、又は回復したとき。

第三節　狩猟者登録

（狩猟者登録）
第五十五条　狩猟をしようとする者は、狩猟をしようとする区域を管轄する都道府県知事（以下この節において「登録都道府県知事」という。）の登録を受けなければならない。ただし、第九条第一項の許可を受けてする場合及び第十一条第一項第二号（同号イに係る部分を除く。）に掲げる場合は、この限りでない。

２　前項の登録（以下「狩猟者登録」という。）の有効期間は、当該狩猟者登録を受けた年の十月十五日（狩猟者登録を受けた日が同月十六日以後であるときは、その狩猟者登録を受けた日）からその日の属する年の翌年の四月十五日までとする。ただし、北海道においては、当該狩猟者登録を受けた年の九月十五日（狩猟者登録を受けた日が同月十六日以後であるときは、その狩猟者登録を受けた日）からその日の属する年の翌年の四月十五日までとする。

（狩猟者登録の申請）
第五十六条　狩猟者登録を受けようとする者は、環境省令で定めるところにより、登録都道府県知事に、次に掲げる事項を記載した申請書を提出しなければならない。
一　狩猟免許の種類
二　狩猟をする場所
三　住所、氏名及び生年月日
四　その他環境省令で定める事項

（狩猟者登録の実施）
第五十七条　登録都道府県知事は、前条の規定による申請書の提出があったときは、次条の規定により登録を拒否する場合を除くほか、次に掲げる事項を狩猟者登録簿に登録しなければならない。
一　前条各号に掲げる事項
二　登録年月日及び登録番号
２　狩猟者登録は、当該狩猟者登録を受けた狩猟免許の種類及び狩猟をする場所に限り、その効力を有する。
３　登録都道府県知事は、第一項の規定による登録をしたときは、遅滞なく、その旨を申請者に通知しなければならない。

（狩猟者登録の拒否）
第五十八条　登録都道府県知事は、狩猟者登録を受けようとする者が次の各号のいずれかに該当するとき、又は申請書のうちに重要な事項についての虚偽の記載があり、若しくは重要な事実の記載が欠けているときは、その登録を拒否しなければならない。
一　狩猟免許を有しない者
二　第五十二条第二項の規定により狩猟免許の効力の停止を受け、その期間が経過しない者
三　狩猟により生ずる危害の防止又は損害の賠償について環境省令で定める要件を備えていない者

（狩猟者登録の制限）
第五十九条　登録都道府県知事は、当該都道府県の区域内における鳥獣の生息の状況その他の事情を勘案して必要があると認めるときは、狩猟を行うことができる者の数を制限し、その範囲内において狩猟者登録をすることができる。

（狩猟者登録証等）
第六十条　登録都道府県知事は、狩猟者登録をしたときは、申請者に、環境省令で定めるところにより、狩猟者登録証及び狩猟者登録を受けたことを示す記章（以下「狩猟者記章」という。）を交付する。

（狩猟者登録の変更の登録等）
第六十一条　狩猟者登録を受けた者は、第五十六条第一号及び第二号に掲げる事項を変更しようとするときは、登録都道府県知事の変更登録を受けなければならない。
２　前項の変更登録（以下単に「変更登録」という。）を受けようとする者は、環境省令で定めるところにより、変更に係る事項を記載した申請書を登録都道府県知事に提出しなければならない。
３　第五十五条第二項及び第五十六条から第五十八条までの規定は、変更登録について準用する。この場合において、第五十六条中「次に掲げる事項」とあるのは「変更に係る事項」と、第五十八条第一項中「狩猟者登録を受けようとする者が次の各号」とあるのは「変更登録に係る狩猟者登録を受けようとする者が次の各号」と読み替えるものとする。
４　狩猟者登録を受けた者は、第五十六条第三号及び第四号に掲げる事項に変更を生じたときは、環境省令で定めるところにより、遅滞なく、登録都道府県知事に届け出なければならない。その届出があった場合には、登録都道府県知事は、遅滞なく、当該登録を変更するものとする。
５　狩猟者登録を受けた者は、前条の狩猟者登録証（以下単に「狩猟者登録証」という。）又は狩猟者記章を亡失し、滅失し、汚損し、又は破損したときは、環境省令で定めるところにより、登録都道府県知事に申請して、狩猟者登録証又は狩猟者記章の再交付を受けることができる。

（狩猟者登録証の携帯及び提示義務等）
第六十二条　狩猟者登録を受けた者は、狩猟をするときは、狩猟者登録証を携帯し、国又は地方公共団体の職員、警察官その他関係者から提示を求められたときは、これを提示しなければならない。
２　狩猟者登録を受けた者は、狩猟をするときは、狩猟者記章を衣服又は帽子の見やすい場所に着用しなければならない。
３　網猟免許又はわな猟免許に係る狩猟者登録を受けた者は、狩猟をするときは、その使用する猟具ごとに、見やすい場所に、住所、氏名その他環境省令で定める事項を表示しなければならない。

（狩猟者登録の抹消）
第六十三条　登録都道府県知事は、狩猟者登録を受けた者が次の各号のいずれかに該当するに至った場合は、当該狩猟者登録を抹消しなければならない。
一　狩猟免許が取り消されたとき。
二　狩猟免許の効力が停止されたとき。
三　狩猟免許が失効したとき。
四　次条の規定により登録が取り消されたとき。

（狩猟者登録の取消し等）
第六十四条　登録都道府県知事は、狩猟者登録を受けた者が次の各号のいずれかに該当する場合は、その登録を取り消し、又は六月を超えない期間を定めてその狩猟者登録の全部又は一部の効力を停止することができる。
一　不正の手段により狩猟者登録又は変更登録を受けたとき。
二　第五十八条各号のいずれかに該当することとなったとき。
三　第六十一条第四項の規定による届出をせず、又は虚偽の届出をしたとき。

（狩猟者登録証等の返納）
第六十五条　狩猟者登録を受けた者は、次の各号のいずれかに該当することとなった場合は、環境省令で定めるところにより、狩猟者登録証又は狩猟者記章（第三号の場合にあっては、発見し、又は回復した狩猟者登録証又は狩猟者記章）を、登録都道府県知事に返納しなければならない。
一　狩猟者登録が抹消されたとき。
二　狩猟者登録の有効期間が満了したとき。
三　第六十一条第五項の規定により狩猟者登録証又は狩猟者記章の再交付を受けた後において亡失した狩猟者登録証又は狩猟者記章を発見し、又は回復したとき。

（報告義務）
第六十六条　狩猟者登録を受けた者は、その狩猟者登録の有効期間が満了したときは、環境省令で定めるところにより、その日から起算して三十日を経過する日までに、その狩猟者登録に係る狩猟の結果を登録都道府県知事に報告しなければならない。

（狩猟者登録の通知）
第六十七条　登録都道府県知事は、狩猟者登録をした場合は、当該狩猟者登録をした者に係る管轄都道府県知事に、その旨を通知するものとする。
２　管轄都道府県知事は、前項の通知に係る者について狩猟免許の取消し若しくは狩猟免許の効力の停止をしたとき、又は狩猟免許の失効があったときは、当該者の狩猟者登録をした登録都道府県知事にその旨を通知するものとする。

第四節　猟区

（猟区の認可）
第六十八条　狩猟鳥獣の生息数を確保しつつ安全な狩猟の実施を図るため、一定の区域において、放鳥獣、狩猟者数の制限その他狩猟の管理をしようとする者は、規程を定め、環境省令で定めるところにより、当該区域（以下「猟区」という。）における狩猟の管理について都道府県知事の認可を受けることができる。
２　前項の認可を受けようとする者は、同項の規程（以下「猟区管理規程」という。）に次に掲げる事項を記載しなければならない。
一　猟区の名称
二　区域
三　存続期間
四　専ら放鳥獣をされた狩猟鳥獣の捕獲等を目的とする猟区（以下この節において「放鳥獣猟区」という。）にあっては、その旨及び放鳥獣をする狩猟鳥獣の種類
五　その他政令で定める事項
３　猟区の存続期間は、十年を超えることができない。
４　都道府県知事は、第一項の認可をしようと

するときは、安全な狩猟の実施の確保、狩猟鳥獣の捕獲等の調整の必要の有無、第二種特定鳥獣管理計画に係る第二種特定鳥獣の管理に及ぼす影響の程度その他の事情を考慮して、これをしなければならない。

(土地の権利者の同意)
第六十九条　前条第一項の規定による認可を申請しようとする者は、あらかじめ、猟区における狩猟の管理について当該区域内の土地に関し登記した権利を有する者の同意を得なければならない。

(認可の公示)
第七十条　都道府県知事は、第六十八条第一項の規定による認可をするときは、同条第二項第一号から第三号までに掲げる事項その他環境省令で定める事項を公示しなければならない。
2　第六十八条第一項の規定による認可を受けて猟区を設定した者(以下「猟区設定者」という。)は、その猟区の認可を受けたときは、環境省令で定めるところにより、その猟区の区域内にこれを表示する標識を設置しなければならない。

(猟区管理規程の変更等)
第七十一条　猟区設定者は、猟区管理規程を変更しようとする場合(次項に規定する軽微な事項に係る場合を除く。)又は猟区を廃止しようとする場合は、政令で定めるところにより、都道府県知事の認可を受けなければならない。
2　猟区設定者は、猟区管理規程のうち政令で定める軽微な事項を変更した場合は、遅滞なく、都道府県知事に届け出なければならない。
3　前条第一項の規定は、第一項の規定による変更及び廃止について準用する。この場合において、同項の規定による廃止については、同条第一項中「同条第二項第一号から第三号までに掲げる事項その他環境省令で定める事項」とあるのは、「その旨及び廃止に係る区域」と読み替えるものとする。

(認可の取消し)
第七十二条　都道府県知事は、安全な狩猟の実施の確保、鳥獣の保護又は管理その他公益上の必要があると認めるときは、猟区の認可を取り消すことができる。
2　第七十条第一項の規定は、前項の規定による認可の取消しについて準用する。この場合において、同条第一項中「同条第二項第一号から第三号までに掲げる事項その他環境省令で定める事項」とあるのは、「その旨及び取消しに係る区域」と読み替えるものとする。

(猟区の管理)
第七十三条　国は、その設定した猟区内における狩猟鳥獣の生息数を確保しつつ安全な狩猟の実施を図るため必要があると認めるときは、狩猟鳥獣の生息及び繁殖に必要な施設の設置、その人工増殖その他の当該猟区の維持管理に関する事務を、環境大臣が中央環境審議会の意見を聴いて、指定する者に委託することができる。
2　前項の規定は、地方公共団体が設定する猟区について準用する。この場合において、同項中「環境大臣が中央環境審議会の」とあるのは、「都道府県知事が合議制機関の」と読み替えるものとする。
3　第一項(前項において読み替えて準用する場合を含む。)の規定により委託を受けた者(次項において「受託者」という。)は、当該事務に要する費用を負担しなければならない。
4　受託者は、猟区内において狩猟をしようとする者から、その費用に充てるべき金額を徴収し、その収入とすることができる。

(猟区に係る特例)
第七十四条　猟区においては、猟区設定者の承認を得なければ、狩猟又は第九条第一項の規定による鳥獣の捕獲等をしてはならない。
2　放鳥獣猟区においては、当該放鳥獣猟区に放鳥獣された狩猟鳥獣以外について狩猟をしてはならない。

<略>

第六章　罰則

第八十三条　次の各号のいずれかに該当する者は、一年以下の懲役又は百万円以下の罰金に処する。
一　第八条の規定に違反して狩猟鳥獣以外の鳥獣の捕獲等又は鳥類の卵の採取等をした者(許可不要者を除く。)
二　狩猟可能区域以外の区域において、又は狩猟期間(第十一条第二項の規定により限定されている場合はその期間とし、第十四条第二項の規定により延長されている場合はその期間とする。）外の期間に狩猟鳥獣の捕獲等をした者（第九条第一項の許可を受けた者及び第十三条第一項の規定により捕獲等をした者を除く。）
二の二　第十四条第一項の規定により指定された区域においてその区域に係る第二種特定鳥獣以外の狩猟鳥獣の捕獲等をし、又は同条第二項の規定により延長された期間においてその延長の期間に係る第二種特定鳥獣以外の狩猟鳥獣の捕獲等をした者（第九条第一項の許可を受けた者及び第十三条第一項の規定により捕獲等をした者を除く。）
三　第十条第一項、第二十五条第六項、第三十七条第十項又は第三十八条の二第十項の規定による命令に違反した者
四　第二十五条第一項、第二十六条第一項、第三十五条第二項、第三十六条又は第三十八条の規定に違反した者
五　第五十五条第一項の規定に違反して登録を受けないで狩猟をした者
六　偽りその他不正の手段により第九条第一項の許可、第十八条の二の認定、第十八条の七第一項の変更の認定若しくは第十八条の八第二項の有効期間の更新、狩猟免許若しくはその更新又は狩猟者登録若しくは変更登録を受けた者
2　前項第一号から第二号の二まで、第四号（第三十五条第二項、第三十六条又は第三十八条に係る部分に限る。）及び第五号の未遂罪は、罰する。
3　第一項第一号から第二号の二まで、第四号及び第五号の犯罪行為の用に供した物及びその犯罪行為によって捕獲した鳥獣又は採取した鳥類の卵であって、犯人の所有に係る物は、没収する。
第八十四条　次の各号のいずれかに該当する者は、六月以下の懲役又は五十万円以下の罰金に処する。
一　第九条第五項、第三十七条第五項又は第三十八条の二第五項の規定により付された条件に違反した者
二　許可証若しくは従事者証、危険猟法許可証、麻酔銃猟許可証又は狩猟者登録証を他人に使用させた者
三　他人の許可証若しくは従事者証、危険猟法許可証、麻酔銃猟許可証又は狩猟者登録証を使用した者
四　第十二条第一項若しくは第二項の規定による禁止若しくは制限（第十四条第三項の規定によりその一部が解除されたものを含む。）又は第十二条第三項の規定による制限に違反した者
五　第十五条第四項、第十六条第一項若しくは第二項、第二十条第一項若しくは第二項、第二十三条、第二十六条第二項、第五項若しくは第六項、第二十七条、第二十九条第七項又は第三十五条第三項の規定に違反した者
六　第十五条第十項、第十八条の六第二項、第二十二条第一項、第二十四条第九項、第三十条第二項又は第三十五条第十一項の規定による命令に違反した者
七　第十九条第一項の規定に違反して登録を受けないで対象狩猟鳥獣以外の鳥獣の飼養をした者
2　前項第四号及び第五号（第十五条第四項又は第三十五条第三項に係る部分に限る。）の未遂罪は、罰する。
第八十五条　次の各号のいずれかに該当する者は、五十万円以下の罰金に処する。
一　第十五条第六項、第二十四条第四項、第二十九条第十項又は第三十五条第七項の規定により付された条件に違反した者
二　第十七条の規定に違反して占有者の承諾を得ないで鳥獣の捕獲等又は鳥類の卵の採取等をした者
三　第二十条第三項の規定による届出をせず、又は虚偽の届出をした者
四　第二十八条第十一項又は第七十四条第一項の規定に違反した者
五　第四十二条の規定により管轄都道府県知事が付し、若しくは変更した条件に違反して狩猟をした者
六　指定猟法許可証、販売許可証又は承認証を他人に使用させた者
七　他人の指定猟法許可証、販売許可証又は承認証を使用した者
2　前項第二号の罪は、第十七条の占有者の告訴がなければ公訴を提起することができない。
第八十六条　次の各号のいずれかに該当する者は、三十万円以下の罰金に処する。
一　第九条第十項若しくは第十一項、第十五条第八項若しくは第九項、第十八条、第十八条の九、第二十一条第一項、第二十四条第七項若しくは第八項、第二十五条第五項、第三十五条第九項若しくは第十項、第三十七条第八項若しくは第九項、第三十八条の二第八項若しくは第九項、第五十四条、第六十二条第一項又は第六十五条の規定に違反した者

一の二　第九条第十二項の規定に違反して表示をしないで猟具を使用して鳥獣の捕獲等をした者
二　第九条第十三項、第六十六条又は第七十五条第一項の規定による報告をせず、又は虚偽の報告をした者
三　第十五条第十三項（第二十八条第九項及び第二十九条第四項において準用する場合を含む。）、第三十四条第五項（第三十五条第十二項において準用する場合を含む。）若しくは第七十条第二項の標識又は第二十八条第十一項の施設を移転し、汚損し、毀損し、又は除去した者
四　第十八条の七第三項、第四十六条第一項又は第六十一条第四項の規定による届出をせず、又は虚偽の届出をした者
五　第三十一条第四項の規定に違反して、同条第一項の規定による立入りを拒み、又は妨げた者
六　第六十二条第二項の規定に違反して狩猟者記章を着用しないで狩猟をした者
七　第六十二条第三項の規定に違反して表示をしないで猟具を使用して狩猟をした者
八　第七十一条第一項の規定に違反して都道府県知事の認可を受けないで猟区管理規程を変更し、又は猟区を廃止した者
九　第七十五条第二項の規定による立入検査若しくは立入調査を拒み、妨げ、若しくは忌避し、又は質問に対して陳述をせず、若しくは虚偽の陳述をした者
十　第七十五条第三項の規定による立入検査を拒み、妨げ、又は忌避した者
十一　第七十五条第四項の規定による立入検査を拒み、妨げ、若しくは忌避し、又は質問に対して陳述をせず、若しくは虚偽の陳述をした者
第八十七条　第九条第一項の許可又は狩猟免許を受けた者がこの法律の規定に違反し、罰金以上の刑に処せられたときは、その許可又は狩猟免許は効力を失うものとする。
第八十八条　法人の代表者又は法人若しくは人の代理人、使用人その他の従業者が、その法人又は人の業務に関し、第八十三条から第八十六条までの違反行為をしたときは、行為者を罰するほか、その法人又は人に対して各本条の罰金刑を科する。
第八十九条　第十八条の七第四項の規定による届出をせず、又は虚偽の届出をした者は、十万円以下の過料に処する。

◉参考文献

HUNTING

『The Total Deer Hunter Manual(Field & Stream)』(2013) Scott Bestul ,David Hurteau;Weldon Owen

『Field & Stream Skills Guide: Hunting』(2012) T. Edward Nickens Weldon Owen;Weldon Owen

『WONDERFUL HUNTING フィールドは大自然』(1992);大日本猟友会

『イノシシを獲る一ワナのかけ方から肉の販売まで』(2011) 小寺 祐二;農山漁村文化協会

『哺乳類のフィールドサイン観察ガイド』(2010) 熊谷 さとし,安田 守;文一総合出版

『日本伝統狩猟法一写真記録』(1984) 堀内 讃位;出版科学総合研究所

『日本狩猟百科』(1973);全日本狩猟倶楽部

『ザ・ショットガン』(1997) 堀尾 茂;狩猟界社

『狩猟古秘伝』(1961);日本常民研究所

『狩猟読本』(2011);大日本猟友会

『猟銃等取扱い読本』(2009);全日本指定射撃場協会

『法改正に完全対応!クレー射撃、狩猟へのファーストステップ!猟銃等講習会(初心者講習)考査絶対合格 猟銃等講習会(初心者講習)考査研究会 第2版』(2015);秀和システム

『はじめての狩猟マニュアル』(2015) かの よしのり;コスミック出版

『野生動物管理のための狩猟学』(2013) 梶 光一, 鈴木 正嗣, 伊吾田 宏正;朝倉書店

『散弾銃 射撃教本』(2009;全日本指定射撃場協会

『鉛弾中毒から鳥たちを守りましょう』(2000) 環境省,大日本猟友会;電通テック

『飛行標的射撃 実習教本7版』(2009);全日本指定射撃協会

『無双網の張り方』;中京銃砲火薬店

『黒部の山賊アルプスの怪』(2014) 伊藤 正一;山と渓谷社

『ロープとひもの結び方ハンドブック』(2012) 小暮 幹雄;ネコ・パブリッシング

ANIMAL

『イノシシは転ばない「猪突猛進」の文化史』(2006) 福井 栄一;技報堂出版

『猪・鹿・狸』(1979) 早川 孝太郎;講談社

『日本の野鳥(山溪ハンディ図鑑)』(2013) 叶内 拓哉,安部 直哉,上田 秀雄;山と渓谷社

『日本の哺乳類 改訂2版』(2008) 阿部 永;東海大学出版会

『日本動物大百科2 哺乳類2』(1996) 伊沢 紘生, 川道 武男, 粕谷 俊雄;平凡社

『シカの飼い方・活かし方』(2016) 宮崎 昭,丹治 藤治;農山漁村文化協会

『狸と日本人』(1980) 井上 友治;黎明書房

『オオカミを放つ一森・動物・人のよい関係を求めて』(2007) 丸山 直樹,須田 知樹,小金澤 正昭;白水社

『森・オオカミ・ヒトのよい関係を考える フォレスト・コールNO.20』(2015);日本オオカミ協会

COOKING

『基礎からわかるフランス料理』(2009) 辻調理師専門学校,安藤 裕康,古俣 勝,戸田 純弘;柴田書店

『「パッソ ア パッソ」有馬邦明の 素材のおいしさを引き出すイタリアン: 身近な食材からジビエまで。日本の旬を丸ごと生かす』(2014) 有馬 邦明;誠文堂新光社

『食肉処理技法5版』(2013);全国食肉学校

『カムイの食卓一白土三平の好奇心』(1998) 白土 三平;小学館

Auther

東雲　輝之（しののめ　てるゆき）　1985年生まれ

福岡県北九州市出身。九州工業大学大学院修了。
エンジニアリング会社に5年勤めた後、
退職して猟師の道を志す。現在は狩猟だけでなく、儲かる農業や
里山復興などの『地方創生』にまでテーマを広げて活動中。
ブログ『孤独のジビエ』管理人、Twitterもやってます。

あとがき

「ついに今年も寒い冬がやってきた！」

誰しもが嫌がる寒い季節をこれほど熱く迎えられるのは、おそらくハンターぐらいでしょう。
ツンっと皮膚を切り裂く『冷たい空気』、鼻をくすぐる『山の匂い』、静寂の中わずかに聞こえる『獲物の息遣い』、狂騒のすえ流される『血の赤色』、そしてジビエという『知られざる味わい』。
普段の生活では決して知ることのできない未知との出会いは、深海にも大宇宙にも行くことなく『狩猟』という身近な世界にあふれているのです。

そんな魅力的な狩猟の世界を少しでも多くの方に知って欲しいと思い、今回稚拙ながらも筆を取らせていただいたわけですが、やはり狩猟の世界を真に知ってもらうには、実際に飛び込んでもらうのが一番です。
さぁ！あなたも、無限の発見が待つ狩猟の世界へ飛び出しましょう！

・・・え？まだ飛び込む勇気が湧かない？
この本を『あとがき』まで読んでくださったのに？
う～ん、なら仕方がありません。
次はブログかSNSに遊びにきてください。
困った事があれば何でも相談に乗りますよ。

最後に、本書にご協力いただきました皆様、秀和システム第一出版編集部のZ様と制作担当のJ様、イラストレーターの江頭大樹様、九州鳥猟会の悪友の皆様に深く感謝いたします。

◉取材協力

企業・団体、50音順

株式会社AEG
公益財団法人愛知県教育・スポーツ振興財団
株式会社アルファ企画
株式会社浦和銃砲火薬店
有限会社オーエスピー商会
キタヤマトガンサービス
株式会社熊谷ファーム
株式会社サイトロンジャパン
四国プリンス犬舎
一般社団法人 大日本猟友会
特定非営利活動法人スサノオ
合資会社中京銃砲火薬店
株式会社田上商店
株式会社トウキョウジュウホウ
東京農工大学狩り部
特定非営利活動法人西興部村猟区管理協会
一般社団法人日本オオカミ協会
一般社団法人日本猟用資材工業会
有限会社 豊和精機製作所
宮崎銃砲店
株式会社ミロク
特定非営利活動法人メタセコイアの森の仲間たち　猪鹿庁
横須賀市ライフル射撃協会

個人、50音順

新井 沙弥香
上野 朱音
太田 政信
岡本 亜美
大野 語
加賀家 地
勝木 百合子
久保 誠二
児玉 千明
小林 貴正
野尻 幸彌
本間 滋
山下 竜一郎

◉イラスト

江頭 大樹
東雲 輝之

●注意

当書籍の内容については著者の見解であり、文責は著者に帰属します。
当書籍の個々の内容につきましては見解が分かれるものも少なからずあります。
ご協力いただいた個人・企業・団体様には、ご厚意で取材へのご対応、資料等のご提供を頂いております。必ずしもご協力者各位の見解が当書籍の内容と一致しているわけではない、ということをご理解下さいますようお願いいたします。

●注意

(1) 本書は著者が独自に調査した結果を出版したものです。
(2) 本書は内容について万全を期して作成いたしましたが、万一、ご不審な点や誤り、記載漏れなどお気付きの点がありましたら、出版元まで書面にてご連絡ください。
(3) 本書の内容に関して運用した結果の影響については、上記(2)項にかかわらず責任を負いかねます。あらかじめご了承ください。
(4) 本書の全部または一部について、出版元から文書による承諾を得ずに複製することは禁じられています。
(5) 商標
本書に記載されている会社名、商品名などは一般に各社の商標または登録商標です。

これから始める人のための狩猟の教科書

発行日 2016年 6月 1日 第1版第1刷
2017年 9月 1日 第1版第6刷

著 者 東雲 輝之

発行者 斉藤 和邦
発行所 株式会社 秀和システム
〒104-0045
東京都中央区築地2丁目1−17 陽光築地ビル4階
Tel 03-6264-3105（販売）Fax 03-6264-3094
印刷所 株式会社ウイル・コーポレーション
製本所 株式会社ジーブック

ISBN978-4-7980-4642-6 C0076

定価はカバーに表示してあります。
乱丁本・落丁本はお取りかえいたします。
本書に関するご質問については、ご質問の内容と住所、氏名、電話番号を明記のうえ、当社編集部宛FAXまたは書面にてお送りください。お電話によるご質問は受け付けておりませんのであらかじめご了承ください。